膳食花色苷与健康
（第二版）

郭红辉　杨　燕　王冬亮　编著

凌文华　主审

科 学 出 版 社

北 京

内 容 简 介

本书较为系统、全面地阐述了花色苷的理化特性、食物来源及生理保健作用。本书包括两篇，第一篇是花色苷的概述，主要对花色苷的天然分布、化学结构、理化特性、食物来源、提取纯化、开发利用技术进行了叙述；第二篇是花色苷的生物活性和对疾病的预防功效，对花色苷在机体的吸收与代谢及抗氧化、抗炎、调节血脂、改善胰岛素抵抗及抗肿瘤作用等生物活性和疾病防治作用进行了阐述。

本书集专业性和通俗性于一体，既可供食品和医药等领域的专业技术人员参考使用，作为开发以花色苷为有效成分的食品添加剂、膳食补充剂、保健食品和特殊医学用途配方食品的参考依据，也可作为普通读者的兴趣读物，增进大众对花色苷类植物化学物的了解，帮助居民改进膳食结构，通过摄入富含花色苷的食物促进健康和预防慢性病。

图书在版编目（CIP）数据

膳食花色苷与健康/郭红辉，杨燕，王冬亮编著. —2 版. —北京：科学出版社，2022.8

ISBN 978-7-03-072569-1

Ⅰ. ①膳…　Ⅱ. ①郭…　②杨…　③王…　Ⅲ. ①植物–苷–研究
Ⅳ. ①Q946.83　②R247.1

中国版本图书馆 CIP 数据核字（2022）第 107597 号

责任编辑：李　悦　尚　册 / 责任校对：郑金红
责任印制：吴兆东 / 封面设计：北京蓝正合融广告有限公司

科 学 出 版 社 出版
北京东黄城根北街 16 号
邮政编码：100717
http://www.sciencep.com

北京建宏印刷有限公司 印刷
科学出版社发行　　各地新华书店经销
*

2014 年 3 月第 一 版　　开本：720×1000　1/16
2022 年 8 月第 二 版　　印张：14 1/2　插页：2
2023 年 8 月第五次印刷　字数：300 000

定价：149.00 元
（如有印装质量问题，我社负责调换）

序

　　健康是人类追求的永恒主题。民以食为天，健康离不开合理的营养和膳食。人类摄取食物，从中获得营养物质，满足机体生长发育及发挥各种功能的需求。食物分为动物性食物和植物性食物。中国长期以来属于农耕社会，国人普遍以摄取植物性食物为主。植物性食物主要包括谷类、薯类、蔬菜、水果等。这类食物含有丰富的营养素，可以满足机体的健康需求，此外还含有大量的植物化学物，在预防慢性非传染性疾病方面发挥重要作用，这是动物性食物所不具有的特点。

　　1983～1986年，我在南京医科大学生理学专业攻读硕士学位，从那时起我开始了科学研究工作，研究的方向是消化生理。1989～1993年，我在芬兰东芬兰大学库奥皮奥校区（Kuopio Campus, University of Eastern Finland）攻读博士学位，参与了素食（植物性食物）改善衰老的研究，重点探讨了素食对肠道细菌代谢物的影响。研究发现素食可以改变肠道菌群的分布，增加肠道乳酸杆菌的数量，减少有害肠道菌群蛋白质代谢物的产生，包括降低粪便、血液和尿液中对甲苯酚、吲哚等物质的含量。这些研究也是对生命科学中营养膳食-肠道微生态相互作用影响健康的早期探索。未曾想到的是，20年后，肠道微生态与健康及慢性病的关系成为生命科学的研究热点。有时我甚至会感慨当年没有继续深入这一领域的研究。博士毕业后我的研究方向转向营养与心血管疾病。令人欣慰的是，博士期间的那段经历为我开展植物性食物促进健康的研究奠定了良好基础，也培养了我对研究植物性食物及其活性成分防治慢性病的浓厚兴趣。

　　1993年，我在芬兰获得博士学位后，又分别在加拿大不列颠哥伦比亚大学（University of British Columbia）、麦吉尔大学（McGill University）和美国西弗吉尼亚大学（West Virginia University）从事博士后研究工作，研究方向为植物性食物中活性成分对血脂的调控以及其对心血管代谢性疾病的防治作用。1997年回国后，我在中山医科大学（后2001年合并入中山大学）公共卫生学院营养系工作，继续深入开展植物性食物对健康的促进作用以及心血管疾病的干预研究。

　　植物性食物是大自然的精灵，多姿的植物形成了绚丽的彩色世界。不同颜色的植物性食物从生命的孕育、生长到成熟，带给人们生机、希望和启迪。赤橙黄绿青蓝紫的植物性食物不仅令人赏心悦目，而且不同颜色植物性食物的摄入也为人类带来诸多益处。植物化学物是指植物性食物中一大类非营养生物活性成分，种类繁多，但目前对这类植物化学物的健康效应研究还远远不够。自20世纪80

年代以来，不断有研究揭示这类活性成分对慢性代谢性疾病（心血管疾病、糖尿病、非酒精性脂肪肝、肥胖和部分肿瘤）具有明显的防治作用，因此，这一领域的探讨已经成为近 20 年来营养学研究的热点。植物性食物显示的颜色大多是植物化学物的颜色，即植物性食物的颜色本质是植物化学物。植物性食物的红色主要为类胡萝卜素、番茄红素和花色苷及类黄酮；紫色、蓝色多为花青素或花色苷。目前研究最多的植物化学物是多酚类物质，包括茶多酚、花色苷、槲皮素等。由于我国饮茶的历史悠久，因此相对而言，我国营养学研究中对茶多酚的研究较多，而对花色苷的研究较少。在 21 世纪初，花色苷对健康以及慢性病防治作用的研究还很缺乏，尤其对花色苷防治心血管代谢性疾病的研究基本是空白状态，这也是我当初钟情于花色苷促进健康研究的缘由所在。

我自 1997 年从美国回到中山大学以来，带领的团队一直致力于研究植物性食物的重要色素——花色苷的健康功能及其对心血管代谢性疾病的防治作用。蓝莓、桑葚、黑米、紫薯等食物含有丰富的花色苷。20 多年来，我们从富含花色苷的黑米、桑葚开始，观察富含花色苷的食物摄入对代谢性疾病的影响。之后建立了花色苷的提取和纯化方法，获得 40%～97%纯度的花色苷提取物，并开展了一系列对动物和人群的花色苷干预研究，特别是研究花色苷对心血管疾病、糖尿病、非酒精性脂肪肝、血小板激活、肥胖等疾病的防治作用。研究发现花色苷可改善血脂、血糖代谢，抑制血小板激活，发挥抗氧化功能，抑制心血管代谢性疾病的发生和发展。我们还开展了不同剂量的花色苷对糖脂代谢异常人群的干预研究，首次提出 80mg/d 的花色苷摄入量可明显降低代谢性疾病的风险。这个结果也开创了揭示植物化学物和健康效应的量效关系的先例，为未来其他植物化学物防治慢性代谢性疾病研究提供了参考。

在研究过程中，我们发现花色苷在消化道的吸收率和生物利用率很低，均仅为 1%。花色苷低吸收、低生物利用，却具有明显健康效应，其缘由何在？结合本人攻读博士学位期间系统研究植物性食物通过肠道菌群代谢对老人健康影响的研究经历，以及在那段时间掌握的实验技术，并利用新的实验技术，进一步研究发现花色苷在小肠吸收率低，大部分的花色苷进入大肠，经肠道微生物的代谢产生不同的代谢产物，主要有原儿茶酸，后者吸收入血，发挥重要的健康调节功能。这一结果也为目前肠道微生态与健康和疾病的关系研究提供了重要的科学依据。

近年来随着社会经济的发展，我国人群的动物性食物摄入量大幅度增加，相应植物性食物的摄入量减少，营养过剩的问题突出，导致慢性代谢性疾病如心血管疾病、糖尿病、肥胖与肿瘤的发病率和死亡率大幅度增加，已成为影响国民健康的突出问题。我们的研究揭示了花色苷具有明显防治代谢性疾病的作用，可为降低这类疾病发生提供营养膳食措施，对提高人群健康水平和降低心血管代谢性疾病发生具有重要的社会意义。

　　我们团队关于花色苷促进健康、防治慢性代谢性疾病的研究已经在国外高水平学术期刊发表论文 60 余篇，同时在中文核心期刊发表论文 100 余篇，有关成果写入《中国居民膳食营养素参考摄入量（2013 年版）》。可以说我们团队关于花色苷与健康的研究走在了植物化学物研究领域的前沿。我们的研究成果不仅获得同行的认可与好评，也获得了教育部高等学校科学研究优秀成果奖自然科学奖一等奖和广东省科学技术奖一等奖，以及中华医学会的科技奖励。

　　我们团队曾陆续在科学出版社出版过《植物花色苷》（2009 年）和《膳食花色苷与健康》（2014 年）两本书，均获得好评。为了满足读者的需求，也为进一步普及花色苷相关健康知识，推动富含花色苷的农作物种植及加工利用，指导人们通过摄入富含花色苷的食物和花色苷提取物，降低慢性代谢性疾病发病风险，提高我国居民的健康水平，我们集合团队的中坚力量郭红辉教授、杨燕教授、王冬亮教授再版《膳食花色苷与健康》一书，以期再次为我国的营养健康事业贡献绵薄之力。以上就是我的初衷，望同行专家不吝赐教，广大读者批评指正！

凌文华于中山大学广州北校园竹丝村

2022 年 3 月

第二版前言

随着社会经济的发展，我国居民食物的供应种类和数量愈加丰富，但随着普遍体力活动水平不断降低，肥胖、非酒精性脂肪性肝病、2型糖尿病和动脉粥样硬化性心血管疾病等生活方式相关慢性病的患病率急速上升。已有的流行病学研究结果提示，增加植物性食品的摄入量可以显著降低这些慢性代谢性疾病的发病风险，该效应一方面取决于植物性食物中营养素的合理组成，包括蛋白质、脂类（单不饱和脂肪酸和多不饱和脂肪酸）、碳水化合物（低聚糖和膳食纤维）、维生素（特别是抗氧化维生素 C 和 E）、矿物质常量元素及微量元素等。另一方面，植物性食品中存在大量非营养性生物活性物质（non-nutritional bioactive compound）或称植物化学物（phytochemical），如多酚、萜类化合物、有机硫化物和类胡萝卜素等，也发挥了重要作用。

花色苷是植物体内最为重要的水溶性色素，含有 2-苯基苯并吡喃阳离子结构，分布极为广泛。到目前为止，已在除了藻类植物之外其他各门高等植物体内都发现有花色苷的合成，其中在深色花朵、浆果、薯类和谷物中含量尤为丰富，人们每天通过膳食摄取到的花色苷可以达到数十毫克。

除了赋予植物性食品鲜艳的色彩，提高人们的食欲，花色苷还具有多种健康促进作用和疾病预防功效，引起了医学界的广泛关注。其中，抗氧化作用得到了最为广泛的研究证实，人们利用化学法、生物化学法、细胞和动物模型以及人群干预试验开展了大量的研究，充分证明花色苷是一种良好的抗氧化剂。随后，研究者又陆续报道了花色苷具有抗炎、抗肿瘤、调节糖脂代谢和改善视力等生物活性，使其成为一种潜在的医药资源。另外，花色苷作为天然食用色素，安全、无毒、资源丰富，色素色彩鲜艳、色质好，是葡萄酒、配制酒、果汁和汽水等饮料产品，以及糖果、冰淇淋和果酱等食品的理想着色剂，在多个国家和地区被允许根据需要量使用。因此，无论从花色苷的食用安全性，还是它与人类膳食健康的密切关系来看，花色苷均是一类非常值得人们关注、研究和开发利用的天然产物。

近 20 年来，编写者团队一直在从事花色苷类植物化学物的提取鉴定和生物活性研究，先后得到国家自然科学基金和广东省自然科学基金的多个项目资助，积累了一定工作基础。2009 年团队编写出版了国内首部关于花色苷的学术专著《植物花色苷》，2014 年又出版了科普书《膳食花色苷与健康》，得到了学术界和行业内较好的反响。近年，根据学科研究进展与行业发展动态，编写者决定更新内容，出版《膳食花色苷与健康（第二版）》，在此，向资助机构和各位同行表示衷心感谢！

本书由凌文华负责审稿，郭红辉负责第 1 章、第 2 章、第 3 章、第 4 章和第 9 章内容的撰写，王冬亮负责第 5 章和第 6 章内容的撰写，杨燕负责第 7 章和第 8 章内容的撰写。在本书编写过程中，中山大学赵逸民和毛钰蘅博士，广东医科大学辛妍、朱璇、麦美庆、骆梦柳等研究生也参与了资料整理和书稿校对工作，对他们的辛勤付出同样表示衷心的感谢。

花色苷类植物化学物的基础和应用研究涉及知识面广、更新速度快，由于作者专业水平及图书篇幅所限，本书的编写和内容难免存在疏漏和不当之处，敬请广大读者批评指正。

郭红辉于广东医科大学东莞校区

2022 年 6 月

第一版前言

随着社会的发展，食物的供应愈加丰富，然而肥胖、高血压、糖尿病和动脉粥样硬化等饮食相关疾病的发生率在急剧上升。已有的流行病学研究结果提示，增加植物性食品的摄入量可以显著降低这些慢性代谢性疾病的发病风险，该效应一方面取决于植物性食物中营养素的合理组成，包括蛋白质、脂类（单不饱和脂肪酸和多不饱和脂肪酸）、碳水化合物（膳食纤维）、维生素（特别是抗氧化维生素 C 和维生素 E）、宏量矿质元素及微量元素；另一方面，植物性食品中存在的大量非营养性生物活性物质（non-nutritional bioactive compound）或称植物化学物（phytochemical），如黄酮类化合物、酚酸、有机硫化物、萜类化合物和类胡萝卜素等，也发挥了重要作用。

花色苷是一类含有 2-苯基苯并吡喃阳离子结构的黄酮类化合物，也是植物体内最为重要的水溶性色素，分布极为广泛。到目前为止，已在除了藻类植物之外其他各门高等植物体内都发现有花色苷的合成，涉及 27 个科、73 个属的数万种植物。其中在深色花朵、浆果（如葡萄、越橘、蓝莓、接骨木果和黑醋栗）、薯类（如紫马铃薯和紫番薯）和谷物（如高粱、紫玉米和黑米）中含量尤为丰富，人们每天通过膳食摄取到的花色苷可以达到数十毫克，远高于其他类型的黄酮类植物化学物。

除了赋予植物性食品鲜艳的色彩，提高人们的食欲，花色苷还具有多种生理保健和疾病预防功效，引起了医学界的广泛关注。其中，最先引起研究者注意的是花色苷的抗氧化作用和自由基清除能力。围绕着花色苷的抗氧化作用，人们利用化学法、生物化学法、细胞和动物模型及人群干预试验开展了大量的研究，充分证明花色苷是一种很好的抗氧化剂。随后，研究者又陆续报道了花色苷具有抗炎、抗肿瘤、调节血脂和改善胰岛素抵抗等生物活性，可以显著降低糖尿病和心血管疾病的发病风险，使其成为一种潜在的医药资源。另外，花色苷作为一种天然色素，安全、无毒、资源丰富，色素色彩鲜艳、色质好，在食品添加剂领域也显示出了良好的发展前景。因此，无论从花色苷的重要生态协调功能来看，还是考虑它与人类膳食健康的密切关系，花色苷均是一类非常值得人们关注、研究和开发利用的天然产物。

作者团队从 1999 年开始，一直在从事花色苷类植物化学物的提取鉴定和生物活性研究，积累了一定工作基础。2009 年编写出版了国内首部关于花色苷的学术专著《植物花色苷》（科学出版社），得到了业界较好的反响。2011 年获得了国家自然科学基金委员会科普基金（81120001）的专项资助，课题核心任务是编写一部关于膳食花色苷与健康的科普图书，因而本书得以出版发行。在此向业界同行和国家自然科学基金委员会对本书的支持表示衷心的感谢。

本书由凌文华负责统筹和审定，郭红辉负责第一篇内容的撰写，王冬亮负责第二篇内容的撰写。郭红辉负责配套光盘的设计与制作。在本书编写过程中，课题组的部分研究生也参与了资料整理和文字校对工作，在此对他们的辛勤付出同样表示衷心的感谢。

花色苷类植物化学物的基础和应用知识涉及面广、更新速度快，由于作者知识水平所限，本书内容难免存在不妥之处，敬请广大读者批评指正。

凌文华于中山大学北校区竹丝村

2013 年 9 月

目 录

第一篇 花色苷的基本特征与开发利用

第二篇 花色苷的生物活性及防治慢性病作用

第一篇

花色苷的基本特征与开发利用

　　此部分内容着重介绍花色苷的天然分布、化学结构、理化特性、食物来源、提取纯化、开发利用技术，以及在人体的吸收代谢情况，便于您全面认识花色苷类植物化学物（phytochemical）。

第1章　花色苷的理化特性

在广袤无垠的宇宙中，存在着一个多姿多彩的星球，那就是我们所居住的地球。在这个70%都被水所覆盖的星球上，生活着的不仅仅是我们人类，还有进化早于我们且数量远远多于我们的植物。各种植物的存在，带给我们的不只是食物和氧气，还有它们绚丽的色彩，其成为我们生活中不可缺少的元素。

为何植物可以为我们的环境提供如此缤纷绚丽的色彩？这主要与高等植物体内的色素物质有关。色素在植物中分布广泛、种类繁多，通常按其基本特性分为脂溶性色素和水溶性色素两大类。脂溶性色素主要为叶绿素、胡萝卜素与叶黄素，分别使所在植物的组织部位呈现绿色、橙色和黄色。此外尚有一些呈红色的脂溶性色素如藏红花素、番茄红素和辣椒红素等。而植物当中的水溶性色素种类较少，主要为花色素糖苷类化合物，称为花色苷（anthocyanin）。

1.1　花色苷概述

植物的色彩变化在很早以前就引起了人们的关注，人们还通过榨取植物汁液对衣物和食品进行着色。文艺复兴时期，尼希米·格鲁（Nehemiah Grew）通过观察一些植物器官汁液，提出了"红色素"让植物呈色的论断。1810年，在歌德（Goethe）撰写的《色彩论》（*Zur Farbenlehre*）一书中对植物红色物质做了更为详细的研究记载。显微镜的发明帮助科学家看到了这种"红色素"物质在植物细胞中的分布。1835年，马夸特（Marquart）通过组合希腊语花朵（*anthos*）和紫色（*kyanos*）两个单词将这种"红色素"正式命名为"anthocyanin"，即沿用至今的"花色苷"[1]。

据初步统计，已经发现27科73属数万种植物中含有花色苷，包含我们生活中常见的各种深色蔬果和花朵。目前，有超过500种的花色苷已从植物中被分离得到。各种各样的花色苷依它们形成共振结构的能力、C_6-C_3-C_6分子母核上的取代基，以及环境因素的不同，可表现出从黄、红、紫到黑等不同的色泽（图1-1）。

花色苷的基本结构是糖苷配基，即黄烊盐阳离子苷元，也称为花青素或者花色素（anthocyanidin），其含有共轭双键，能吸收波长500nm左右的可见光，从而在通常情况下呈现红色。大多数花色苷元的3-、5-、7-碳位上有取代羟基。由于B环各碳位上的取代基（羟基或甲氧基）不同，形成了各种各样的花色素。

图 1-1　花色苷的色彩变化

　　花色素是 2-苯基苯并吡喃阳离子结构（2-phenylbenzo-pyryalium）或黄烊盐（flavylium）的多羟基和甲氧基衍生物。其基本结构是 2-苯基苯并吡喃阳离子，即花色素核（图 1-2），与黄酮的 2-苯基色原酮结构相似，所以也被称作黄酮类化合物。花色素核结构当中有双键存在，能吸收可见光而呈现一定的颜色。花色素核的苯环-C$_3$桥-苯环是发色基团[2]。在 B 环的 4-碳位和 A 环的 5-、7-碳位及 C 环的 3-碳位上的取代羟基，构成了花色素的助色基团。花色素在波长范围分别为 465～560nm 和 270～280nm 时有最大光吸收。B 环的 R$_1$ 和 R$_2$ 基团主要是—H、—OH 及—OCH$_3$，不同取代基决定了花色素的种类和颜色。

图 1-2　花色素（A）与黄酮（B）的基本分子结构

尽管在植物当中已经分离出了数百种花色苷，然而已知花色素只有 17 种，在植物中最为常见的有 6 种，分别是天竺葵素（又名花葵素，pelargonidin）、矢车菊素（cyanidin）、翠雀素（又名飞燕草素，delphinidin）、芍药素（peonidin）、矮牵牛素（又名牵牛花素或碧冬茄素，petunidin）和锦葵素（malvidin），它们最为典型的糖苷形式为花色素-3-葡萄糖苷（图 1-3）[2]。

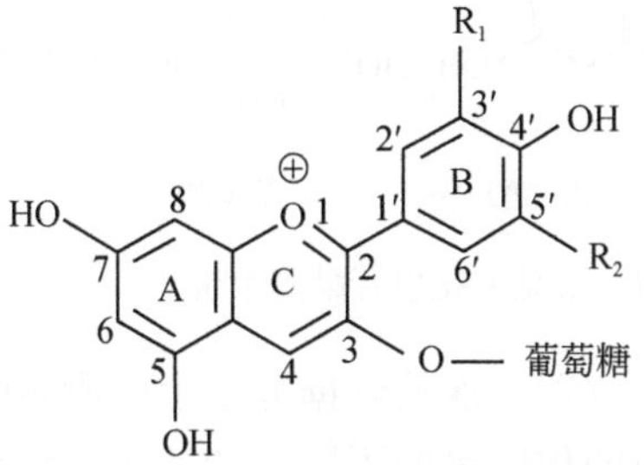

花葵素-3-葡萄糖苷	pelargonidin-3-glucoside：R_1=H，R_2=H
矢车菊素-3-葡萄糖苷	cyanidin-3-glucoside：R_1=OH，R_2=H
翠雀素-3-葡萄糖苷	delphinidin-3-glucoside：R_1=OH，R_2=OH
芍药素-3-葡萄糖苷	peonidin-3-glucoside：R_1=OCH$_3$，R_2=H
矮牵牛素-3-葡萄糖苷	petunidin-3-glucoside：R_1=OCH$_3$，R_2=OH
锦葵素-3-葡萄糖苷	malvidin-3-glucoside：R_1=OCH$_3$，R_2=OCH$_3$

图 1-3　6 种常见花色素-3-葡萄糖苷的化学结构

黄烊盐阳离子缺乏电子，使得游离的花色素很不稳定，在自然界中一般以糖苷结合物的形式存在。糖苷形式比糖苷配基稳定，因此在植物中其主要以配糖体糖苷即花色苷的形式存在。通常这些糖苷包括单葡萄糖苷、双葡萄糖苷和酰基衍生物。在已知的花色苷或花色素中，绝大部分以糖苷化的形式存在，糖苷配基主要有葡萄糖（glucose）、半乳糖（galactose）、鼠李糖（rhamnose）、阿拉伯糖（arabinose）、木糖（xylose）及由这些单糖构成的二糖和三糖（至今仅发现 19 种花色苷以三糖苷形式存在），常见的二糖配基有槐糖（2-glucosylglucose，sophorose）、芸香糖（6-rhamnosylglucose，rutinose）和接骨木二糖（2-xylosylglucose，sambubiose）等。糖与花色苷均以 O-键连接，主要在 3-位、5-位和 7-位，也有小部分连接在 3′位，几乎所有的花色苷在 3-位都会糖苷化。

此外，植物体内的花色苷还会与有机酸通过酯键结合形成酰基化的花色苷（即酰化花色苷）而存在，参与糖酰基化的最常见的酸为阿魏酸、咖啡酸、芥子酸等各种羟基肉桂酸衍生物或苹果酸、乙酸、琥珀酸、丙二酸、草酸等脂肪酸以及对羟基苯甲酸等。常见的花色苷酰基单位如图 1-4 所示。通常这些取代基与 3-位糖基上的 6-OH 发生酯化，但也有在单糖其他位置如 2-OH、3-OH 和 4-OH 发生酯化的花色苷存在[3]。花色苷分子中的羟基数目、羟基的甲基化程度，连接到

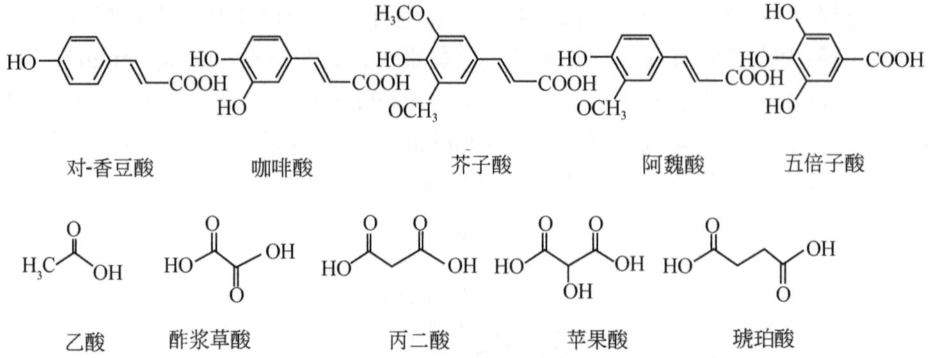

| 对-香豆酸 | 咖啡酸 | 芥子酸 | 阿魏酸 | 五倍子酸 |

| 乙酸 | 酢浆草酸 | 丙二酸 | 苹果酸 | 琥珀酸 |

图 1-4 常见的花色苷酰基单位

花色苷分子上糖的种类、数量和位置，连接到糖分子上的脂肪酸或芳香酸的种类和数目及花色苷分子与其他物质的作用等的不同，造就了自然界中多种多样的花色苷[4, 5]。

1.2 花色苷的生物合成途径

像我们人体内有水、糖、蛋白质、脂肪一样，植物体内除了这些基本的物质即我们所说的一级代谢产物（或初级代谢产物）外，还有一些类似于人体内细胞因子、激素、代谢物（尿素、肌酐等）的物质，那就是二级代谢产物（或次级代谢产物）。初级代谢产物包括碳水化合物、蛋白质、脂肪等，用来满足植物的生长发育需要。次级代谢产物则是由初级代谢产物再次发生变化而产生的物质，包括醌类、黄酮类、单宁类、萜类、甾体及其糖苷和生物碱等。植物次级代谢产物是植物对环境的一种适应性产物，是在长期生存过程中植物与生物和非生物因素相互作用的结果。而花色苷就是一种典型的次级代谢产物，属于广义的黄酮类化合物。所以，花色苷的合成与其他黄酮类化合物类似，主要是集中在液泡周围的细胞质，经由苯丙烷类合成途径（phenylpropanoid synthetic pathway）和黄酮类生物合成途径（flavonoid biosynthetic pathway）完成[6]。

花色苷元即花色素（anthocyanidin）的合成是花色苷生物合成的核心，目前对花色素在植物体内的具体合成过程已经基本明确，其合成途径是黄酮类物质合成途径的一个分支。从来源上看，花色素的碳原子分别来自苯丙氨酸和乙酸，利用同位素示踪技术的实验结果显示，苯丙氨酸是花色素及其他黄酮类生物合成的直接前体，由苯丙氨酸到花色苷大致经历 3 个阶段：第 1 阶段由苯丙氨酸到香豆酰-辅酶 A（CoA），这是许多次生代谢共有的步骤，该步骤受苯丙氨酸解氨酶（phenylalnineammonialyase，PAL）的基因活性调控。第 2 阶段由香豆酰-CoA 到二氢黄酮醇，是黄酮类代谢的关键反应。先由查耳酮合酶（chalcone synthase，CHS）催化香豆酰-CoA 合成查耳酮（chalcone），黄色的查耳酮异构化形成无色的黄烷酮（flavanone）。此步骤可缓慢自发进行，但在查耳酮异构酶（chalcone isomerase，CHI）催化下可加速完成。黄烷酮进一步在黄烷酮羟化酶（flavanone 3-hydroxylase，

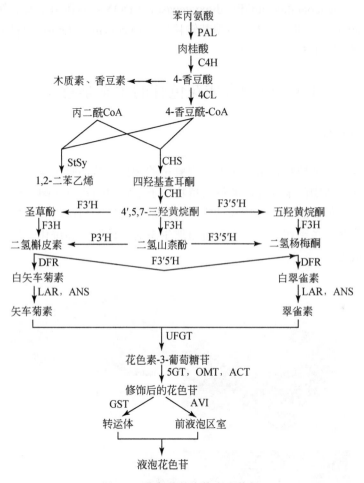

图 1-5　花色苷的生物合成途径

PAL：苯丙氨酸解氨酶（phenylalanineammonialyase）；C4H：肉桂酸羟化酶（cinnamate-4-hydroxylase）；4CL：4-香豆酰 CoA 连接酶（4-coumarate:CoA ligase）；CHS：查耳酮合酶（chalcone synthase）；CHI：查耳酮异构酶（chalcone isomerase）；FLS：黄酮合酶（flavone synthase）；F3H：黄烷酮羟化酶（flavanone-3-hydroxylase）；F3′H：黄酮类 3′ 羟化酶（flavonoid 3′-hydroxylase）；F3′5′H：黄酮类 3′,5′羟化酶（flavonoid 3′,5′-hydroxylase）；DFR：二氢黄酮醇还原酶（dihydroflavonol reductase）；LAR：无色花色素还原酶（leucoanthocyanidin reductase）；ANS：花色素合成酶（anthocyanidinsynthase）；UFGT 或 3GT：UDP-葡萄糖：黄酮类-3-O-葡萄糖基转移酶（UDP-glucose:flavonoid 3-O-glucosyltransferase）；OMT：O-甲基转移酶（O-methyltransferase）；5GT：UDP-葡萄糖：花色苷-5-O-葡萄糖基转移酶（UDP-glucose:anthocyanin 5-O-glucosyltransferase）；ACT：花色苷酰基转移酶（anthocyaninacyltransferase）；MT：丙二酰转移酶（malonyltransferase）；GST：谷胱甘肽-S-转移酶（glutathione-S-transferase）；AVI：花色苷包涵体（anthocyaninic vacuolar inclusion）

F3H）的催化下，在 C_3 位置羟基化形成无色的二氢黄酮醇（dihydroflavonol），它进一步被还原形成无色花色素（又称作花白素），这一步由二氢黄酮醇还原酶（dihydroflavonol reductase，DFR）催化。第 3 阶段是各种花色苷的合成。原花色素（无色花色素）在花色素合成酶（anthocyanidin synthase，ANS；又称无色花色素双加氧酶，leucoanthocyanidin dioxygenase，LDOX）的作用下脱氧转变成有色花色素（anthocyanidin），然后由糖基转移酶（glycosyltransferase，GT）催化合成各种花色苷（图 1-5）[7]。

1.3 植物合成花色苷的生态学意义

1.3.1 繁殖后代

花色苷可以使植物花朵和果实呈现鲜艳的颜色，从而吸引昆虫前来传粉，同时也吸引食草动物前来取食，顺便将植物种子带到四面八方（图 1-6）。于是花色苷就成为一种重要的调节植物与动物之间关系的物质，与植物和昆虫、哺乳动物及鸟类的共存关系密切，有助于促进自然生态的协调发展和进化，这一点已经被大家广泛认可。

图 1-6 花色苷鲜艳的色泽吸引昆虫和其他动物，有利于植物花粉和种子的传播

1.3.2 光保护作用

植物绿色组织利用太阳光完成光合作用为植株提供能量和物质。在一定的光

照强度范围内，植物的光合能力随光照强度的增加而增加，但达到一定水平后，再增加光照强度，光合速率却不再增加，此时的光照强度就称为光饱和点。当光照强度超过光饱和点或长时间的高强度光照时，进入叶片的过量光能量会抑制光合作用，甚至破坏植株的光合系统。长时间的高强度光照还会使植物体内产生大量有害物质，迅速杀灭吸收过度光能量的细胞，并造成细胞功能紊乱，危及整个植株的正常生命活动。

为了消除强光照带来的不利影响，高等植物可以通过多种途径来保持光能量吸收、光能利用和能量消耗三者的平衡。首先是提高自身忍耐能力，通过调节能量分布和消耗，启动损伤修复机制，减少绿色组织对光的吸收，如改变叶片伸展方向、叶片折叠、表面覆盖蜡质或绒毛增加光反射、减少叶片面积以及提高叶片厚度等外部形态改变。其次叶片内部也会出现一些调整以减少光吸收，如强光照射下叶绿体可以沿径向细胞壁重新排列，以尽量减少接受过量的太阳辐射。此外，植物还可以通过合成一些可以过滤光的介质来降低进入叶片的光照强度，这些介质主要就是色素类物质，包括花色苷、甜菜碱和类胡萝卜素。花色苷对强光、紫外光有较高的吸收率，也可以吸收部分蓝光，而对红光则很少吸收。其中花色苷对蓝光的吸收可以有效降低强光对叶绿体的伤害（图 1-7）。

图 1-7　花色苷合成引起的叶片颜色变化

光照不足同样会抑制植物的光合作用。有研究显示，将不同的耐寒植物置于同等光照不足环境下，含有花色苷的红叶植株光抑制现象比绿叶植株要轻得多，红色叶片显示出了比较高的光合速率，说明花色苷在光照不足时也对植物有光保护作用。不过，当喜阴植物处于高光强环境中时，花色苷并不能提供很好的光保护作用。

1.3.3　自由基清除和抗氧化作用

自由基在化学上也被称为"游离基"，是带有一个不成对电子的离子、原子或者分子基团。书写时通常在原子符号或者原子团符号旁边加上一个"·"，表示没有成对的电子，如 O• 或 NO• 。由于原子形成分子时，化学键中电子必须成对出现，因此自由基就到处夺取其他物质的一个电子，使自己形成稳定的物质（图 1-8）。在化学中，这种现象叫作氧化。自由基对其他正常分子或原子具有很强的氧化破坏作用。

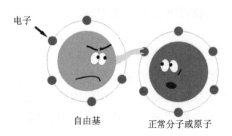

图 1-8   自由基被中和后回到稳定的原子态

正常生理情况下，细胞内存在一定的抗氧化物质可以及时清除自由基，使自由基的生成与消失处于动态平衡中，对机体并无有害影响。但环境恶劣时（如过量光照射、干旱或低温）植物体内自由基生成增多而破坏原有的氧化还原平衡，生成大量活性氧和活性氮。这两种自由基能够直接氧化和破坏 DNA、蛋白质以及脂质等生物大分子，阻碍植物体内正常的生理活动过程，另外它们会对细胞的完整性造成破坏，严重时导致细胞破损死亡。花色苷属于多酚类羟基化合物，而酚羟基具有的还原性使得花色苷拥有良好的自由基清除和抗氧化作用，因此有助于植物维持细胞内的氧化还原平衡。

1.3.4   提高植物对极端环境的适应能力

植物和动物相比具有不可移动性，因此它更需要对环境有很好的适应性，特别是对恶劣环境，如病虫害、寒冷、霜冻、干旱等。植物体内合成花色苷对植物防御这些环境应激因素有很大的帮助。

1）耐寒抗冻能力

寒冷对植物的危害包括：削弱光合作用，减少养分吸收，影响养分的运转。低温能妨碍光合产物和矿物质营养向生长器官输送，使作物正在生长的器官因养分不足而瘦小、退化或死亡。在幼苗伸长期，低温使茎秆向顶部的养分输送受阻，花药组织不能向花粉正常输送糖类，从而妨碍花粉的充实和花药的正常开裂、散粉。在灌浆过程中，低温不仅因减弱光合作用而使糖类的合成减少，而且阻碍光合产物向顶部的输导。植物液泡中积累的花色苷含量与可溶性固形物总量成正比，它们都有助于降低植物组织结冰的温度即冰点，从而防止表皮细胞受到冻害，尤其是可以防止叶片表面形成冰，进而保护落叶植物免受早秋霜冻的危害（图 1-9）。

图 1-9　花色苷有助于提高植物的抗寒防冻能力

另外，冰冻除能使叶片组织结冰之外，还能降低细胞膜脂质的含量。细胞膜中多聚不饱和脂肪酸越多，对紫外线 B 段（ultraviolet B，UVB）造成的损伤就越敏感，因为细胞膜容易被由 UVB 照射形成的自由基氧化。在低温下，自由基有时会长期存在，这就增加了生物膜损伤的可能性。花色苷所具有的酚羟基可以中和部分自由基，所以说表皮中的花色苷具有双重保护功能，它可防止或减轻低温和 UVB 造成的直接或间接损伤。

2）提高植物的抗旱及渗透应激能力

旱害是指由土壤水分缺乏或者大气相对湿度过低对植物造成的危害，植物对旱害的抵抗能力叫抗旱性。干旱分为环境干旱和生理干旱两种。环境干旱主要是指土壤缺水或者大气温度高而破坏植物体内的水分平衡。生理干旱则是指土壤通气不良、盐分过多或土温过低等原因使根系不能从土壤中吸收到足够的水分，造成植物缺水。无论哪种干旱，都引起植物组织脱水和质壁分离，继而影响植物的各种生理活动，最终可能导致植物死亡。

花色苷对干旱植物的保护作用可能是因水分过少使植物细胞缺氧进而促进花

色苷的产生，花色苷的积累有利于细胞降低气孔开度，从而减少水分的排出，利于多浆植物细胞保存水分（图 1-10）。

图 1-10　花色苷有助于提高植物的光保护作用和耐旱能力

1.4　花色苷合成的影响因素

1.4.1　种属分类

对花色苷分布、种类的差异影响最大的自然是植物的种属，不同种属植物所产生的花色苷种类不同，也在很大程度上决定了植物的色彩。

从植物分类学来看，低等植物如各种藻类植物不能合成花色苷；只有在高等植物体内才有花色苷的分布，种属不同对新叶表皮和叶肉花色苷含量有一定影响，而对衰老叶片花色苷含量则有决定性影响。

种属不同对花色苷在衰老叶片中分布的影响与其对花色苷在发育期叶片中分布的影响不同。对锦葵科植物而言，25 个种当中只有 3 个种的植物叶片在衰老期会因花色苷的高表达而变为红色。而热带植物中只有 7 个科的植物叶片在衰老期的花色苷特异性表达率能够达到 40%，即大戟科、金虎尾科、蓼科、紫葳科、大风子科、使君子科、千屈菜科。其中后 3 个科大多数植物在落叶期会出现明显的叶片变红季相变化特征。总体上来看，热带植物种群发育期叶片花色苷特异性表达率为 44.9%，远远高于衰老期叶片的特异性表达率（13.5%）。但是对 90 种温带落叶植物的调查结果却与此恰恰相反，大约 70% 的植物种会在叶片衰老期高表达花色苷[8]。

1.4.2　环境条件

由于普通叶片中叶绿素含量较高，掩盖了胡萝卜素、类胡萝卜素和花色苷的颜色，因此叶片总是呈现绿色。而当环境条件变化使叶片中叶绿素合成减少，花色苷含量上升时，叶片则会呈现出红、黄等鲜艳的色彩。花色苷为植物呈现红色的决定性色素物质。

　　季节气候的变化，尤其是温度升高或降低至植物的最适生物学温度范围以外，是引起春、秋彩叶植物变色的主要原因。春季叶片刚刚萌发，叶绿素合成较少，花色苷可以保护叶片免受强光的危害，并在各种色素中起主导呈色作用，所以新梢叶片通常呈现红色。

　　秋季温度较低，叶绿素合成减少、分解增加，净含量逐渐下降，而类胡萝卜素类和花色苷的稳定性较好，所以银杏、金钱松等植物衰老叶片中含有较多的类胡萝卜素而呈现黄色，鸡爪槭、三角枫等植物叶片因花色苷含量升高而呈现红色。多年生温带落叶植物叶片多因低温而变红，而热带落叶植物叶片会在旱季因植株缺水而变红。当植物处于亚适温环境中，尤其是遇到急剧降温或者季节性的连续低温，会促进花色苷的合成[9,10]；低温可以通过上调花色苷合成路径中相关结构基因和转录因子的表达来促进植物体中花色苷的积累，加速苹果、葡萄和红梨的着色。高温环境会使植物分解代谢旺盛而不利于花色苷的合成，同时有可能导致花色苷降解。光照条件也能够直接影响植物花色苷的分布。

　　多种草本植物幼苗出土以后很快出现变红现象，这是由于植物光合系统尚未发育完善，当遇到较强的光照时，植株通过快速合成花色苷以降低蓝光透过率来保护幼嫩的组织器官。木本植物幼苗在强光和低温的共同刺激下也会出现花色苷在体内的积累，随着发育成熟，这种现象会消失。对于植物块茎（如红马铃薯）与块根（紫薯和紫胡萝卜），随着膨大逐渐发育成熟，花色苷含量持续增加（图 1-11）。

图 1-11　红马铃薯、紫薯和紫胡萝卜成熟过程中花色苷合成不断增多

　　对于植物，无论是处于发育期还是衰老期，高海拔、低温和强辐射，尤其是紫外线辐射，都会促进花色苷的合成。例如，热带和温带地区林下植物与上层植物相比，长时间处于阴凉处，植株温度较低，但是偶尔会受到相对较强的辐照，所以花色苷检出比例会更高（图 1-12）。

　　当植物遇到一些不利于生长的情况即所谓的逆境应激时，包括矿质元素缺乏、干旱、病虫侵袭和机械损伤，都有可能促进植物体内花色苷及其他红色素的合成。

图 1-12　低温和高海拔刺激水果花色苷的合成

如缺乏磷元素时，植物远轴的叶片会首先变红，再慢慢扩散到整个植株。土壤中氮素缺乏时，西红柿叶片中花色苷和槲皮素合成增加。合适的矿质元素条件有利于植物体内糖类物质的积累，也能够间接促进花色苷的合成。因为丰富的糖类物质一方面可以为花色苷的合成提供足够的可溶性糖作为底物；另一方面糖水平还会影响花色苷合成相关基因的表达。在'女峰'草莓果实成熟过程中，蔗糖是主要的糖类物质，随着果实的成熟，花色苷含量和含糖量呈正相关关系。果实中糖水平还可能通过调控其他基因表达而影响花色苷的合成。在果实成熟和衰老过程中的色素变化，以及叶绿体到有色体间的转化受碳水化合物代谢敏感基因的影响（图 1-13）。实际上，在高等植物，尤其是在可食用的植物体内，花色苷主要集中分布于花朵与果实中，如黑米、玉米、紫薯、蓝莓、葡萄等。

图 1-13　黑米、紫玉米和高粱在成熟过程中花色苷随碳水化合物的积聚而增加

　　总之，植物糖分含量越高、光照时间越长、光照强度和温差越大，就越有利于植物体内花色苷的合成，植物体本身所呈现的颜色也就越鲜艳。

1.5　花色苷在植物体内的分布特征

花色苷是植物体内最为重要的水溶性色素，分布非常广泛。其中最主要的分布自然是在我们所看到的最美丽的部位——花朵，其次为果实。花朵是植物的繁殖器官，对植物非常重要，所以花朵和果实当中富含大量的花色苷，其与脂溶性的胡萝卜素共同决定花和果实的呈色，显现出各种各样的缤纷色彩，吸引昆虫和食草动物前来传播花粉与种子。这样有利于植物的繁殖。

某些种属或特定发育期植物的营养器官（包括暴露的根、芽、新梢和叶片）也含有花色苷。花色苷多集中分布在阳光直射处的表皮组织。对于喜阴植物，花色苷多分布在叶片下表面，以减少光照的反射和散射损失，使叶片更大限度地利用光照。

花色苷的分布主要集中在基本组织，62%的植物在展叶期能够在基本组织合成花色苷，68%的衰老期植物可以在栅栏组织和海绵组织检测到花色苷。相比而言，植物表皮的花色苷含量要低很多。在不可食用的植物叶片中，大多在叶片的特定发育期才大量合成花色苷，如展叶期的芒果和可可会在叶背面合成红色素；多种蕨类植物是在卷叶期叶片未展开前合成花色苷。一些植物仅仅在叶肉组织而非表皮才有花色苷分布，如十大功劳属、荚蒾属和杜鹃花属植物。Lee 和 Collins[11]对美国迈阿密地区 94 科 370 属共 463 种植物的展叶期新叶与衰老叶片进行了花色苷含量测定，着重考察了花色苷在不同植物种属叶片细胞的分层分布情况及特征，包括近轴表皮组织、上皮组织、栅栏组织、海绵组织、维管束鞘细胞、远轴面组织和毛状体等组织的分布情况，并对花色苷表达相关基因进行了分析，发现种属对新叶表皮和叶肉花色苷含量有一定影响，而对衰老叶片栅栏组织花色苷含量则有决定性影响。根据 Alverson 等[12]对锦葵科（Malvaceae）植物包括锦葵属（*Malva*）、蜀葵属（*Althaea*）、秋葵属（*Abelmoschus*）和木槿属（*Hibiscus*）等多个属植物花色苷分布的详细调查结果，19 种植物中大多数植物叶片中有比较高浓度的花色苷存在，分布于叶片的 6 个不同组织部位；有 6 种植物在维管束鞘细胞有花色苷表达；但是没有任何一种植物能够在叶片各个组织部位都检测到花色苷存在（表 1-1）。

表 1-1　锦葵科部分植物花色苷在叶片不同组织部位的分布[12]

中文名	学名	组织部位						
		UEP	HYP	PAL	SPM	VBU	LEP	TRC
巴哈马孔雀花	*Pavonia bahamensis*	−	−	−	−	+	−	−
黄槿	*Hibiscus tiliaceus*	−	−	−	+	+	−	−
扶桑（朱槿）	*Hibiscus rosasinensis*	−	−	−	+	+	−	−
杨叶肖槿	*Thespesia populnea*	−	−	−	+	−	−	−
恒春黄槿	*Thespesia grandiflora*	−	−	−	+	−	−	−
陆地棉	*Gossypium hirsutum*	+	−	−	−	+	−	−
猴狲木	*Adansonia digitata*	+	−	−	−	−	−	−

续表

中文名	学名	组织部位						
		UEP	HYP	PAL	SPM	VBU	LEP	TRC
类木棉	*Bombacopsis quinata*	−	+	−	−	−	+	−
美洲木棉	*Ceiba pentandra*	−	−	+	+	+	−	+
美丽异木棉	*Chorisia speciosa*	−	−	+	+	−	−	−
百铃花	*Dombeya wallichii*	+	−	−	+	−	−	−
翅子树	*Pterospermum acerifolium*	+	−	−	+	−	−	−
银叶树	*Heritiera littoralis*	−	−	−	−	−	−	+
掌叶苹婆	*Sterculia foetida*	−	−	+	+	−	−	−
兰屿苹婆	*Sterculia ceramica*	−	−	−	−	−	−	+
香苹婆	*Sterculia grandifolia*	−	−	−	+	−	−	+
榆叶梧桐	*Guazuma ulmifolia*	+	−	−	+	−	−	−
可可	*Theobroma cacao*	+	−	−	+	−	−	−
附加日果	*Heliocarpus appendiculatus*	−	−	−	−	+	−	−

注：UEP，远轴面组织；HYP，下皮组织；PAL，栅栏组织；SPM，海绵组织；VBU，维管束鞘细胞；LEP，近轴上皮组织；TRC，毛状体

1.6　花色苷不能在动物和人体内合成

由于动物和人体内缺乏花色苷合成过程中所必需的各种酶，人体不能自己合成花色苷，因此花色苷的获取类似必需营养素，只能从植物性食物中获取，在日常生活之中，我们可以通过多吃深色蔬菜、水果来增加花色苷的摄入。

1.7　花色苷的色泽变化及其影响因素

自然界中，花色苷会使植物器官呈黄、红、紫乃至黑色，这些色泽变化在很大程度上取决于不同种类花色苷的化学结构上的微小差别，或者化学结构虽然相同，但植物细胞内外的物理或化学条件不同也会使花色苷产生色调的变化。

1.7.1　化学结构的影响

花色苷母核的分子结构直接影响其色泽表现（图1-14）。此外，花色苷含有各种各样的糖苷配基，而不同糖苷配基所带的碳、氢、氧的数量不同，都会影响到花色苷的色泽。氢/氧比例增多，则颜色加深向紫色转变，而碳/氧比例增多导致颜色变浅向红色转变。花色苷连接糖和酸一般都具有使花色苷更紫的效应。酸化花

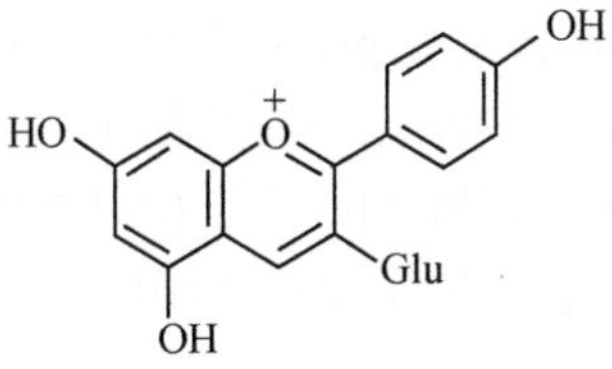

Pg-3-G

花葵素-3-葡萄糖苷

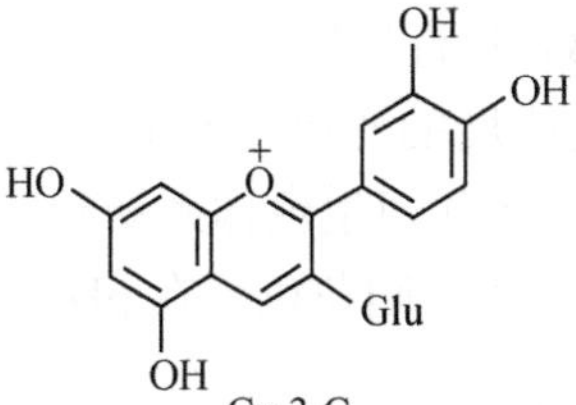

Cy-3-G

矢车菊素-3-葡萄糖苷

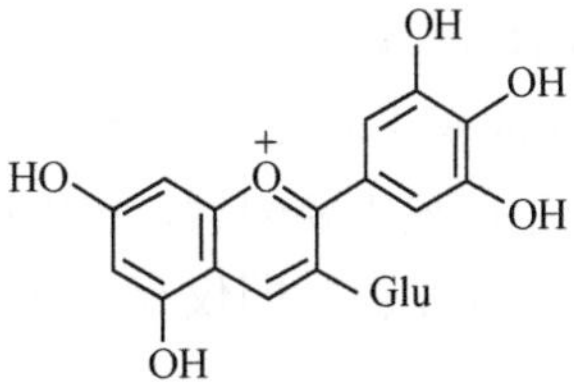

Dp-3-G

翠雀素-3-葡萄糖苷

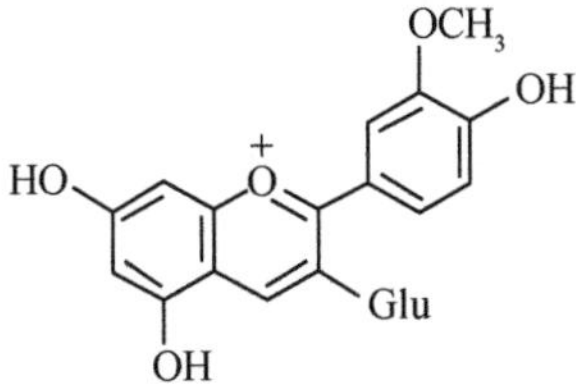

Pn-3-G

芍药素-3-葡萄糖苷

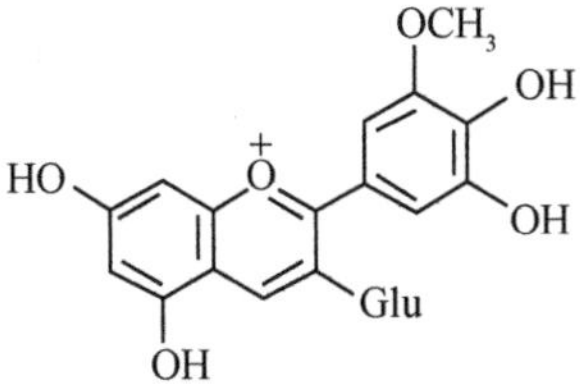

Pt-3-G

矮牵牛素-3-葡萄糖苷

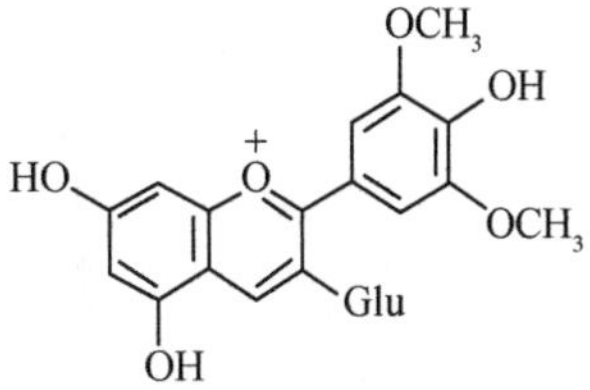

Mv-3-G

锦葵素-3-葡萄糖苷

图 1-14　化学结构对花色苷呈色的影响

色苷的芳香酸如香豆酸、咖啡酸、阿魏酸、芥子酸、五倍子酸以及一些脂肪酸如丙二酸、乙酸、苹果酸、琥珀酸和草酸，在稳定花色苷结构的同时往往也能加深其色泽。有研究发现：基本结构中在 5 号碳原子位连接糖的色泽要比 3 号碳原子位连接糖的颜色深，连接含酸物质也能明显加深花色苷色调。

1.7.2　酸碱度的影响

在各种植物花色苷的不稳定因素中，酸碱度即 pH 对花色苷影响最大，而且花色苷的颜色在很大程度上取决于介质的 pH。

普通的花色苷不稳定的原因是其在水溶液中存在 4 种互变形式：有色的黄烊盐离子（AH）、醌基（A）和无色的假碱（B）、查耳酮（C），它们之间存在以下三种平衡转换。

AH（有色）$\rightleftharpoons$ A（有色）+H（酸式平衡）

AH（有色）+ H_2O $\rightleftharpoons$ B+H（水化平衡）

B $\rightleftharpoons$ C（链-环平衡）

在溶液介质中，花色苷会随 pH 变化有以上结构的变换。对于给定的 pH，在花色苷的 4 种结构之间存在着平衡：蓝色的醌式碱（A）、红色的黄烊盐阳离子

（AH⁺）、无色的甲醇假碱（B）和查耳酮（C）。这些转换极易受 pH 的影响，随着 pH 的变化而发生色泽和颜色强度的变化（图 1-15）。但其中水化平衡是使花色苷失色的最主要因素，水化后形成共轭生色体系受到破坏的假碱（B）[9]。如果能阻止水化平衡，即仅存在酸式平衡，则花色苷在 pH 变化后仍然能保持其颜色。

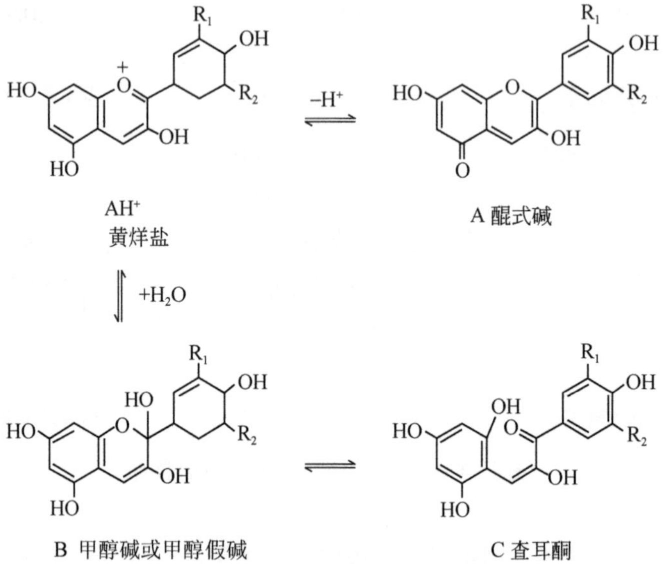

AH⁺
黄烊盐

A 醌式碱

B 甲醇碱或甲醇假碱

C 查耳酮

图 1-15　不同 pH 条件下花色苷的结构转换

　　花色苷的颜色会随溶液 pH 的变化而变化（图 1-16），非酰化和单酰化的花色苷在强酸性溶液中呈稳定的红色，在弱酸性至中性溶液中呈红紫色，随着 pH 的升高，在碱性溶液中呈蓝色。主要含有天竺葵素、矢车菊素的糖苷提取物会呈现

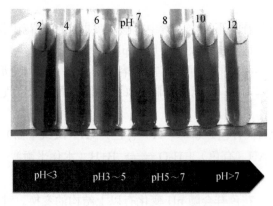

图 1-16　不同 pH 条件下花色苷的色泽

橙色到红色，含有甲基花色素糖苷的呈深红色，含有飞燕草素、矮牵牛素糖苷配基和锦葵素糖苷的则会显出红色，而糖苷基团的酰化可能会有一种蓝化效果。但是，具有两个或两个以上酰基的花色苷在整个 pH 范围内都表现出了相当好的颜色稳定性。另外，酰化部分的性质对花色苷的稳定性也有影响。

在酸性很强的介质中（pH=0.5），红色的黄烊盐阳离子占主导地位，溶液显红色。当 pH 逐渐升高时，花色素失去 C 环氧上的阳离子变成蓝色醌式碱，黄烊盐阳离子浓度和颜色强度都会下降，这是由于红色黄烊盐阳离子被亲核阴离子攻击而水合，变成无色甲醇碱。醌式碱在酸性溶液中与黄盐阳离子之间可逆转化。增加 pH，甲醇碱失去 A 环和 B 环之间的共轭双键，因此不能吸收可见光。当黄烊盐阳离子随 pH 升高而失去质子时，蓝色醌式碱数量也增加。每种平衡型的相对数量不仅和 pH 有关，还和特定的花色苷结构有关。

不同的花色苷受 pH 的影响不同。图 1-17 展示了 pH 对未酰基化的单葡萄糖苷的一般影响。我们可以清楚地看出，随着 pH 的升高，呈色离子量逐渐降低，而无色的离子量逐渐增多，因而呈色作用减弱，颜色变淡。

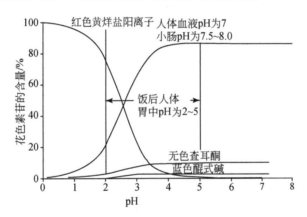

图 1-17　pH 变化对花色苷呈色的影响

1.7.3　组织结构的影响

就像下雨后我们会看到阳光被折射成了七色的彩虹，不同的物质包裹在花色苷的外面会影响我们所看到的颜色。所以我们实际看到的植物组织器官所呈现的颜色并不是细胞内花色苷的直接反映，花色苷色素被具有各种结构的组织所包围，从而改变了光线的入射方式。

一般认为圆锥形可以增加入射光进入表皮细胞的比例，类似于放大镜的聚光作用，入射光碰到有角度的圆锥形细胞会反射进入表皮细胞，若碰到像镜子一样没有角度的扁平细胞则会完全反射回去。所以，具有圆锥形突起的花瓣细胞可以吸收较多的光线，而使色泽变深。例如，马兰花花瓣的紫色不仅与花色苷的含量有关，还受外花被表皮细胞的长度和排列顺序的影响。有科学家通过扫描电镜和组织解剖的研究发现，深色金鱼草的花冠裂片表皮细胞呈圆锥状突起，而浅色的变种则呈扁平状。

（郭红辉）

第2章　花色苷的食物来源

除了拥有鲜艳的色彩，花色苷还被证实具有多种对人体有益的效应，我们希望摄取更多的花色苷，但市场供应的食物种类繁多，在日常生活中都有哪些富含花色苷的食物呢？花色苷是否能作为保健食品使用呢？普通的烹调和食物加工对这些食物的花色苷含量又有什么样的影响？如今都提倡食不过量，那么花色苷摄入多少是最适宜的量呢？这一章，我们将为大家来解答这些问题。

2.1　富含花色苷的天然食物

食物种类多种多样，所含成分也千差万别，我们怎么去判断一种食物中到底有没有花色苷这种成分呢？其实这并不是一件很困难的事情。花色苷是决定植物的花朵、果实呈现红色的主要色素之一，而其在不同的条件和环境下显示出黄色、红色、紫色等不同深浅的颜色，因此许多我们平时喜食的深色果蔬和谷薯，如紫甘蓝、紫薯、紫马铃薯、紫苏、紫茄子等，均含有丰富的花色苷。美国和欧盟已经分别建立了本地区居民经常食用的食品的主要黄酮类植物化学物含量的数据库。我国科技工作者对常见食物中主要植物化学物含量、人群摄入量及健康效应进行了系统研究，对包括花色苷在内的主要植物化学物的食物来源和摄入量进行了系统研究，探明了我国不同地区常见150多种食物的花色苷组成及含量，并建立了相应的数据库。

2.1.1　富含花色苷的水果

一些深色的多汁浆果，如蓝莓、桑葚、越橘、覆盆子（也叫树莓）和车厘子，虽然体积较小，但花色苷含量却很高，每100g果实中所含花色苷都超过了100mg。

蓝莓（*Semen trigonellae*）属杜鹃花科越橘属植物，果实因富含花色苷而呈蓝色，色泽美丽、悦目，并被一层白色果粉包裹，极富质感，果肉细腻，种子极小。蓝莓果实平均重0.5～2.5g，最大重5g，可食率为100%，甜酸适口，且具有清爽宜人的香气，为鲜食佳品。最早栽培蓝莓的国家是美国，但至今也不到百年的栽培史。因为其具有较高的保健价值，所以风靡世界，成为联合国粮食及农业组织推荐的五大健康水果之一。

桑葚（*Morus alba*）为桑科落叶乔木桑树的成熟果实，又叫桑果、桑枣，成熟的桑葚质油润，酸甜适口，以个大、肉厚、色紫红、糖分足者为佳。桑葚既可入食，又可入药，中医认为桑葚味甘酸，性微寒，入心、肝、肾经，为滋补强壮、养心益智佳果。其具有补血滋阴、生津止渴、润肠燥等功效，主治阴血不足而致的头晕目眩及耳鸣心悸、烦躁失眠、腰膝酸软、须发早白、消渴口干、大便干结等症。

越橘（*Vaccinium vitis-idaea*）又名越桔，是杜鹃花科越橘属植物，原产北美，多生于高山苔原带。浆果球形，直径 5～10mm，鲜红色。花期 6～7 月，果期 8～9 月。越橘颜色鲜艳，味酸甜。

车厘子就是英语单词 cherry（樱桃）的音译，又名含桃、朱樱、大樱桃等。但它不是指个小、色红、皮薄的中国樱桃，而是产于美国、加拿大、智利等美洲国家的个大、皮厚的樱桃。中国也有车厘子果树的引种，不过还没有形成种植规模。车厘子色泽红艳，外观光洁，光泽如玛瑙宝石一般，味道甘甜而微酸（图 2-1）。

| 蓝莓 | 桑葚 | 车厘子 |

图 2-1　高花色苷含量的代表性水果

但是以上的水果有很强的地域性、季节性，而且也因价格较高而不能广泛普及。而平日更为常见的深色水果如杨梅、西柚、红柿、番石榴、'黑布林'李子、红肉柚子和火龙果等，所含的花色苷量也是比较高的，为 5～30mg/100g FW（鲜重）。而更大众化的苹果、桃子和葡萄的花色苷含量就相对较少，不过花色苷集中分布于果皮，所以对于苹果最适宜的吃法还是洗净不削皮吃。虽然同等重量的葡萄所含的花色苷远不及桑葚，但是在大众水果中，葡萄所含的花色苷的种类高达31 种，相比之下，毛桃和油桃的花色苷种类较少。

常见水果的花色苷含量如表 2-1 所示，大家可以根据自己的喜好来选择健康又实惠的水果。同时我们需要注意，不同地方销售的水果由于品种和成熟度不同，所含的花色苷的量也有差异，表中所列是平均值。

虽然石榴花色苷含量不高，但是鲜榨石榴汁每 100mL 所含的花色苷量可以超过桑葚，达到 600～765mg/100mL，因为毕竟一个 350g 的石榴含有的籽就基本占3/4，那剩下的能榨出的汁也就寥寥无几了。如果石榴汁不常喝，那么葡萄汁或葡萄酒可能就是最好的替代品了，因为在榨汁过程中果皮中的花色苷释放到果汁

表 2-1　代表性水果的花色苷含量（mg/100g 可食部分，平均值±标准差）

食物名称	水分含量（%）	总花色苷	
		$\bar{x} \pm SD$	RSD
红瓤西瓜	90.91	0.481±0.02	3.28
黄瓤西瓜	88.24	0.307±0.04	12.04
苹果带皮	85.63	0.851±0.02	2.67
苹果皮	80.56	1.960±0.07	3.57
金瓜（黄皮）	90.91	2.174±0.33	15.23
三华李（红皮）	87.92	16.293±0.23	1.41
三华李（青皮）	86.54	16.828±0.15	0.91
三华李（普通李子）	89.57	2.718±0.01	0.45
黑布林李子	89.41	30.548±0.14	0.47
巨峰葡萄	84.11	8.904±0.13	1.45
黑加仑葡萄	80.00	39.777±0.09	0.22
杨梅（大）	84.90	57.015±0.35	0.61
桑葚	84.20	185.037±5.07	2.74
草莓	92.76	12.858±0.14	1.11
杨梅	88.73	19.030±0.14	0.75
台湾青枣	87.71	0.361±0.01	1.97
枇杷	90.16	0.173±0.02	9.71
榴莲	71.47	0.441±0.01	1.34
番石榴	83.75	0.559±0.09	16.10
鸡心黄皮果	82.92	0.573±0.04	6.67
山竹	79.90	0.752±0.06	7.92
火龙果肉	85.90	0.275±0.05	19.44
菠萝	86.36	0.070±0.01	18.88
芭蕉	73.97	0.104±0.00	0.96

注：RSD 为相对标准偏差（relative standard deviation），是指标准偏差与计算结果算术平均值的比值

当中，每 100mL 葡萄酒就含有数十毫克花色苷，所以尽管法国人吃高脂肪食物远多于美国人，但法国人死于心脏病的比例比美国人低很多，而法国饮红酒者患冠心病的人数也比不沾红酒的人群低 30%～40%，这可能与法国红葡萄酒中含有花色苷及其他多酚类植物化学物有很大的关系。国内消费者普遍了解了适量饮用红酒可以增加花色苷摄入，因而葡萄酒的产量和消费量增长很快。

葡萄中的花色苷主要蕴含在其红色或紫色的果皮中，如果全果发酵，在酿酒的过程中花色苷会进入发酵液，从而得到红葡萄酒。据统计，2020 年，全国葡萄酒的产量约 4.13 亿 L，进口约 4.56 亿 L，其中 70%左右为红葡萄酒，在红葡萄酒新酒中花色苷的含量为 200～500mg/L。但是，酿酒葡萄的出渣率在 10%左右，其中 33%为葡萄皮，即每年大约有 10 万 t 的葡萄皮被丢弃，而在这些葡萄皮中花色

苷含量可谓是相当丰富，含有大约相当于整果 60% 的花色苷量，同样榨汁后剩余的桑葚、蓝莓和杨梅果渣也含有丰富的花色苷，若好好利用这部分资源，加工成花色苷提取物或者富含花色苷的保健食品，不但可以实现废弃物的综合利用，还能保护环境，在增加社会效益的同时增加经济效益。

2.1.2　富含花色苷的蔬菜

富含花色苷的水果的颜色多是紫色或是深红色，那么是不是紫色或深红色的蔬菜也同样富含花色苷呢？没错，的确如此。蔬菜中花色苷含量居于前三名的是紫包菜、紫苏和红菜薹，它们都是紫色或是深红色（图 2-2）。

紫包菜　　　　　　　　　紫苏　　　　　　　　　红菜薹

图 2-2　高花色苷含量的代表性蔬菜

紫甘蓝（*Brassica oleracea*）又称红甘蓝、赤甘蓝，俗称紫包菜，十字花科芸薹属甘蓝种的一个变种。紫包菜是结球甘蓝中的一个类型，由于它的外叶和叶球都呈紫红色，因此称为紫甘蓝。叶片紫红，叶面有蜡粉，叶球近圆形。其营养丰富，尤其含有丰富的维生素 C 与较多的维生素 E 和维生素 B。它的营养价值要比普通的甘蓝高很多。紫甘蓝的花色苷含量很高，可达 163.67mg/100g FW（鲜重）。紫包菜的味道可能没有普通包菜的味道让我们觉得习惯，但是随着大家对它的深入了解，越来越多的消费者选择食用紫包菜。

紫苏（*Perilla frutescens*）别名荏、赤苏、白苏、香苏、红苏、红紫苏、皱紫苏等。一年生草本，夏季开淡红色花，具有特异的芳香，是一种药食兼用资源。叶片因富含花色苷而呈紫色，可以作为蔬菜食用，其茎、叶及种子又可入药，有止咳祛痰及利尿之功。中国各地均有栽培，长江以南各省有野生，见于村边或路旁。

红菜薹（*Brassica compestris* var. *purpurea*）别名红菜心，是十字花科芸薹属芸薹种白菜亚种中以花薹为产品的变种，一年生草本植物。其营养丰富，由于富含花色苷、色泽艳丽、质地脆嫩，是佐餐的佳品。

紫茄子（*Solanum melongena*）是很常见的一种蔬菜，它的紫皮中含有丰富的维生素 C 和维生素 E，这是其他蔬菜所不能比的。茄子，江浙一带人称其为"六蔬"，广东人称其为"矮瓜"，是茄科茄属一年生草本植物，在热带为多年生。其结出的果实可食用，颜色多为紫色或紫黑色，也有淡绿色或白色品种，形状也有圆形、椭圆形、梨形等。其中紫色品种茄子皮花色苷的含量较高，可达 92.87mg/100g FW（鲜重）。人们平时一般只会注意到茄子作为蔬菜含有的维生素比较丰富，却忽略了花色苷。

其他常见花色苷含量较高的蔬菜如表 2-2 所示，以成年人日常食用量为例，列出花色苷摄入量，供大家选择蔬菜时参考。

表 2-2　高花色苷含量的代表性蔬菜

名称	食用量（g）	花色苷摄入量（mg）	花色苷总含量（mg/100g FW）
紫包菜	50	98.20	163.67
茄子皮	20	18.57	92.87
长茄子（紫）	100	2.25	2.25
圆茄子	100	4.04	4.04
紫苏	40	20.62	51.56
红菜薹	40	7.38	18.45
芋头	30	3.78	12.60
紫薯	60	4.38	7.30
樱桃萝卜	17	1.33	7.83
茄瓜	125	6.43	5.14
白洋葱	30	0.52	1.74
紫洋葱	30	1.39	4.64
红藕	100	2.94	2.94
粉藕	100	3.13	3.13
宜昌藕	100	4.56	4.56
鲜菱角	60	1.43	2.39
冬苋菜	50	0.12	0.24
淮山药	60	0.072	0.12
山药	100	0.32	0.32
草莓椒	13	0.0091	0.07
红色彩椒	100	0.05	0.05
红尖椒	40	0.016	0.04
马齿苋	35	0.042	0.12
心里美萝卜	75	11.78	15.71
红皮萝卜	75	1.02	1.36
蕨菜	40	0.49	1.23
紫背天葵	40	0.41	1.02
莲子	40	1.15	2.87
鱼腥草	—	—	21.13
枸杞苗	50	0.49	0.99

注：—表示无数据

2.1.3 富含花色苷的豆类食物

深色豆类中种子花色苷含量较高，如黑豆、红豆和紫豇豆，而鲜食豆类中豆荚为紫色的紫豇豆的花色苷含量明显高于普通豇豆，紫四季豆也是如此（表2-3）。豆类食物本身含有丰富的矿物质和维生素，如钙、铁和B族维生素含量均较高。同时，豆类也是含有花色苷较多的一类食物。大部分的豆类食物均含有或多或少的花色苷，其中黑豆花色苷含量可达79.90mg/100g DW（干重），高居豆类榜首（图2-3）。

黑豆（*Glycinemax merr*）又名乌豆，属于大豆的一种，蛋白质含量高且氨基酸模式与人体接近，营养价值很高。而且黑豆中还富含皂角苷和维生素E，它们协同作用，共同发挥健康效应。花色苷主要分布在黑豆皮中，含量高达987.26mg/100g DW（干重），而脱了皮的黑豆花色苷含量仅有0.36mg/100g DW（干

表 2-3　高花色苷含量的代表性豆类食品

名称	食物标准分量（g）	花色苷摄入量（mg）	花色苷总含量（mg/100g DW）
黑豆皮	—	—	987.26
黑豆	50	3995.0	79.90
脱皮黑豆	50	18.0	0.36
红豆	50	2034.0	40.68
紫豇豆	50	1969.0	39.38
豇豆	50	240.5	4.81
花豆	50	1198.5	23.97
芸豆	300	7017.0	23.39
绿豆	50	1041.5	20.83
花豆角	300	4761.0	15.87
赤小豆	50	657.0	13.14
长豆角	300	1782.0	5.94
蚕豆	50	169.5	3.39
四季豆（紫）	300	1014.0	3.38
四季豆	300	342.0	1.14
红芸豆	300	975.8	3.25
荷兰豆	300	600.0	2.00
刀豆	300	594.0	1.98
眉豆	200	296.0	1.48
油豆	50	63.5	1.27
扁豆	50	61.0	1.22
油豆角	300	168.0	0.56
绿豆芽	500	55.0	0.11
鲜蜜豆	50	2.0	0.04

注：—表示无数据

黑豆　　　　　　　　　　红豆　　　　　　　　　　绿豆

图 2-3　高花色苷含量的代表性豆类

重），因此我们在食用黑豆时尽量要带皮食用，如煲汤、炖菜或者榨豆浆食用，都可以很好地保护黑豆皮里的花色苷不损失。

红豆（*Vigna angularis*）又名红小豆、饭豆、米豆。与黑豆的高蛋白质含量不同，红豆富含淀粉，因此被人们称为"饭豆"，它具有补津液、利小便、消胀、除肿、止吐的功能，被李时珍称为"心之谷"。赤小豆是人们生活中不可缺少的高营养、多功能的杂粮。

绿豆（*Vigna radiata*）是一种豆科蝶形花亚科豇豆属植物，由于具有较高的叶绿素含量，掩盖了花色苷的颜色，所以呈绿色。种子可以直接煮制食用，亦可提取淀粉，制作豆沙、粉丝等。将其洗净置流水中，遮光发芽，可制成芽菜，供蔬食。其入药，有清凉解毒、利尿、明目之效。

2.1.4　富含花色苷的谷类食物

谷类作为我们日常饮食的主食，主要是一些粗粮中含有花色苷（表 2-4），尤其是黑米中花色苷的含量非常高。黑米营养丰富，素有"黑珍珠"和"世界米中之王"的美誉，其矿物质含量是大米的 1～3 倍，还含有花色苷、胡萝卜素、维生素 C、叶绿素和强心苷等特殊成分。红米的花色苷含量也较高，而且红米本身也富含多种维生素和矿物质，特别是微量元素。红米的铁元素含量很高，有补血和预防贫血的功效。用红米酿制而成的红米酒很适合女性饮用，其颜色如红葡萄酒一样为红色，口感柔和，余味良好，可以适量饮用。

表 2-4　高花色苷含量的代表性谷类食品

名称	食物标准分量（g）	花色苷摄入量（mg）	花色苷总含量（mg/100g DW）
黑米	50	19 897.5	397.95
红米	50	668.5	13.37
紫玉米（鲜）	260	681.2	2.62
紫玉米（熟）	300	714.0	2.38
高粱米	50	85.0	1.70

紫玉米、高粱米中都含有丰富的花色苷，含有花色苷的这些谷物均属于粗粮，均含有丰富的不可溶性纤维素。随着生活水平的提高，我们食用的食品越来越精细，"精米白面"不利于我们的膳食平衡，并且容易升高餐后血糖。因此，我们在日常饮食中可以适当多摄入黑米、紫玉米等粗粮，"粗细搭配"、平衡饮食，在摄入膳食纤维、花色苷的同时，延缓食物糖分的释放，也有利于维持血糖稳定。

2.1.5 富含花色苷的薯类食物

马铃薯、甘薯（红薯）、芋头等薯类食物所含营养素丰富，其营养价值介于谷物和蔬菜之间，蛋白质和维生素 C、维生素 B_1、维生素 B_2 含量比苹果还高，钙、磷、镁、钾含量也很高，尤其是钾的含量高于一般蔬菜。薯类中含有大量的优质纤维素，可增强饱腹感，帮助肠道维持良好微生态环境，具有预防便秘和结直肠癌等作用。近些年来，作物学家选育出了一些富含花色苷的紫色薯类品种，如紫薯、紫马铃薯和紫芋头，花色苷含量可达到 11～30mg/100g FW（鲜重）（图 2-4）。

紫薯　　　　　　　　　　紫马铃薯　　　　　　　　　紫芋头

图 2-4　高花色苷含量的代表性薯类食物

2.1.6 富含花色苷的坚果类食物

坚果又称壳果，多为植物种子的子叶或胚乳，营养价值主要体现在蛋白质、不饱和脂肪酸和维生素 E 的含量与吸收利用度上。以核桃为例，果实中含有蛋白质 20.0%、碳水化合物 12.6%、脂肪 58.8%，含有单不饱和脂肪酸、多不饱和脂肪酸，包括亚麻酸、亚油酸等人体的必需脂肪酸，还含有维生素（B 族维生素、维生素 E 等）、微量元素（磷、钙、锌、铁）、膳食纤维等。

坚果属于花色苷含量相对较低的一类食物（表 2-5），除了大家熟悉的黑芝麻和花生具有较高的花色苷含量，每 100g 核桃果实也可以检出大于 1mg 的花色苷。碧根果又称美国山核桃（*Carya illinoensis*），属胡桃科山核桃属，英文名为 pecan 或 hickory，原产北美洲的美国和墨西哥北部，是该地区人们比较喜欢食用的坚果，现已成为世界性坚果食品。碧根果壳很脆，特别好剥，剥开后是像核桃一样的果肉，具有与核桃相当的花色苷含量（图 2-5）。

表 2-5 高花色苷含量的代表性坚果类食品

食物	食用量（g/d）	花色苷摄入量（mg/d）	花色苷总含量（mg/100g 可食部分）
花生	34	2.39	7.03
黑芝麻	10	0.35	3.54
白芝麻	10	1.55	1.55
开心果	2	0.029	1.43
凤眼果	1	0.0011	0.11
碧根果	25	0.35	1.41
核桃	30	0.31	1.04

紫花生　　　　　　　　　黑芝麻　　　　　　　　　碧根果

图 2-5 高花色苷含量的代表性坚果类食物

2.2 烹调加工对花色苷稳定性的影响

2.2.1 烹调对花色苷稳定性的影响

欧美国家居民的膳食花色苷来源以鲜食浆果类、蔬菜类和果酒为主。我国居民的膳食花色苷来源以粮谷类、薯类和蔬菜为主，我国居民喜欢食用烹调过的熟食，而且烹调花样繁多，各种烹调方法对食物中花色苷的含量均可能有一定的影响。郎静和凌文华系统研究了焯、煮、榨汁/浆三种烹调方法对不同食物中花色苷检出量的影响[13]，对于薯类和蔬菜选用焯、煮及榨汁三种方法：①焯：清洗干净后取可食部分，切成 2~3cm 小块，沸水中焯 1min，捞出加水，匀浆；②煮：清洗干净后取可食部分，切成 2~3cm 小块，沸水中煮 5min，合并菜汤和煮熟蔬菜块，匀浆；③榨汁：清洗干净后取可食部分，切成 2~3cm 小块，用豆浆机在 20min 榨成熟薯泥/蔬菜汁。豆类和谷物选用快煮、榨浆及慢煮三种方法：①快煮：用调理机分别将豆类和谷粒打磨成粉，沸水中煮 5min；②榨浆：分别将豆类和谷粒浸泡 4h，用豆浆机在 20min 磨制成熟豆浆/米糊；③慢煮：分别将豆类和谷粒浸泡 4h，沸水煮 60min，捞出豆粒/谷粒，加水匀浆。利用高效液相色谱法（HPLC）测定代表性花色苷含量来反映总体花色苷含量的变化。结果表明，对于大部分食物，烹调会使花色苷受到破坏，也有部分食物的花色苷检出量反而增加，这可能是烹调使原来和纤维素或蛋白质紧密结合的花色苷释放出来造成的。

对于蔬菜和薯类，大部分食物经烹调加工后，其花色苷均不同程度损失，损失率在12.00%～93.89%；少部分食物经烹调加工后，花色苷检出量反而增多，增加率在26.68%～88.18%。综合三种烹调方式对蔬菜中花色苷的影响，榨汁后损失最明显，损失率在12.65%～93.89%；其次是焯，损失率在12.00%～70.24%；煮对花色苷的损失最小，其中有三种蔬菜经煮后，花色苷检出量明显增多，增加率分别为：荷兰豆47.50%、紫苏43.63%、紫包菜37.48%（表2-6）。

表2-6　烹调前后蔬菜中花色苷含量比较（mg/100g 可食部分，n=9）

食物名称	水分含量	生食物	焯		煮		榨汁	
		$\bar{x} \pm SD$	$\bar{x} \pm SD$	变化率	$\bar{x} \pm SD$	变化率	$\bar{x} \pm SD$	变化率
荷兰豆	84.84%	0.53±0.17^c	0.99±0.07^a	88.18%↑	0.78±0.34^b	47.50%↑	0.67±0.22^b	26.68%↑
紫苏	85.34%	11.95±0.77^b	10.52±0.66^b	12.00%↓	17.16±3.36^a	43.63%↑	4.03±0.34^c	66.30%↓
紫包菜	90.78%	30.76±16.67^a	18.82±1.62^c	38.83%↓	42.29±6.69^a	37.48%↑	26.87±10.15^b	12.65%↓
紫茄子	93.36%	0.67±0.06^a	0.36±0.05^b	46.07%↓	0.04±0.01^c	94.50%↓	0.04±0.03^c	93.89%↓
紫洋葱	86.24%	7.28±0.25^a	2.17±0.15^d	70.24%↓	5.00±0.43^b	31.34%↓	4.16±0.27^c	42.91%↓

注：同一列不同字母表示具有统计学差异（$P<0.05$）；↑代表烹调处理后食物中花色苷检测值的增加，↓代表减少

对于豆类和谷物，慢煮后花色苷损失最明显，损失率在 39.38%～93.72%；其次是榨浆，损失率在16.84%～56.24%；快煮对花色素的损失最小，其中有 5 种豆类和谷物快煮后，花色素检出量增加。它们的增加率分别为：红腰豆 11.91%，红豆 5.58%，大黑豆 15.66%，赤红豆 35.55%，荞麦仁 38.60%（表2-7）。

2.2.2　贮藏加工对花色苷稳定性的影响

虽然花色苷在天然食品中显示出很好的色质和稳定性，但在加工贮藏过程中容易受到温度、pH、光照和金属离子的影响而变色，使得食品感官特性受到极大的影响，限制了其在食品工业中的应用。

1）花色苷的结构及浓度

花色苷的稳定性与其结构有很大关系，如与糖苷配基上相连基团的数目、种类和连接方式都有一定关系。

不同糖基的花色苷的稳定性有所差异，如半乳糖糖基的花色苷稳定性要比葡萄糖糖基的小，但比阿拉伯糖糖基的大。葡萄中的锦葵素-葡萄糖苷由于分子中两个羟基的甲氧基化修饰糖苷后比其花色苷元稳定。有研究者对室温下柠檬酸水溶

表 2-7　烹调前后豆类和谷物中花色苷含量比较（mg/100g 可食部分，n=9）

食物名称	生食物	煮豆粉（快煮）		榨浆		煮粥（慢煮）	
	$\bar{x} \pm SD$	$\bar{x} \pm SD$	变化率	$\bar{x} \pm SD$	变化率	$\bar{x} \pm SD$	变化率
荞麦仁	1.96±0.41[a]	2.72±0.24[a]	38.60%↑	2.21±0.30[b]	12.84%↑	1.19±0.21[c]	39.38%↓
红腰豆	4.94±0.49[a]	5.53±1.70[a]	11.91%↑	3.04±1.02[b]	38.48%↓	0.76±0.04[c]	84.56%↓
红豆	10.29±1.79[a]	10.86±0.49[a]	5.58%↑	7.99±2.24[b]	22.31%↓	1.61±0.27[c]	84.36%↓
大黑豆	11.98±2.58[a]	13.86±1.85[a]	15.66%↑	9.96±1.95[b]	16.84%↓	1.20±0.07[c]	89.98%↓
赤小豆	8.89±0.65[b]	12.04±1.40[a]	35.55%↑	6.34±0.98[c]	28.62%↓	0.75±0.03[d]	91.61%↓
黑眉豆	47.16±6.80[a]	33.69±1.13[b]	28.56%↓	30.10±3.71[b]	36.18%↓	2.96±0.12[c]	93.72%↓
花腰豆	10.83±1.32[a]	5.81±1.58[b]	46.39%↓	8.61±0.80[b]	20.51%↓	1.78±0.16[c]	83.58%↓
荷包豆	12.03±2.47[a]	10.66±1.49[a]	11.43%↓	7.29±0.83[b]	39.38%↓	0.85±3.72[c]	92.91%↓
红高粱	60.55±11.54[a]	25.23±3.64[b]	58.34%↓	26.45±4.51[b]	56.24%↓	13.84±3.72[c]	77.15%↓
黑糯米	20.22±1.16[a]	17.08±1.51[b]	15.53%↓	11.06±0.97[c]	45.32%↓	3.97±0.26[d]	80.34%↓
黑米	231.83±7.68[a]	188.32±5.55[b]	18.77%↓	138.36±9.44[c]	40.32%↓	54.39±6.04[d]	76.54%↓
红米	3.95±1.04[a]	3.23±0.33[b]	18.27%↓	2.00±0.57[c]	49.28%↓	1.11±0.17[d]	71.95%↓

注：同一列不同字母表示具有统计学差异（P<0.05）；↑代表烹调处理后食物中花色苷检测值的增加，↓代表减少

液（pH 为 2.8）中的矢车菊素、芍药素和锦葵素及其相应的花色苷的半衰期进行了研究，发现在同等条件下矢车菊-3-芸香糖苷的半衰期为 65d，远远大于矢车菊素的 12h，芍药素和锦葵素的稳定性也比其相应的花色苷低得多。在水溶液中，单糖基的花色苷不如双糖基的花色苷对光、热和氧气等稳定；C_3 位糖苷化结构比 C_5 位糖苷化结构更稳定。

花色苷的糖苷配基经常被一些芳香族类和脂肪酸类物质酰化，通过分子内的辅色作用，酰基化对花色苷的稳定性起着一定的保护作用。例如，酰化基团与花色苷分子的黄烊盐环形成一个"三明治"型堆垛，如图 2-6 所示，这样能有效地保护花色苷母核，从而抵御水分子的攻击以及其他类型的降解[14]。花色苷一旦发生脱酰反应溶于中性或弱酸性溶液中，其色泽很快就会消失。通常，单酰化花色苷的色泽稳定性不如二酰、三酰或多酰化花色苷。另外，酰化基团的位置及属性对花色苷的稳定性也有一定影响，如位于 C_6 位上的酰化基团能自由旋转，允许分子折叠和分子内堆积，更有利于提高花色苷的稳定性[15]；花色苷中芳香族酰化基团参与分子内辅色作用，使得花色苷元免遭 2 号和 4 号碳原子修饰[16]，芳香族有机酸比脂肪族的稳定，p-香豆酸酰化的花色苷比咖啡酸酰化的花色苷稳定性差[17]；花色苷中具有顺式异构体咖啡酸酰基的比反式的稳定性更强。表儿茶素、咖啡酸、迷迭香酸、绿原酸、草酸、丁香酸等辅色剂可通过氢键和 π-π 堆积相互作用力与花色苷结合，在 pH 为 3.0 和 5.0 时对黑米花色苷具有辅色效果并能提高其热稳定性[18]。

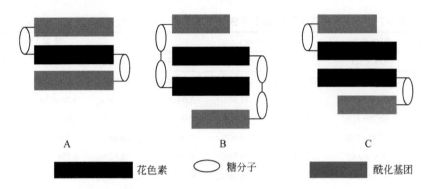

图 2-6   酰化花色苷的几种稳定模式

A，分子内堆积："三明治"型（二酰化花色苷）；B、C，分子间堆积（单酰化花色苷）

花色苷浓度的增加也利于增强其颜色的稳定性。花色苷溶液中花色苷的浓度相对花色苷的种类而言，对花色苷颜色稳定性的影响更大。可能是由于花色苷分子间发生了自连作用，当溶液中矢车菊素浓度从 10^{-4} 增加到 10^{-2}，其颜色强度增加了 300 倍。

2）pH

在影响植物花色苷不稳定性的各种因素中，pH 可以直接影响花色苷的色泽。花色苷在溶液介质中一般以 2-苯基苯并吡喃阳离子（又称黄烊盐阳离子，AH⁺）、醌式碱（A）、假碱（B）、查耳酮（C）形式存在，这 4 种形式随溶液介质的 pH 变化而发生可逆改变，同时溶液颜色也随着结构改变而改变[19]。如图 2-7 所示，当溶液的 pH 较低（pH<2）时，花色苷主要以红色或橙色的黄烊盐阳离子形式存在；当 pH 逐渐升高时，花色素失去 C 环氧上的阳离子变成蓝色醌式碱，花色苷黄烊盐阳离子浓度和颜色强度都会下降。这是花色苷黄烊盐阳离子受到水分子的亲核攻击而水合化和花色苷上的酸性质子发生转移。这两种反应之间存在着动力学和热力学竞争。首先，产生无色的甲醇假碱，这一物质会发生开环反应生成无色查耳酮；后者反应产生一种或几种淡紫色的醌式碱[20]。当 pH 为 3～6 时，花色苷主要以无色的甲醇假碱和查耳酮的形式存在，而在中性或者弱酸的环境下花色苷以紫色或浅紫色中性的醌式碱的形式存在；当 pH 上升到 8～10 时，主要以蓝色离子化的醌式碱的形式存在；每种平衡型的相对数量不仅和 pH 有关，还和特定的花色苷结构有关。在新鲜和加工的蔬菜与水果的自然 pH 下，各种花色苷形式将以平衡混合物的形式存在[15,20]。

Fossen 等[21]对不同 pH（1～9）的花色苷经过 60d 贮藏后的变化进行了研究，发现较低的 pH 有助于增强花色苷的稳定性。Torskangerpoll 和 Andersen[22]重点研究了在不同 pH 下，经过 5-葡萄糖基化和酰基化修饰的花色苷的颜色及其稳定性，也有同样的发现。

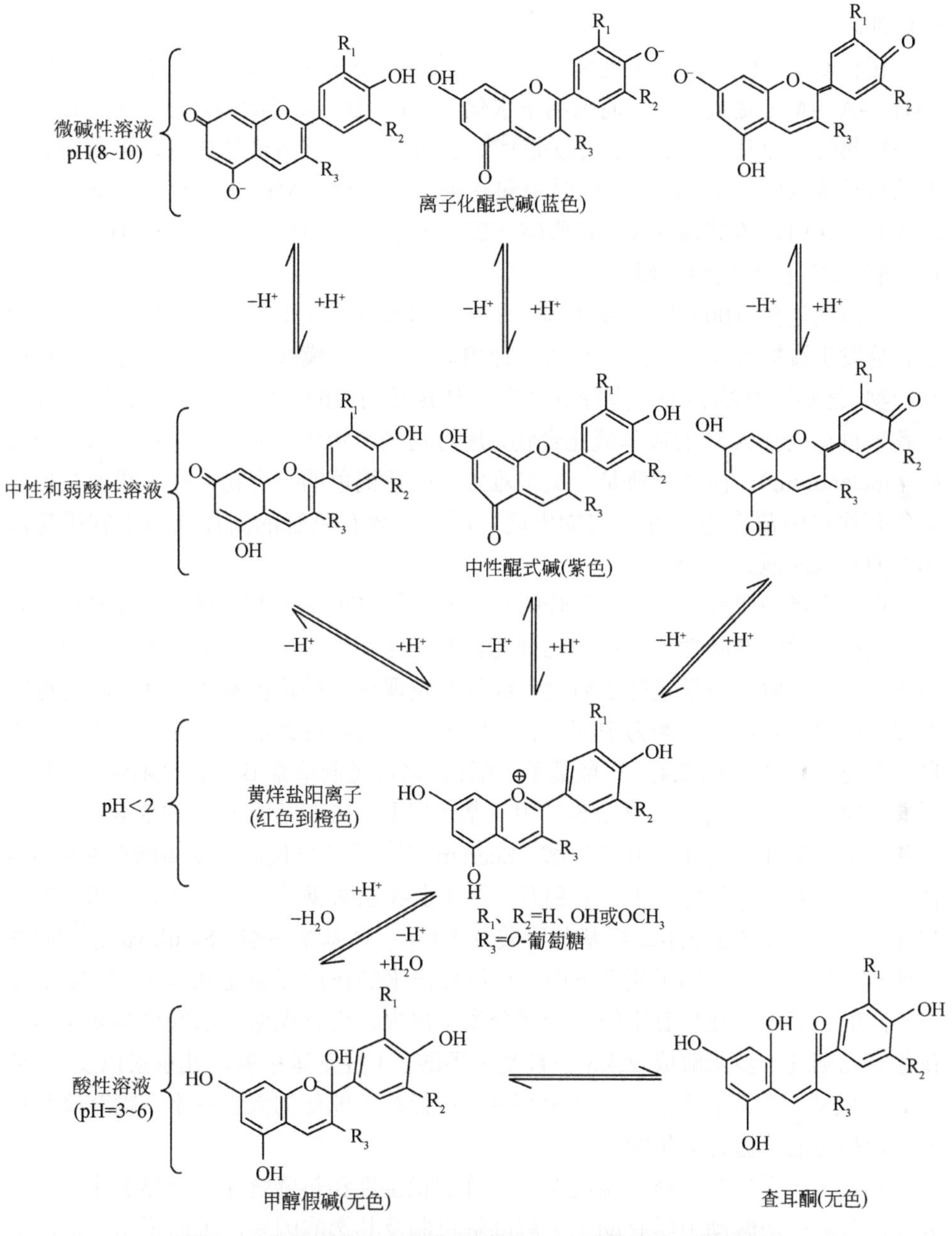
微碱性溶液
pH(8~10)
离子化醌式碱(蓝色)
−H⁺
+H⁺
中性和弱酸性溶液
中性醌式碱(紫色)
pH<2
黄烊盐阳离子
(红色到橙色)
+H⁺
−H₂O
−H⁺
+H₂O
R₁、R₂=H、OH或OCH₃
R₃=O-葡萄糖
酸性溶液
(pH=3~6)
甲醇假碱(无色)
查耳酮(无色)

图 2-7　常温条件下花色苷在不同 pH 水溶液中的 3 种平衡

3）温度

花色苷的热稳定性与其结构、pH、氧气以及体系中的其他化合物的反应有关。糖苷配基的羟基化使花色苷热稳定性降低，而甲基化、糖基化和酰基化能增强其稳定性。

花色苷的 2-苯基苯并吡喃黄烊盐阳离子（AH⁺）在溶剂中的脱质子反应（AH⁺→A→A⁻）是放热的，而阳离子水化（AH⁺→B）以及吡喃环的打开（B→C）均是吸热的，而且与正熵变化相关联[23]。因此当花色苷溶液加热时，平衡向着无色的查耳酮（C）方向进行，同时引起有色型化合物（AH⁺+A）含量的降低；当冷却和酸化时，醌式碱（A）和假碱（B）迅速变成黄烊盐阳离子（AH⁺），但是查耳酮（C）的变化相当慢。

当温度达到 100℃以上或遇到一些特定的酶时，几乎所有的花色苷化合物都很容易发生脱糖苷反应，然后经历一种相似的热降解模式，即查耳酮作为一种中间产物，之后查耳酮会进一步降解产生来自 B 环的羧酸类物质，如取代的苯甲酸，或者来自花色苷 A 环的羧基醛化合物，所有这些产物还可能进一步反应形成类黑精（melanoidin），而该物质是一类很难定义的棕褐色的络合物，在水果及其他含花色苷饮料中常作为一种沉淀物出现。所以富含花色苷的固体饮料不宜用超过80℃的热水冲泡。

很多学者的研究证实了花色苷的热降解过程。Furtado 等[24]通过吸收光谱法和高效液相色谱法对酸性水溶液中几种花色素（花葵素、飞燕草素、锦葵素及矢车菊素）的热降解动力学进行了研究。经检测发现这几种花色素在热降解时均遵循类似的降解模式，查耳酮为中间产物，它经过裂解后得到最终的分解产物：①来自 4 个花色素 A 环的 2,4,6-三羟基苯甲醛；②来自飞燕草素 B 环的 3,4,5-三羟基苯甲酸，锦葵素 B 环的 4-羟基-3,5-二甲氧基苯甲酸，矢车菊素 B 环的 3,4-二羟基苯甲酸，花葵素 B 环的 4-羟基苯甲酸。Seeram 等[25]研究发现高温使得酸樱桃中的 4种主要花色素（矢车菊素-3-芸香糖苷、翠雀素-3-芸香糖苷、矢车菊素-3-葡萄糖苷和花色素）降解产生 2,4-二羟基苯甲酸及 2,4,6-三羟基苯甲酸。Sadilova 等[26]研究发现从草莓、接骨木和黑胡萝卜中提取纯化出来的花色苷经过 95℃加热 7h 后发生了降解。其中，花色苷中的糖苷都分离了出来，而且戊糖比己糖更容易脱落，花色苷元则进一步降解成 2,4,6-三羟基苯甲酸、4-羟基苯甲酸、儿茶素以及 A 环与 B 环残基。尤其有趣的是，从黑胡萝卜中提纯的酰化的天竺葵素三糖苷降解成了它们相应的二糖苷衍生物。

和众多化学反应一样，温度对花色苷的稳定性和热降解速率有显著影响。研究花色苷的热降解动力学有助于了解降解机制及其影响因素，进而采用合适的工艺，而且通过热降解动力学分析可以更加深入地了解反应的过程和机制，并可预测各温度下的反应速率，具有迅速、简便等优点，对为开发和应用花色苷提供理论基础等均有重要意义。有研究表明花色苷的降解速率是随着温度升高而增加的，并且其热降解大多数遵循一级反应动力学模型[27]（图 2-8）。

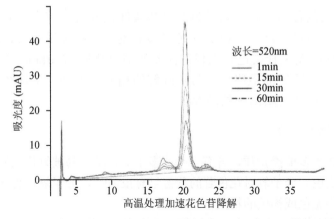

高温处理加速花色苷降解

图 2-8　100℃条件下，随着加温时间的延长，花色苷降解增加[28]

　　Liu 等[29]研究了岗稔果汁花色苷在不同温度（60℃、70℃和80℃），pH 为 2～4 下的稳定性及花色苷含量与抗氧化能力的相关性。结果表明岗稔果汁花色苷热降解遵循一级反应方程，其不同温度反应活化能分别为 63.2kJ/mol、46.1kJ/mol和 45.0kJ/mol，并利用阿伦尼乌斯（Arrhenius）方程建立了岗稔果汁花色苷热降解数学模型，预测了在 4℃和 20℃下贮藏的 pH 4.0 岗稔果汁花色苷的半衰期，分别为 30.98d 和 14.11d；岗稔果汁具有较强的抗氧化能力：（1.37±0.24）mmol/L Trolox当量抗氧化能力（Trolox equivalent antioxidant capacity，TEAC），且其抗氧化能力的强弱与果汁中花色苷含量呈正相关。提示花色苷的稳定性是保持其生物活性的前提条件，在富含花色苷的食品生产过程中应尽量避免花色苷的破坏。

4）光照

　　光线对花色苷的稳定性有正反两方面的效应，一是有利于植物体内花色苷的生物合成与积累，二是在离体条件下，光线对花色苷的作用主要是能引起花色苷的降解。花色苷暴露于紫外线、可见光或其他类型的离子射线时通常不稳定。光照条件下，酰基化的二糖苷比非酰基化的二糖苷稳定，二糖苷又比单糖苷稳定。C_5 位被羟基替代的花色苷比那些在此位置上没被替代的更为脆弱。花色苷自身缩合或与其他有机物缩合后，根据环境条件的不同，可能提高或降低花色苷的稳定性；多羟基黄酮、异黄酮等对花色苷的光降解有抗性，因为带负电荷的磺酸基和带正电荷的黄烊盐离子相互吸引，使这些分子与花色苷形成了复合物。

　　Marco 等[30]研究了从红叶木槿花中提取出的花色苷在不同 pH 条件下经过紫外线照射后的降解情况，发现经过紫外线照射后，花色苷的降解速率增加了。在对马铃薯花色苷的研究中发现，太阳光、日光灯光和白炽灯光均可导致马铃薯花色苷的降解，表现为红色和紫红色变淡；其中，太阳光的作用最强烈，其次为日光灯光，白炽灯光的影响较小。结果说明马铃薯花色苷对光敏感，表现出花色苷类色素光稳定性差的明显特征。Furtado 等[24]研究发现光诱导的花色苷降解的最终产物与热降解的相同，但动力学途径不同，光诱导涉及花色苷黄烊盐阳离子的激发。

5）分子氧和过氧化物

花色苷属于多酚类物质，含有一个或多个酚羟基，易被氧化剂氧化而导致花色苷降解和变色。分子氧对花色苷的危害早有报道[31]，分子氧可直接引起花色苷的降解，产生无色或褐色的物质。

Beattie 等[32]观察到果汁中溶解氧、维生素 C（抗坏血酸）和花色苷的量在贮藏过程中同时减少。这可能是由于果汁中的维生素 C 被氧化后能产生 H_2O_2，而 H_2O_2 的存在使得花色苷降解；氧和抗坏血酸浓度越高，花色苷的降解程度就越高。另外，若溶液中存在铜离子则维生素 C 和花色苷的降解加速。当温度较低时，抗坏血酸对花色苷起维持稳定性作用，温度较高时，维生素 C 将促进花色苷的降解。

Sapers 和 Simmons[33]在使用较低浓度过氧化氢处理富含花色苷的鲜切农产品时，发现经过过氧化氢处理的水果和蔬菜货架期均延长了，但其表面均出现褐色现象。这是因为花色苷的 C_2 位被 H_2O_2 直接亲核进攻，花色苷开环生成查耳酮，接着查耳酮降解生成各种无色的酯和香兰素的衍生物。也有很多研究表明 H_2O_2 对花色苷具有强烈的破坏作用，导致花色苷迅速降解和褐色。因此在有花色苷参与的生产工艺中，应避免用过氧化氢作消毒剂或防腐剂。

6）酶

植物组织中往往存在很多可导致花色苷降解以及色泽损失的酶类，这些酶通常被称为花色苷酶。根据它们的催化活性，已鉴定出两类酶。一类是糖苷酶，Wightman 和 Wrolstad[34]认为糖苷酶促使花色苷降解生成游离的糖和花色素，而花色素很不稳定，可自发转化成无色的查耳酮；另一类是多酚氧化酶，Siddiq 等[35]研究了多酚氧化酶对花色苷的降解机制，认为多酚氧化酶作用于存在邻二酚羟基的花色苷，产生的中间产物邻醌能通过化学氧化作用使花色苷转化为氧化型花色苷及其降解产物。由多酚氧化酶催化引起的花色苷降解速率与花色苷上取代基的类型及数量有关。

钝化酶活性有利于花色苷的稳定，如在加工贮藏和包装之前，初步蒸汽漂白，或者以较高糖浆浓度（如大于 20%）进行包装都可以对果品、蔬菜中的花色苷酶起到破坏和抑制作用。葡萄糖、葡萄糖醛酸和葡萄糖-δ-内酯都是糖苷酶的竞争性抑制剂。多酚氧化酶的活性可有效地被二氧化硫、亚硫酸盐、半胱氨酸和单宁所抑制。不过漂白剂亚硫酸钠能显著降低色素溶液的色泽稳定性，在富含花色苷的果蔬制品加工过程中需注意。

7）金属离子

花色苷与钙、铁、铜、铝、锡或其他金属离子的络合对其颜色可起稳定性作用。需要注意的是，只有那些在 B 环上含有邻位羟基的花色苷才能与金属离子络合，因此，可以通过向花色苷添加某种金属离子，再观察其最大吸收波长是否移动，来区别具有这种特定结构的花色苷和其他的花色苷。例如，通过加三氯化铝的醇溶液来判断所分离的花色苷是否在 B 环上含有邻位酚羟基。

部分金属离子对花色苷有一定增色作用。涂宗财等[36]发现 Cu^{2+}、Pb^{2+} 和 Fe^{3+} 均对紫薯花色苷有增色作用，Cu^{2+} 最强，Pb^{2+} 次之，Fe^{3+} 的效果不太稳定。虽然金属离子对花色苷具有稳定和保护作用，但在增色的同时所形成的金属-单宁络合物也可能导致花色苷褪色。

金属离子对不同花色苷稳定性的影响不同，这方面的研究很多[37,38]，如金属离子 Zn^{2+}、Ca^{2+}、K^+、Na^+、Al^{3+} 和 Mg^{2+} 对以花色苷为主导成分的蜀葵花色苷色素的稳定性无不良影响，而 Fe^{3+}、Fe^{2+}、Cu^{2+}、Pb^{2+}、Sn^{2+} 对该色素具有不利影响；Na^+、K^+ 对万寿菊色素溶液颜色的稳定性无不良影响，Fe^{2+}、Sn^{2+}、Zn^{2+} 对色素溶液颜色的稳定性影响不大，Fe^{3+}、Cu^{2+}、Ca^{2+} 的加入则改变了色素溶液的颜色；Pb^{2+} 能略微增强紫薯花色苷的稳定性，Cu^{2+} 具有增色作用，在 40℃下保持 4h 可将花色苷吸光度提高 6%，Fe^{3+} 具有保护和破坏的双重作用，从总体上看保护作用大于破坏作用；在试验浓度范围内，Mg^{2+} 使花生衣红色素的吸光度减小，K^+、Ca^{2+} 和 Zn^{2+} 对吸光度的影响不明显，Cu^{2+} 和 Al^{3+} 导致吸光度明显增加，Fe^{3+} 的添加导致花生衣红色素迅速生成黑褐色沉淀，说明色素溶液中含有多酚类物质，能与三价铁离子发生反应，生成复杂的络合物；Fe^{2+}、Cu^{2+}、Zn^{2+}、Mg^{2+}、Ca^{2+}、Na^+ 对黑米花色苷的色调无影响，其仍保持原有的红色，而 Fe^{3+} 使色素变为橙黄色，Sn^{2+} 使其转变成紫红色，Al^{3+} 和 Mg^{2+} 能提高黑米色素的稳定性，其中以 Al^{3+} 的作用最强，且随着 Al^{3+} 浓度的增加而增强；Al^{3+}、Zn^{2+}、Cu^{2+}、Ca^{2+}、Pb^{2+}、Na^+、K^+ 对石榴花色苷的吸光度和色彩基本无影响，Fe^{3+}、Fe^{2+}、Mg^{2+} 对石榴花色苷的吸光度影响很大，使色素溶液的吸光度增大，其中 Fe^{3+} 和 Fe^{2+} 使色素溶液的颜色发生明显变化，尤其是 Fe^{3+}，但 Mg^{2+} 对色素溶液的颜色基本没有影响。

8）糖及其降解产物

糖对花色苷稳定性的影响和糖浓度有关。高浓度的糖（>20%）添加到花色苷溶液中时，有可能通过降低介质的水分活度而对花色苷的发色团起到保护作用；然而低浓度的糖会加速花色苷的降解或变色。Debicki 等[39]研究了糖加速花色苷降解的机制，他们发现糖加速花色苷降解的能力和糖本身是否易于降解为呋喃型化合物有关；乳糖、阿拉伯糖和果糖等比蔗糖与葡萄糖更易促使花色苷降解，它们通过美拉德反应生成糠醛类化合物或其衍生物如糠醛（主要由戊糖形成）及 5-羟甲基-糠醛（5-hydroxymethyl-2-furfural，5-HMF），这些降解产物通过亲电攻击易于与花色苷相互作用或发生浓缩反应，最终形成无色或复杂的棕褐色化合物。花色苷在糠醛及 5-HMF 存在下的降解反应直接与温度相关，这种情形在果汁体系中更明显。

2.3　不同国家和地区居民膳食花色苷摄入量

目前，美国、欧盟和中国已经建立了常见食物的花色苷含量数据库，可以根据膳食调查富含花色苷的食物摄入量，估算出花色苷摄入量。受居住地区和季节性影响，不同人群膳食花色苷的摄入量差异较大。Wu 等[40]对美国居民经常食用的 100 多种富含花色苷的果蔬进行了调查分析，估算出人们通过这些果蔬每天可以摄入的花色苷约为 12.5mg。在欧盟开展的一项大型营养与癌症的流行病学研究当中，课题组对欧盟西部十国居民通过食物摄取的各种花色素做了调查，折算出花色苷摄入量为 26.2～90.9mg/d[41]。2019 年，Murphy 等利用食物频率问卷调查发现，澳大利亚中年女性和男性的膳食花色苷摄入量分别为 35.4mg/d 和 28.5mg/d。韩国 2007～2012 年全国健康与营养调查结果显示，30 岁以上女性花色苷摄入量约为 27.7mg/d。李桂兰等利用 HPLC 外标法对我国南方常见 300 多种深色果蔬和粮谷类食品及其制品的花色素苷元含量进行了测定[42]，结合膳食摄入量的数据估算出我国广州地区居民总花色苷摄入量约为 43.1mg/d[43]。厦门市春、秋两季老年人膳食花色苷摄入量分别为（38.3±6.5）mg/d 和（38.7±6.4）mg/d，显著高于沈阳市老年人同期的花色苷摄入量，但是不存在季节差异[44]。从总体上来看，除远离大陆的海洋岛屿居民，大部分国家和地区居民通过混合膳食每天可以摄入数十毫克花色苷[45]。需要注意的是，在膳食调查的时候需要考虑调查对象通过食用色素食品添加剂和膳食补充剂摄取的花色苷。

2.4　富含花色苷的膳食补充剂

市场上已经有多种富含花色苷的食品销售，如蓝莓、越橘和葡萄的干果制品。另外，一些来自蓝莓、葡萄皮、玫瑰茄的花色苷提取物也被批准上市销售。花色苷作为一种资源丰富的天然色素，安全无毒、色彩鲜艳、色质好，是葡萄酒、配制酒（露酒）、果汁和汽水等饮料产品以及糖果、冰淇淋与果酱等食品的理想着色剂，来自可食资源的花色苷提取物（如红米红、葡萄皮红、玫瑰茄红等色素制品）在多个国家和地区被允许根据需要量使用，人们通过这些添加了色素的食物也可以摄入一定量的花色苷。然而，目前国际组织和学术机构尚未制定花色苷适宜摄入量标准。确定花色苷的适宜摄入量可以采取两种方法：第一，根据膳食摄入量和慢性疾病发病风险来确定其适宜摄入量；第二，根据一些慢性疾病敏感性生物标志物和临床结局来评定其适宜摄入量。

2.5　花色苷的安全性

花色苷在可食用植物中广泛分布，其毒副作用应该很小。1982 年，联合国粮食及农业组织/世界卫生组织联合食品添加剂专家委员会（JECFA）对葡萄皮花色苷提取物（花色苷含量 2.6%）的毒理学安全性进行了系统评估，包括急性毒性、致突变、生殖毒性和致畸毒性试验，结果表明，大鼠和小鼠的半数致死剂量（LD_{50}）均在 2g/kg 以上。灌胃剂量达到 3g/kg 时对狗仍然没有明显毒副作用。大鼠和狗分别按照 150mg/kg 和 320mg/kg 的剂量水平持续染毒 6 个月，同样没有观察到动物死亡及其他毒副作用[46]。Nabae 等[47]采用花色苷含量为 26.4%的紫玉米提取物对 F344 大鼠的 90d 喂养试验结果显示，雌鼠和雄鼠的未观察到有害剂量(no-observe-adverse effect level，NOAEL）分别为 3.54g/kg 和 3.85g/kg。四川大学华西公共卫生学院分析测试中心对黑米花色苷提取物（花色苷含量 43%）所做的毒理学评价试验报告显示（BJ200600202），大鼠急性经口 LD_{50}>21.5g/kg，属实际无毒类；Ames 试验呈阴性，灌胃剂量83.3～333.3mg/kg 条件下的小鼠骨髓微核试验、小鼠精子畸形试验和小鼠骨髓细胞染色体畸变试验均为阴性，说明花色苷不具有致突变作用。

迄今为止，尚未发现在普通膳食条件下人类出现花色苷中毒的安全问题。人群干预试验结果显示，花色苷摄入水平达到 320mg/d 甚至更高时人类也不会出现不良反应[45]。

2.6　花色苷摄入量建议值

将 4 项花色苷与心血管疾病（CVD）的前瞻性研究进行定量系统评价 Meta 分析[48-51]，包括 95 868 名志愿者、1518 例病例，纳入花色苷与总体心血管疾病的发病风险关联的分析，如图 2-9 所示，结果表明，尽管异质性较高，但膳食花色

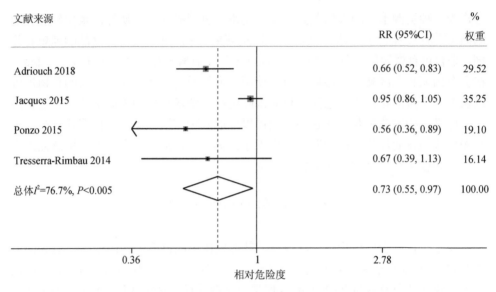

图2-9 膳食花色苷与总体心血管疾病发病风险关联的森林图
权重来自随机效应模型分析

苷摄入量仍与总体 CVD 的发病风险呈负关联[RR：0.73，95%置信区间（CI）：0.55，0.97；*P*=0.030；I^2=76.7%]。接着以 30mg/d 剂量划分亚组，发现膳食花色苷的摄入与 CVD 发病风险降低之间存在关联。在膳食花色苷摄入量≥30mg/d 时，关联强度更高；而在每日膳食花色苷摄入不足 30mg 的人群中，该种关联作用不显著。因此推测，每日膳食花色苷摄入量超过 30mg 时，可对心血管疾病发病起到预防性保护作用。

对心血管疾病高危人群的花色苷干预试验研究，Meta 分析结果表明，与对照组相比，花色苷干预组 579 名受试者血液低密度脂蛋白胆固醇（LDL-C）水平明显下降[加权均数差（WMD）：-3.55mg/dL，95% CI：-6.31mg/dL，-0.78mg/dL；*P*=0.000；I^2=71.3%]；代表性炎症因子水平也显著降低，如肿瘤坏死因子 α（TNF-α）（WMD：-1.62pg/mL，95% CI：-2.76pg/mL，-0.48pg/mL；*P*=0.952；I^2=0.0%）和 C 反应蛋白（WMD：-0.03mg/dL，95% CI：-0.05mg/dL，-0.01mg/dL；*P*=0.221；I^2=26.0%）（图 2-10～图 2-12）[52-55]，运用随机效应模型进行剂量亚组分析结果显示，每日花色苷摄入量≥80mg，与安慰剂对照组相比存在显著性差异，并且效应呈剂量依赖型，提示花色苷摄入量达到 80mg/d 可能会对心血管疾病产生治疗性保护作用。

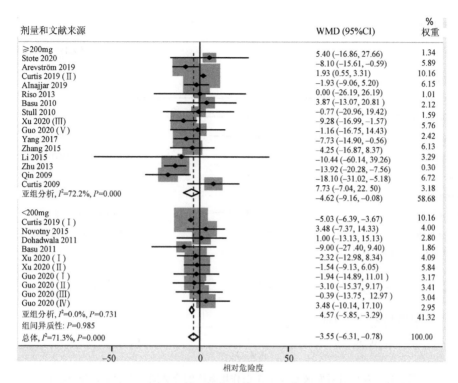

图 2-10　花色苷对血液低密度脂蛋白胆固醇作用效应的森林图（以剂量划分亚组）

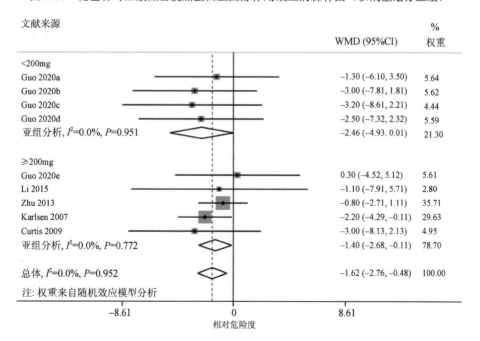

图 2-11　花色苷对血液肿瘤坏死因子 α 作用效应的森林图（以剂量划分亚组）

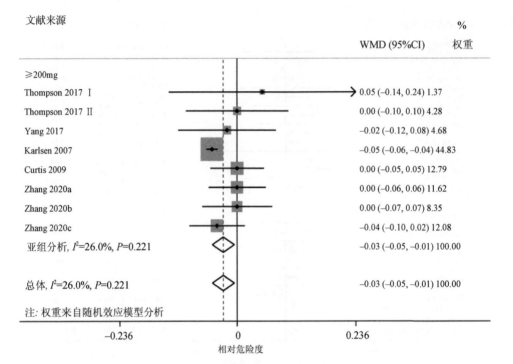

图 2-12　花色苷对血液 C 反应蛋白作用效应的森林图（以剂量划分亚组）

（郭红辉）

第3章　花色苷的提取纯化和鉴定技术

为了对花色苷类植物化学物进行更加深入的研究，我们可以利用现代生物和化学工程技术，将花色苷从食物中分离出来。目前较常用的提取方法是溶剂浸提法，通常采用酸性醇溶液进行提取，此外还有微生物破壁、超声辅助、CO_2超临界萃取及酶工程技术等方法。不同原料中花色苷类化合物提取方法的选择在很大程度上取决于萃取目标和化合物属性。如果提取花色苷的目的是为进一步定性或定量分析，则选择的提取方法最好是不破坏它们的结构，保持天然状态；如果提取的花色苷是作为食品添加剂用于食品着色，那么保持最大色素产率、颜色的强度及稳定性是关键。

在自然状态下，花色苷需要与其他辅助物质（黄酮类或其他多酚类化合物、糖类、氨基酸等）共存才能保持其良好的稳定性。花色苷的粗提物往往含有较多的杂质，难于对其进行鉴定，只有将花色苷组分进一步纯化后才能进行鉴定，确定其化学结构。

3.1　常用花色苷提取技术

虽然有些妥善保存多年的植物干样品仍保持鲜艳的色泽，但对于花色苷类化合物的提取和分析来说，新鲜植物样本才是理想的材料。陈旧植物材料中的糖苷有可能分解为糖苷配基，而花色苷元有可能被氧化。由于花色苷或其他低极性黄酮类化合物常常分布在植物外表皮，可以先将富含花色苷的组织部位（花瓣、果皮、茎、叶等）分离出来，但一般不需干燥，而应该直接将新鲜材料用含1%盐酸的醇溶液研磨提取。对于含水量较低的植物种子，如黑米、黑玉米和黑高粱等谷物种子，可以先用碾米机分离种皮，充分粉碎后再用来提取。提取花色苷最常用的方法是溶剂浸提法。近年来，一些新技术被用于花色苷的辅助提取，如微生物破壁、酶解、微波、液态静高压和超临界技术等。

3.1.1　溶剂浸提法

1）浸提溶剂的选择

花色苷类化合物通常带有若干未被取代的羟基或糖基，是一种极性化合物。

按照"相似相溶"的原理,它们一般在极性溶剂中可能有一定的溶解度,如甲醇、乙醇、正丁醇、丙酮、二甲基亚砜、二甲基甲酰胺及水等。花色苷元在连接一个糖基后,通常可以增加其水溶性。上述溶剂对花色苷来说,都是非常好的溶剂。相反,低极性的其他黄酮类化合物如异黄酮、双氢黄酮、高度甲氧基化的黄酮及黄酮醇则易溶解于乙醚和氯仿等溶剂中,利用这一点可除去花色苷提取过程中夹带的黄酮类化合物。花色苷同其他黄酮类化合物一样,因其来源和结构不同,溶解性存在一定差异。因此,应根据其极性和水溶性的大小来选择合适的溶剂进行提取。

值得注意的是,花色苷在中性和弱碱性溶液中不太稳定,因此,提取过程通常要采用酸性溶剂。酸性溶剂在破坏植物细胞膜的同时溶解出水溶性色素。用盐酸酸化提取溶剂可以保持低 pH,获得较好的提取率,但会改变花色苷的原始状态。因此,为了获得更接近于天然状态的花色苷,可采用中性溶剂做初步提取,如 60% 甲醇、正丁醇、乙二醇、丙二醇、丙酮、丙酮/甲醇/水混合物和水。另外,也可使用弱有机酸如甲酸、乙酸、柠檬酸和酒石酸等进行提取。如果既要考虑花色苷的产量,又要尽量保持其原始状态,可以选择有机酸和甲醇混合液提取花色苷,其中柠檬酸是最好的,其次是酒石酸、甲酸、乙酸和丙酸。

目前从植物材料中提取花色苷类物质,一般选择盐酸化的醇作为浸提液。酸化甲醇是最佳选择,因为甲醇提取率显著高于乙醇和水。最常用的高效提取溶剂是 1%的盐酸甲醇溶液,但是用于食品着色时,考虑到甲醇的毒性,可以选择 1%的盐酸乙醇溶液。高浓度的醇(90%~95%)适用于提取花色苷元,约 60%浓度的醇适用于提取糖苷类。提取次数一般是 2~4 次,可用冷浸法或加热抽提,经萃取、过滤和浓缩后得到色素样品,供理化特性研究。通常采取往溶剂中添加少量有机酸或无机酸的方法,常用的无机酸有盐酸、碳酸、硫酸等,有机酸有柠檬酸、甲酸、乙酸和酒石酸等。也有学者采用其他溶剂浸提花色苷,如丙酮,与酸化甲醇相比,丙酮更适合提取果胶含量较高的水果中的花色苷。一般需要根据花色苷的特性及提取目的来选择合适的提取溶剂。综上,溶剂萃取法是目前天然食用色素生产的主要方法,优点是投资少、设备简单,缺点是能耗大、提取纯度低和有机溶剂的环境污染等。

2)浸提条件的优化

由于花色苷往往集中分布在果皮当中,为了提高提取率,可以直接使用果皮作为提取原料。可以用单因素实验、正交试验和响应面法优化提取条件,选取醇浓度、酸浓度、浸提时间和浸提温度等影响花色苷提取率的主要因素进行优化。丁蕾等[56]利用响应面法优化西番莲果皮花色苷的提取工艺,得到的最佳提取条件为:乙醇体积分数 75%、柠檬酸含量 2.21%、料液比 1∶25(g/mL),此条件下原料中花色苷的提取量为 7.726mg/g。不过如果想通过延长溶剂浸提时间来提高色素得率，存在色素损失大等缺点。有文献报道在提取黑米皮花色苷的过程中，选用了对人体较为安全的 60% 食用酒精（含有 0.1% HCl）作为浸提剂，料液比为 1∶10，同时为防止高温对花色苷的破坏，在室温条件下浸提 3 次、浸提时间延长为每次 12h，利用经常搅拌和低温（≤42℃）真空浓缩等手段来保证提取率，使黑米皮花色苷提取物的得率可以稳定在 5.5% 左右。60% 酸化乙醇也被用来提取一些浆果（黑莓、蓝靛果、黑加仑和桑葚等）中的花色苷及其他黄酮类化合物。

Cacace 等[57]对黑加仑果的研究发现，提高浸提温度虽然对花色苷提取物的抗氧化能力没有显著影响，但是温度升高到 35℃ 以上时，会导致花色苷降解增加从而降低提取物中花色苷的含量。另外，在常温条件下花色苷主要以黄烊盐阳离子存在，显红色。随着温度的升高，黄烊盐阳离子会向着无色的假碱和查耳酮的方向进行转化，引起有色型化合物比例和色价的降低。根据文献报道，在 100℃ 下加热 1h，会使草莓中的花色苷降解一半；在 38℃ 储存时，花色苷降解一半的时间是 10d；在 20℃ 储存，花色苷降解一半的时间是 54d，而在 0℃ 储存条件下花色苷降解一半所需的时间是 11 个月。可见，花色苷在低温下稳定性较好。对于食品加工领域，有学者提出在 100℃ 下加热时间低于 12min，花色苷的损失可忽略不计，因此提倡高温瞬时加热。Luque-Rodriguez 等[58]尝试应用动态高温乙醇蒸气来提取葡萄皮渣中的花色苷及其他多酚类物质，最佳提取条件为：提取液为 50% 乙醇（含 0.8% HCl），120℃，30min，流速 1.2mL/min，压力 80MPa，花色苷的提取率比同等时间下静态乙醇溶液浸提提高了 3 倍，也避免了高温对花色苷的破坏。李鹏等[59]建立的超高压辅助提取桑葚花色苷的最佳工艺条件为：乙醇浓度 75%、提取压力 430MPa、液料比 12∶1（mL/g），在此条件下花色苷的得率为（1.97±0.02）mg/g，与模型的预测值基本吻合，提取时间明显缩短，花色苷得率较传统热提取法明显提高。

3.1.2　酶解法

在提取液中加入生物酶可使纤维素、半纤维素等物质降解，引起细胞壁和细胞间质结构发生局部疏松、膨胀等变化，从而促使细胞内有效成分向提取介质中扩散，提高色素提取率，目前用于花色苷提取的酶主要有纤维素酶和果胶酶。对于果胶含量较高的葡萄皮，可以使用果胶酶制剂提高葡萄皮色素溶出率，通常加酶量 1%，葡萄皮和水的比例 1∶5，处理时间 2h，即可有效增加花色苷的提取率。复合酶制剂有助于果皮的深度分解，如用纤维素酶、果胶酶两者的复合酶提取蓝莓花色苷，正交试验发现酶用量 5mg/g，料液比 1∶8，pH 5.0，提取时间 60min，酶解温度 45℃，提取 2 次，花色苷提取率最高。应用酶解法提取花色苷具有条件温和、酶用量少、提取率高、提取时间短等优点。但由于酶破坏细胞壁的同时，也有可能破坏花色苷的糖苷键，甚至生成其他未知杂质，后期纯化困难。

3.1.3 超声波辅助提取法

超声波是一种频率高于 20 000Hz 的声波，它的方向性好、穿透能力强。在植物化学物提取中，超声波辅助提取已被广泛应用。其原理为超声波空化时产生的极大压力和局部高温可以使细胞壁的通透性提高，甚至造成细胞壁及整个生物体破裂，而且整个破裂过程在瞬间完成，从而使细胞中的有效成分得以快速释放，直接与溶剂接触并溶解在其中。Chen 等[60]利用超声波辅助提取红树莓中的花色苷，结果表明当超声功率 400W，盐酸浓度 1.5mol/L，乙醇体积分数 95%，固液比 1：4，温度 40℃，处理 200s 时，提取率最高，可达 78.13%。徐少峰等[61]研究了超声波辅助下紫苏色素提取的最佳工艺条件，通过正交试验发现以无水乙醇为提取溶剂时，超声时间对提取效果影响较大，且提取紫苏色素的最佳工艺条件是：超声时间 30min，料液比 1：60（g/mL），超声功率 420W。采用超声波辅助萃取可有效地缩短提取时间，降低生产能源、溶剂的消耗以及废物的产生，从而提高萃取效率。热敏性花色苷通过超声波辅助萃取，有助于降低提取温度，避免在温度过高的情况下发生氧化降解反应。

3.1.4 微波辅助提取法

当微波加热时，细胞内极性物质尤其是水分子吸收微波能，产生大量的热量使细胞内温度迅速上升，液态水汽化产生的巨大压力将细胞膜和细胞壁冲破，形成微小的孔洞，便于溶剂穿过细胞膜进入细胞内，溶解并释放出细胞内物质，有助于植物化学物的溶出。李次力[62]在单因素的基础上，采用正交试验确定了微波辅助提取黑芸豆皮中的花色苷色素的最佳工艺条件为：微波功率 500W，时间 45s，料液比 1：20（m/V），提取次数 3 次。为探究微波萃取条件下，萃取体系内微波能吸收和目标成分的传递机制，薛宏坤等对微波辅助萃取蔓越莓花色苷的过程进行研究[63]，依据电磁理论，建立萃取体系微波能吸收模型，分析介电特性与萃取体系微波能吸收规律；依据质量守恒和能量守恒定律，建立萃取体系内花色苷传热传质模型，分析微波萃取体系内的温度与花色苷浓度的分布和变化规律；通过扫描电镜观察经微波处理后的蔓越莓花色苷提取物颗粒的微观结构，结果发现，萃取液介电常数、介电损耗因子及微波能吸收与微波功率呈正相关；将萃取液温度和花色苷浓度进行模拟，结果发现微波功率越大，萃取液中心处温度越高，底部和中心处温差越大；50℃为花色苷萃取的临界温度，当萃取液温度低于 50℃，微波功率越大，萃取时间越长，萃取体系中花色苷浓度越高；当萃取液温度高于50℃，微波功率越大，萃取时间越长，花色苷降解程度越大；经微波处理后样品的细胞壁破裂，微波功率越大则破坏程度越明显，表明微波具有强化萃取蔓越莓花色苷的效果[63]。微波辅助提取法具有时间短、提取率高、能耗小的特点。

3.1.5 高压脉冲电场法

高压脉冲电场法（pulsed electric field，PEF）是一种新兴的非热处理技术，通过其交变电磁场、电离作用和激发的低温等离子体等改变细胞膜的通透性，具有处理时间短、温度恒定、能耗低和杀菌效果明显等特点，主要用于食品杀菌处理，也有研究者尝试用该法辅助提取花色苷。刘子豪和赵权[64]以黑果腺肋花楸为试材，采用高压脉冲电场法提取花色苷，用高效液相色谱法检测其含量，并通过Box-Behnken 试验设计对其花色苷提取工艺进行优化，结果表明：电场强度、料液比、温度、乙醇体积分数对黑果腺肋花楸花色苷提取量影响显著。黑果腺肋花楸花色苷提取的最佳工艺条件为：电场强度 25kV/cm、料液比 1∶50（g/mL）、温度 35℃、乙醇体积分数 70%，此工艺条件下花色苷的提取量最高，为 8.79mg/g。马懿等[65]以紫薯酿造副产物紫薯酒渣为原料，采用高压脉冲电场法提取花色苷，利用响应面法对提取工艺进行优化。研究结果显示，当液料比 21（mL/g）、电场强度 18.3kV/cm、脉冲数 9.3 次/s 时，花色苷的提取量为 63.9mg/100g。

3.1.6 超临界流体萃取法

超临界流体萃取法（supercritical fluid extraction，SFE）是以超临界状态下的流体作为溶剂，利用该状态下流体所具有的高渗透能力和高溶解能力萃取分离混合物的一项新兴技术。在超临界状态下，将超临界流体与待分离的物质充分接触，使其有选择性地把极性、沸点和相对分子质量不同的成分依次萃取出来。可用二氧化碳、一氧化氮、水、乙烷等作为超临界流体，其中因 CO_2 临界温度接近室温，临界压力也不高，且无色、无味、无毒、不易燃、价廉易得，故在实践应用中常被用作萃取剂。此法特别适用于萃取挥发性、热敏性或脂溶性色素，如辣椒红素、叶黄素和番茄红素。也有研究者将超临界技术应用于花色苷的提取，李环通等[66]采用低温连续相变萃取技术提取蓝莓花色苷，通过正交试验确定低温连续相变萃取蓝莓花色苷的最佳工艺条件，结果表明萃取温度30℃、萃取溶剂 75%乙醇、萃取时间 120min、堆积密度 0.3kg/L、溶剂 pH3.0 为萃取蓝莓花色苷的最佳工艺条件，提取量达 9.31mg/g 冻干蓝莓果。相较于普通乙醇 2 次浸提获得的花色苷提取量 7.91mg/g 冻干蓝莓果，低温连续相变萃取工艺不仅适宜大批量工业生产和推广,且能够将蓝莓花色苷提取率提高18%。Vatai等[67]用超临界CO_2流体萃取结合传统溶剂提取法从接骨木果和葡萄渣中提取花色苷,结果发现与传统溶剂提取法相比,通过超临界萃取可以提高总酚的提取量。与传统的溶剂萃取法相比,超临界流体萃取法无化学试剂残留和污染,并可避免萃取物在高温下分解,保护生理活性物质的活性及保护萃取物的天然风味。但由于萃取剂二氧化碳极性较小,花色苷极性较强,超临界流体萃取过程中容易混入叶绿素、类胡萝卜素等脂溶性杂质,目前来说超临界流体萃取法更适合提取一些非极性物质。

3.2　常用花色苷含量测定技术

花色苷的定量研究方法少于定性研究,研究方法也比较简单,包括传统的紫外-可见分光光度法、高效液相色谱法(HPLC)和高效液相色谱法-质谱联用法。研究介质包括植物提取物和生物组织。从分析对象种类划分,检测方法可以分为总花色苷含量分析和不同花色苷单体含量分析。

3.2.1　紫外-可见分光光度法

在花色苷定量研究初期,由于提取分离手段不完善,研究者将花色苷作为一个整体来测定含量,测定方法是紫外-可见分光光度法。

1)含有很少或者不含有干扰物质的体系中花色苷总量的测定

花色苷的最大吸收范围为500~540nm,而离这一范围最近的黄酮类的最大吸收范围为350~380nm。在植物提取物中很少含有在花色苷的最大吸收区发生吸收的干扰物质,花色苷总量可以利用朗伯-比尔定律通过测定适当波长处的吸光度来确定。

该方法测定花色苷总量需要在恒定的pH介质中进行。因为不同花色苷单体的差别很小,而且各种花色苷单体的组成比例未知,所以一般用平均消光度来测定花色苷总量,误差小于0.2%。

对于离体培养的植物组织或细胞,花色苷浓度大多采用mg/g FW(鲜重)的形式表示,即用溶液的吸光度A与溶液厚度b及该波长下溶质的摩尔消光系数ε的比值来表示,文献中ε多选用矢车菊素-3-β-葡萄糖苷(cyanidin 3-β-glucoside, Cy-3-G)的摩尔消光系数来计算。但实际上所测量的花色苷提取液是多种花色苷成分的混合溶液,选用一种组分为代表并不能真实、准确地反映样品信息。曲均革[68]建议对花色苷测定方法进行改进,取一定量的花色苷提取液加入3倍体积的柠檬酸盐-磷酸盐缓冲液(14.7g/L $Na_2HPO_4\cdot 2H_2O$ 和16.7g/L 无水柠檬酸,pH 3.0)

并混合，于 535nm 处测量 OD 值（50%冰醋酸：Mcllvaine's buffer＝1：3，为空白对照）。花色苷含量以色度值（CV/g FW）表示，按如下公式计算。

$$CV=0.1\times吸光度值\times稀释倍数^{[68]}$$

2）含有干扰物质的体系中花色苷总量的测定

　　食品在加工或贮藏过程中会产生褐色降解物，这些降解物和花色苷具有相同的能量吸收范围。这类花色苷总量的测定通常有两种方法测定，即 pH 示差法和光谱差减法，其中第一种方法比较常用，特别适合果酒、果汁及各种花色苷提取液。

　　a. pH 示差法

　　pH 示差法（pH differential method）的依据之一是花色苷发色团的结构转换是 pH 的函数，依据之二是褐色降解物的吸收特性不随 pH 而变化。花色苷在不同 pH 条件下，分子结构会发生变化，其最大吸光值（$\lambda_{vis-max}$）也会不同，可以采用 pH 示差法来测定果蔬汁或花色苷提取物中花色苷的含量（表 3-1）。通过试验，确定两个对花色苷吸光度差别最大但是对花色苷稳定的 pH（一般选择 pH 1.0 和 pH 4.5），pH 为 1.0 时花色苷以有颜色的黄烊盐离子形式存在，而在 pH 为 4.5 时以无色的半酮缩醇型存在。分别用 KCl 缓冲液（pH＝1.0）和乙酸钠缓冲液（pH＝4.5）稀释样品至合适的倍数，在 700nm 和最大吸光值处读数，根据 Fuleki 公式可以计算出花色苷总量。

表 3-1　pH 示差法测定的一些植物性食品及饮料中的花色苷含量

食物	花色苷含量（mg/100g 或 mL）
红元帅苹果（apple，red delicious）	1.7
越橘（bilberry）	300～698
黑豆（black bean）	24.1～44.5
黑加仑（black currant）	130～476
乌榄（black olive）	42～228
黑米（black rice）	10～493
黑莓（blackberry）	82.5～325.9
蓝莓（blueberry）	25～495
沼泽越橘（bog whortleberry）	154
樱桃（cherry）	2～450
野樱桃（chokeberry）	410～1480
酸果蔓果（cranberry）	67～140
岩高兰、红莓苔子（crowberry）	360
紫茄子（purple eggplant）	8～85
接骨木果（elderberry）	200～1816
圆醋栗（gooseberry）	2.0～43.3

食物	花色苷含量（mg/100g 或 mL）
葡萄柚（grapefruit）	5.9
紫莴苣（purple lettuce）	2.2～5.2
油桃（nectarine）	2.4
毛桃（peach）	4.2
梨（pear）	5～10
李子（plum）	2～25
石榴汁（pomegranate juice）	600～765
大黄（rhubarb）	4～200
紫玉米（purple corn）	1642
覆盆子（raspberry）	20～687
红富士苹果（red Fuji apple）	1.3～12
红甘蓝（red cabbage）	322
红醋栗（red currant）	22
红葡萄（red grape）	30～750
红洋葱（red onion）	23.3～48.5
小红萝卜（red radish）	100～154
花楸（rowanberry）	14
桤叶唐棣（萨斯卡通莓）（saskatoon berry）	234
草莓（strawberry）	19～55
洋葱（onion）	25
红葡萄酒（red wine）	16.4～35
Port 葡萄酒（Port wine）	14～110

花色苷含量$(mg/L) = [(A_{\lambda_{vis-max}} - A_{\lambda_{700}})_{pH1.0} - (A_{\lambda_{vis-max}} - A_{\lambda_{700}})_{pH4.5}] \times MW \times DF \times 1000/\varepsilon$

式中，A 为吸光度，λ 为波长，MW 为分子量，DF 为稀释倍数，ε 为每克分子吸收率。当 ε 未知或样品成分未知时，则将矢车菊素-3-葡萄糖苷作为标准物，此时 MW=449.2，ε=26 900。

b. 光谱差减法

光谱差减法（spectral subtraction method）就是先测定样品在可见光区的最大吸光度，经二氧化硫或亚硫酸盐漂白或过氧化氢氧化后，再测定一次吸光度，二者的差值就是花色苷的吸光度。参考用标准花色苷绘制的工作曲线，将吸光度换算成含量。但是，光谱差减法因所使用的漂白剂也能降低某些干扰组分的吸光度而使总花色苷含量偏高，所以不常使用。

3.2.2 高效液相色谱法

分离纯化后的花色苷提取物再经 HPLC 色谱柱分离，得到的单种花色苷可以进行定量或定性分析。定性分析即通过获取一定波长范围内的紫外-可见光谱特征，通过与标准品的保留时间比对大致确定其化学结构。如果将花色苷标准品梯度稀释，以峰面积制作标准曲线，可以进行花色苷的定量分析，此时阵列二极管也可以用紫外检测器代替。由于紫外检测器的检测灵敏度不够高（通常>50ng/mL），这种方法一般用于植物提取物中花色苷的定量分析，在血液、尿液等生物样品中花色苷的定量分析采用更为准确的液质联用法。

3.2.3　高效液相色谱-质谱联用法

高效液相色谱-质谱联用法（HPLC-MS/MS）将色谱的分离能力与质谱的定性功能结合起来，实现对复杂混合物更准确的定量和定性分析，而且也简化了样品的前处理过程，使样品分析更简便。孙丹等[69]应用 HPLC-MS/MS 技术测定了甜樱桃'雷尼''红艳''红灯' 3 个品种的花色苷的组成与含量。花色苷的检测条件为：色谱柱 Kromasil 100-5C18 柱（250mm×4.6mm，6.5μm），流动相为水-甲酸-乙腈溶液，梯度洗脱，进样量 30μL，流速 1.00mL/min，柱温 50℃，检测波长 525nm。结果表明：3 个品种共检测到 9 种花色苷，主要为花青素-3-芸香糖苷和花青素-3-葡萄糖苷，其在'红艳'果皮、'雷尼'果皮、'红灯'果皮、'红灯'果肉中的含量分别为 5.21mg/g、2.51mg/g、75.70mg/g、7.40mg/g 和 0.09mg/g、0.07mg/g、3.57mg/g、0.34mg/g。成果等[70]利用 HPLC-MS/MS 技术观察了野生葡萄'桂葡 6 号'乙醇发酵结束和瓶储 3 个月的葡萄酒中花色苷类物质的组成及含量。结果发现，'桂葡 6 号'乙醇发酵结束和瓶储 3 个月酒样中花色苷总量分别为 548.94g/L 和 427.89g/L，分别检测到 25 种和 19 种花色苷，双糖苷是其中最主要的花色苷类型，含量最高的是甲基花青素-3,5-O-双葡萄糖苷。可见，HPLC-MS/MS 技术可以对食品中花色苷的具体组成及含量进行分析，检测限可以达到 ng/mL。

3.3　常用花色苷纯化技术

经过提取的花色苷粗提物中往往含有很多有机酸、氨基酸、糖、金属离子等杂质，产品质量稳定性差，色素纯度低，溶解性差。这些因素限制了其作为食品原料或着色剂的使用。因此，为了提高产品的色价和稳定性，需要对花色苷提取物进一步纯化。

3.3.1　乙醇分级沉淀法

乙醇分级沉淀法即水提醇沉，通过反复多次地调整乙醇溶液的浓度将提取液中一些大分子物质如多糖、淀粉和蛋白质等沉淀下来，然后过滤得到较纯的花色苷溶液。此法适合紫马铃薯、紫薯和黑米等蛋白质与多糖含量高的原料，但提取过程烦琐耗时、乙醇消耗量大及回收困难，并伴有杂质吸附和夹带，导致色素有不同程度的损失。

3.3.2 膜分离法

膜分离法是使用具有选择透过性的膜为分离介质，当膜两侧存在某种推动力（如压力差、浓度差、电位差时），物料依据滤膜孔径的大小而通过或被截留，选择性地透过膜，达到分离、提纯的目的。Patil 等[71]以酸性乙醇为溶剂从红萝卜中提取花色苷后，采用膜分离法将花色苷从醇溶液中分离出来，使其浓度由原来的372.6mg/L 上升至 625.8mg/L，然后经过进一步的膜分离后，花色苷浓度达到了4850mg/L。金丽梅等以水为溶剂对红小豆种皮中的红色素进行浸提[72]，采用压力驱动的膜技术（微滤、纳滤等）优化红小豆种皮色素分离工艺。结果表明，红小豆种皮色素的最佳提取工艺为：料液比（红小豆种皮：水）1∶30（g/mL）、浸提温度 90℃、浸提时间 90min，此时浸提液的色价为 7.53EU；优化的膜分离工艺为微滤膜（0.22μm）和纳滤膜（NF245）相结合，微滤压力 0.075MPa，稳定膜通量 12.47L/（$m^2 \cdot h$），色素透过率为 87.16%；纳滤操作的最佳压力 0.3MPa，稳定膜通量16.06L/（$m^2 \cdot h$），截留液中色素质量浓度提高至 810.19mg/L，总酚、糖和蛋白质浓度进一步降低。纯化后的红豆种皮花色苷冻干粉中花色苷含量为（145.80±0.17）mg/g，色价为 58.08±0.09，为纯化前的 2.41 倍[72]。采用膜分离法分离纯化出来的产品纯度较高，并且该法容易实现连续化生产、流程简单，但对设备要求高、纯化成本高、提取率低。

3.3.3 柱层析法

柱层析法是一种在生物活性物质分离纯化中应用最为广泛的技术。早期主要的填料为氧化铝，后来多采用阳离子交换树脂、聚酰胺或甲醛酚醛树脂等。根据文献报道，适合分离花色苷的柱层析填料主要有离子交换树脂、大孔树脂和凝胶树脂。

离子交换树脂柱层析是依据物质所带电荷的不同而将物质分离的一种方法。所带电荷不同的物质，对管柱上的离子交换剂有不同的亲和力，改变冲洗液的离子强度和 pH，物质就能依次从层析柱中分离出来。杜琪珍等[73]采用酸性甲醇溶液提取杨梅中的花色苷，并用阳离子交换树脂初步纯化得到杨梅花色苷，然后用高速逆流色谱成功地分离鉴定出其组分。胡隆基等研究报道用磺酸型阳离子交换树脂对葡萄果汁和葡萄皮的色素进行纯化，可以将浓缩液中的糖及有机酸除去，提高色素的稳定性[74]。应用离子交换树脂柱层析法分离花色苷所需设备简单、操作方便，并可实现连续化生产。

凝胶树脂是一种不带电的具有三维空间的多孔网状结构物质，每个颗粒的细微结构相似且筛孔的直径均匀，像筛子，小分子可进入凝胶网孔，而大分子则排阻在外。当含有不同分子大小的样品加入到由该物质装填而成的层析柱上时，大分子沿凝胶颗粒间隙随洗脱液移动，流程短、移动速率快，先被洗出层析柱；而小分子可通过凝胶网孔进入凝胶颗粒内部，然后再扩散出来，故流程长、移动速度慢，最后被洗出，从而使样品中不同大小的分子彼此获得分离。曹少谦等[75]用NKA-9 大孔树脂与 Toyopearl TSK HW-40S 凝胶柱层析相结合，以 35%甲醇（经2%甲酸酸化）为洗脱液，有效地分离纯化血橙中的花色苷，得到了 3 种单一花色苷组分和 1 种混合花色苷组分。Zhang 等[76]用反相液相色谱法从石榴花中提取花色苷，用 Sephadex LH-20 柱层析分离纯化后经紫外-可见光谱法、核磁共振光谱法及质谱法鉴定为天竺葵素-3,5-二葡萄糖苷和天竺葵素-3-葡萄糖苷。

大孔树脂是近年来发展起来的有机高聚物吸附剂，具有良好的吸附性能。依据吸附和筛选原理，有机化合物根据吸附力的不同及相对分子质量的大小，在大孔吸附树脂上经一定的溶剂洗脱而分开。王华和菅蓁在对葡萄皮花色苷纯化工艺的研究中发现，采用大孔吸附树脂纯化能使葡萄皮花色苷纯度达到 90.05%[77]。以新鲜桑葚为原料，80%乙醇为提取溶剂提取桑葚色素，许先猛等[78]考察了 9 种大孔吸附树脂对桑葚色素的吸附率、解吸率和吸附量，结果表明：XDA-8 大孔树脂对桑葚色素的吸附和解吸能力较强，XDA-8 大孔吸附树脂吸附桑葚色素的最优工艺条件为：吸附时间 4h、解吸乙醇浓度 80%、解吸时间 80min、解吸次数 3 次，在此条件下对桑葚色素的吸附量为 1.89mg/g。侯方丽等[79]采用 AB-8大孔吸附树脂纯化黑米皮花色苷，使其花色苷含量提高了 2.38 倍，总抗氧化能力提高了 3.99 倍。刘国凌等通过对 AB-8、D101 及 XAD-7HP 三种大孔树脂的静态吸附解吸性能研究，发现 XAD-7HP 大孔树脂是分离纯化岗稔花色苷较为适宜的树脂类型。动态吸附解吸条件为：岗稔花色苷上样浓度 8～11mg/L，乙醇（pH1.0）最佳洗脱浓度 70%，上样流速 1.0mL/min，洗脱流速 1.0mL/min，4 倍柱床体积的洗脱液基本可将树脂中的花色苷洗脱出来。树脂重复利用次数 3 次，树脂纯化的岗稔花色苷回收为 88.9%。经大孔树脂纯化后的岗稔花色苷为紫黑色粉末，其纯度为 90.7%，是纯化前的 1.53 倍，色价为 34.82（图 3-1）[80]。大孔吸附树脂具有物理化学稳定性高、吸附性好、不受无机物存在的影响、易于活化再生、解吸条件温和、使用周期长等优点，被广泛地应用于花色苷类化合物的分离和纯化。

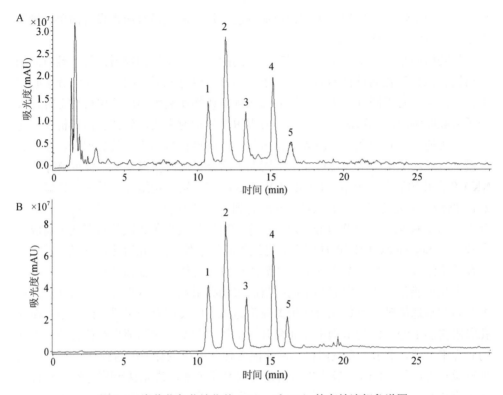

图 3-1 岗稔花色苷纯化前（A）、后（B）的高效液相色谱图

3.3.4 高速逆流色谱法

高速逆流色谱法（high-speed countercurrent chromatography，HSCCC）是一种无载体的液液分配色谱，在分离柱体内不加入任何固态载体或支持体，因而完全排除了载体对分离过程的影响，在色谱过程中，样品在一对互不混溶（或很少混溶）的溶剂相中分配、传递，各组分依据其在这两相中的分配系数的差异实现分离。该方法基于运转螺旋管内两相溶剂的单向性流体动力学现象（unique hydrodynamic phenomenon）使高速逆流色谱体系的分离效率更高，更符合分离分析和制备纯化工作的需要[54]。高速逆流色谱法具有两大突出优点：①聚四氟乙烯管中的固定相不需要载体，因而消除了气液色谱中由于使用载体而带来的吸附现象，特别适用于分离极性物质和具有生物活性的物质；②由于其与一般色谱法的分离方式不同，其特别适用于制备性分离。最近的研究结果表明：一台普通的高速逆流色谱仪一次进样可达几十毫升，一次可分离近 10g 的样品。因此，HSCCC 非常适合应用于植物化学成分的分离制备研究。

2000 年，Degenhardt 等用装有 3 个螺旋管柱的 CCC-1000 高速逆流色谱仪分离用 XAD-7 柱纯化过的黑加仑提取物，得到 4 个峰，它们依次是翠雀素-3-芸香糖苷、矢车菊素-3-芸香糖苷、翠雀素-3-葡萄糖苷和矢车菊素-3-葡萄糖苷。所用溶剂系统是正丁醇-甲基叔丁基醚-乙腈-水-三氟乙酸（体积比为 2：2：1：5：0.01），上相做固定相，流动相流速为 5mL/min。用此方法进 430mg 的花色苷提取物，分离得到的上述 4 种花色苷纯品含量分别为 16mg、11mg、5mg 和 3mg。Torskangerpoll 和 Andersen[22]利用 HSCCC 技术对红洋葱鳞茎表皮和黑郁金香花瓣进行了纯化，流动相为含有 0.01%三氟乙酸的甲基醚-丁醇-乙腈（体积比为 2：2：1.5），红洋葱色素提取物的上样量为 750mg，经鉴定其中的 5 种花色苷均为矢车菊素糖苷衍生物；黑郁金香色素提取物的上样量为 430mg，其中的花色苷主要为翠雀素、矢车菊素和天竺葵素的 3-O-(6')-鼠李糖-葡萄糖苷。另外他们发现，乙酰化的花色苷的洗脱一般滞后于其对应的花色苷类型。Du 等用一台柱容量为 364mL（内径 2.6mm）的高速逆流色谱仪分离了越橘果实中的花色苷，所用溶剂系统是：甲基叔丁基醚-正丁醇-乙腈-水-三氟乙酸（体积比为 1：4：1：5：0.01），上相为固定相，下相做流动相，流速为 1.5mL/min。进样 500mg 越橘的花色苷粗提取物可分离得到 130mg 翠雀素-3-O-β-D-葡萄糖-(2→1)-β-D-木糖苷和 77mg 矢车菊素-3-O-β-D-葡萄糖-(2→1)-β-D-木糖苷。最近，我国学者也对 HSCCC 技术在花色苷分离纯化中的应用做了探索，薛宏坤等[81]以桑葚为原料，在经过大孔树脂纯化的基础上，通过高速逆流色谱法对桑葚花色苷进行分离纯化，最终确定正丁醇-甲基叔丁基醚-乙腈-水-三氟乙酸（体积比为 2：2：1：5：0.01）为两相溶剂体系，以上相为固定相、下相为流动相，在主机转速 850r/min、流速 2mL/min、检测波长 254nm 的条件下进行分离纯化，最终得到翠雀素-3-葡萄糖苷、矢车菊素-3-葡萄糖苷和天竺葵素-3-葡萄糖苷，其含量和纯度分别为 17.4mg/100mg、33.7mg/100mg、9.8mg/100mg 和 92.27%、94.05%、90.82%。

3.3.5　制备液相色谱法

利用分析型高效液相色谱法可以获得样品花色苷的组成和含量信息，而制备高效液相色谱法（preparative high performance liquid chromatography, P-HPLC）进样量较大，可以通过对洗脱液的分段回收得到不同的花色苷组分。近 20 年来，随着人们对分离与纯化技术的不断探索，制备高效液相色谱法已成为当代高效分离与纯化技术的研究前沿，用于制备高纯度生物活性物质，如生物活性肽、中药有效成分和植物化学物等。目前又发展出了中低压制备液相色谱，这一技术的逐步成熟为液相色谱从科研走向生产奠定了基础。目前工业生产型制备高效液相色谱的纯化样品量已经能够达到千克甚至吨级。郭红辉和凌文华采用反相 C18 填料（粒径 50μm）装柱，以自制黑米花色苷粗提物作为原料，按照 1%～3%的重量比

（以总花色苷计）上样，以 0.1%三氟乙酸水溶液（A）和甲醇（B）作为流动相，用中压制备液相色谱梯度洗脱，流速设定为 30mL/min，6～8min 流动一个柱体积；紫外检测器（260nm 检测波长，280nm 收集波长）检测洗出液，根据所得的色谱图分别收集黑米中两种主导花色苷组分，即矢车菊素-3-葡萄糖苷和芍药素-3-葡萄糖苷（Pn-3-G），冷冻干燥得到花色苷单体粉末，纯度可达 95%（图 3-2）[82]。杜霞等以富含花色苷的桑葚和树莓为原料，通过大孔吸附树脂 AB-8 对两种花色苷粗提物初步分离后，利用中压快速分离系统分离得到高纯度的桑葚及树莓花色苷，

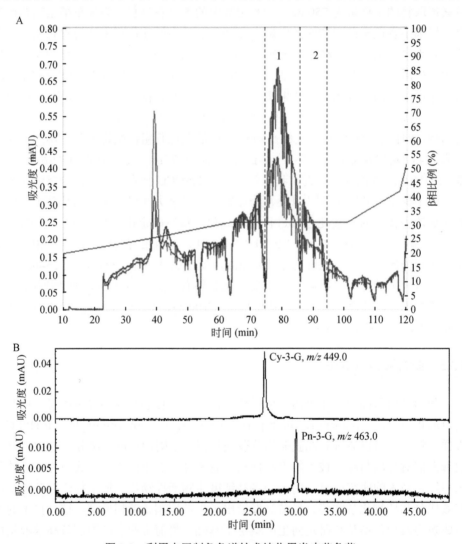

图 3-2　利用中压制备色谱技术纯化黑米皮花色苷

黑米皮花色苷提取物纯化的中压制备液相色谱图（A），检测波长 260nm（绿色），收集波长 280nm（紫色），经 HPLC-MS 联用技术分析（B），峰 1 为 Cy-3-G，峰 2 为 Pn-3-G

实现了 3 种不同结构花色苷的分离及纯化，桑葚中的矢车菊素-3-葡萄糖苷和矢车菊素-3-芸香糖苷产品纯度分别达到了 95%和 41%；树莓中的矢车菊素-3-槐糖苷和矢车菊素-3-葡萄糖苷产品纯度分别达到了 60%和 75%[83]。

3.4　常用花色苷化学结构的鉴定技术

所有的花色素和花色苷都是 2-苯基苯并吡喃阳离子结构的衍生物，种类繁多，目前已发现数百种，并且每年不断发现新的花色苷。对花色苷的组分进行分析鉴定，有助于人们进一步认识其化学结构及生理功能，这对于花色苷的生物活性构效关系研究有重大意义。

3.4.1　纸层析法

纸层析法在 1940 年就被广泛使用，根据花色苷在不同溶剂中的迁移值（R_f）和颜色来判断花色苷的类别；鉴定时，即使没有标准品，通过同一样品在 3～4 种不同展开剂中的 R_f 值，对照数据库的 R_f 值，就可以粗略估计出样品所含花色苷的种类。纸层析是以滤纸作为支持物的分配层析。纸层析时，以滤纸纤维及其结合的水作为固定相，以有机溶剂作为流动相。常用的展开剂系统有 BAW1[异丁醇：乙酸：水（体积比）=4：1：5]、BAW2[异丁醇：乙酸：水（体积比）=4：1：2]、BH[正丁醇：2mol/L 盐酸（体积比）=1：1]、AHW[乙酸：浓盐酸：水（体积比）=15：3：82]和 HW（1%盐酸水溶液）体系。点样量的多少对最终得到的花色苷化合物类型的定性分析起决定性作用。黄立新等[84]采用纸层析分离出黑玉米穗轴色素中的三种主要成分，经纸层析、紫外-可见光谱法、红外光谱法初步确定为矢车菊素-3-葡萄糖苷、芍药素-3-葡萄糖苷和天竺葵素-3-葡萄糖苷。褚衍亮与王娜[85]采用纸层析、高效液相色谱和高效气相色谱的方法，鉴定出樟树果花色苷的主要组分为芍药素-3-阿拉伯糖苷、芍药素-3-木糖苷和芍药素-3-葡萄糖苷或它们的衍生物；并发现樟树果花色苷具有一定的抑菌、防腐作用。纸层析法所需设备简单，能快速分析鉴定出物质所含组分，实验室常用该法对一些成分较简单、结构和极性差别较大的混合物进行分析。

3.4.2　薄层层析法

薄层层析法是在玻璃板上涂布一层支持剂，将分离样品点在薄层板一端，然后让推动剂从上往下流动，从而使各组分得到分离的物理方法。其原理与纸层析法相同，也可采用与纸层析法相同的展开剂。蔡正宗和陈中文[86]在分析红凤菜花色苷时采用纤维素薄层层析法，采用异丁醇-乙酸-水（BAW）或乙酸-浓HCl-水

（AHW）作为展开剂，上行法进行层析推测花色苷结构。Harborne[87]以硅胶为层析支持剂，以体积比为 85∶6∶9 的乙酸乙酯-甲酸-2mol/L 盐酸为展开剂分离花色苷，得到了锦葵素糖苷和芍药素糖苷。Andesen 和 Francis[88]比较了多种展开剂系统对不同类型花色苷的分离效果，发现体积比为 24.9∶23.7∶51.4 的盐酸-甲酸-水展开剂系统比较适合分离含有除三糖以外的所有结构类型的混合物；将这一系统体积比调整为 19.0∶39.6∶41.4、30.8∶27.8∶41.4 和 7.1∶51.4∶41.4 后则分别适合分离糖苷配基和单糖苷复合物、单糖苷与双糖苷。

3.4.3 光谱分析法

紫外-可见光谱法很早就被人们应用于花色苷的结构鉴定，主要原理是依据花色苷的不同基团在不同的波长下有不同的吸收峰，进而推断出其结构。目前通常采用该种方法对花色苷的结构作初步了解。李进等[89]用紫外-可见光谱法结合金属离子定性反应对鸡冠花红色素作了初步鉴定。与其他的检测方法类似，此法也必须精确控制测量条件，因为色素所处的环境（如溶剂、温度、与蛋白质的结合程度等）会强烈影响最大吸收峰的位置和吸收光谱的形状。红外光谱法常用来分析物质是否具有花色苷的特征基团，如苯环、羟基、含氧杂环和甲氧基。郭庆启等[90]采用大孔树脂纯化树莓花色苷，纯化后树莓花色苷的色价是纯化前的17.7 倍；红外光谱法分析表明树莓花色苷中含有苯环、羟基等特征基团。张丽娟等[91]利用近红外光谱法测定蓝莓果渣中的花色苷含量，发现正交信号校正表现出强大的去噪效果，竞争性自适应重加权算法（CARS）具有模型简化、适用性较好和预测精度较高等优点，可以较好地实现三种不同品种蓝莓果渣中花色苷含量的测定，可为蓝莓果渣品质分级提供一种快速且支持大样本量的检测方法。

3.4.4 色谱-质谱联用法

色谱-质谱联用法不仅可以确定花色苷的组成和含量，也可以对某些含量较低的花色苷化学结构进行鉴定，区分花色苷同分异构体。高效液相色谱法（HPLC）是一种多用途的层析方法，可以使用多种固定相和流动相，并根据特定类型分子的大小、极性、可溶性或吸收特性的不同将其分离开来；高效液相色谱法应用于花色苷物质的分离具有分析时间短、分辨率高、无热分解危险、需样量少的优点。HPLC 可以在 30min 的流程内分离 15 种不同的花色苷，其分辨能力远远超过纸层析法和薄层层析法。质谱分析法（MS）是通过测定被测样品的离子的质荷比来进行分析的一种方法；被分析的样品首先要离子化，然后利用不同离子在电场或磁场的运动行为的不同，把离子按质荷比（m/z）分开而得到质谱，通过样品的质谱和相关信息，如化合物的分子量或分子式，可以得到样品的定性、定量结果。Mateus

等[92]通过 TSK Toyopearl HW-40（S）硅胶柱层析法和半制备型液相色谱法从葡萄酒中分离得到两种新的花色苷衍生物，并通过电喷雾电离质谱（ESI/MS）和核磁共振（NMR）进一步表征了它们的结构。在检测天然产物的结构时，由于质谱仪的分辨能力比其他同类分析仪器高，而且灵敏，因此已在植物粗提物快速筛选分析的领域中广泛应用。Liu 等[93]采用 HPLC-MS 联用技术对岗稔果实中的花色苷组分做了鉴定分析，明确其主导花色苷包括矢车菊素-3-葡萄糖苷（31.43%）、芍药素-3-葡萄糖苷（27.08%）、翠雀素-3-葡萄糖苷（20.18%）、矮牵牛素-3-葡萄糖苷（12.20%）和锦葵素-3-葡萄糖苷（9.11%）5 种花色苷单体。腾飞等[94]采用硅胶柱层析技术分离制备龙葵果花色苷，分离得到的 2 个花色苷馏分经紫外-可见光谱法、高效液相色谱-电喷雾串联质谱法（HPLC-DADESI-MS/MS）进行结构鉴定，并结合酸水解分析糖苷种类，最终确定馏分Ⅰ为翠雀素-3-琥珀酰阿拉伯糖苷，根据峰面积归一化法计算其纯度为 94%；馏分Ⅱ为矢车菊素-3-半乳糖苷和矢车菊素-3-乙酰半乳糖苷，根据峰面积归一化法计算其纯度分别为45.67%和3.97%。HPLC-MS联用法在很大程度上提高了鉴定的特异性和准确性，因此在花色苷鉴定中得到了广泛应用。

3.4.5　核磁共振法

核磁共振法（nuclear magnetic resonance，NMR）是一种以高强度磁场激发原子核，待原子核由高能阶状态回落到低能阶状态时收集释放出来的能量，求得物质特征图谱的一种辨别分子结构的技术，是有机结构鉴定的重要手段之一，现已成为花色苷结构鉴定的最强有力的工具。赵昶灵等[95]利用 NMR，结合 HPLC 和气相色谱法（GC）等方法从梅花‘南京红’中分离并鉴定得到 3 种花色苷，分别是矢车菊素-3-O-(6″-O-α-吡喃型鼠李糖基-β-吡喃型葡萄糖)苷、矢车菊素-3-O-(6″-O-没食子酰-β-吡喃型葡萄糖)苷和矢车菊素-3-O-(6″-O-反式阿魏酰-β-吡喃型葡萄糖)苷。虽然 NMR 分析可以获得色素分子结构的很多信息，但是应用此法鉴定时至少需分离纯化 1mg 的花色苷单体（纯度检测大于 80%），而且数据的获得需要较长时间。

虽然 HPLC-MS、NMR 等技术的应用已使花色苷的鉴定变得更加快速、准确，但由于这些设备要求高、使用成本高，在很大程度上限制了它们在生物活性成分分析鉴定中的应用。因此，一些所需设备较简单、使用成本低、效率高的新型花色苷提取、分离纯化及鉴定技术仍亟须开发。另外，采用多种方法联合使用也为今后花色苷的提取、分离纯化及鉴定提供了一个新的思路。

（郭红辉）

第4章 花色苷的开发利用

花色苷作为一种天然色素，安全、无毒、资源丰富，色素色彩鲜艳、色质好，在食品添加剂领域发展前景良好。同时，花色苷表现出的多重疾病预防和健康促进功效，如抗炎、抗氧化、调节血脂、改善胰岛素抵抗及抗肿瘤作用已引起了广泛的关注，可以作为保健食品或者特殊医学用途配方食品的活性成分进行开发利用。尽管花色苷在植物体内的分布极为广泛，但由于材料难以获得或者提取成本太高，目前花色苷的提取原料主要包括玫瑰茄、葡萄皮、紫甘蓝、黑米、紫薯，以及果汁和果酒的加工副产物果渣，产量有限。如何方便、快捷地提取花色苷并获得较高产量，是花色苷开发应用的一个"瓶颈问题"。近30年来，研究者通过优化原料处理、提取和纯化工艺不断促进花色苷的工业化生产。

4.1 花色苷作为食品添加剂的应用

在人类文明开始之时人们已经有意识地利用植物色素作为装饰颜料。据记载，公元1500年前埃及人就开始使用红葡萄汁给甜品上色。花色苷的早期工业化应用是用作织物染料，后来逐步过渡成为食用色素。现在，大家对花色苷又有了新的认识，它除了赋予食品鲜艳的颜色，还具有抗氧化、抗炎和抗溃疡等保健作用。加上人们对人工合成色素安全性的担忧，花色苷的需求量急剧上升。因此，花色苷在食品、化妆品、医药领域有着巨大的应用潜力。2015年，从葡萄皮中提取的花色苷销售额就已突破了2.5亿美元。最近几年，花色苷色素的销售额在以5%～15%的速度递增。根据我国《食品安全国家标准食品添加剂使用标准》（GB2760—2014）规定，允许包括黑（红）米色素、葡萄皮红和玫瑰茄红在内的9种花色苷提取物作为食品着色剂使用。

4.1.1 花色苷作为食品添加剂的优势

自20世纪50年代起，FAO/WHO联合食品添加剂专家委员会（Joint FAO/WHO Expert Committee on Food Additives, JECFA）开始对合成色素进行全面毒理学评价和控制，发现许多合成色素具有安全性问题。单就合成红色素一类，1965年确认赤色1号、4号、5号、101号及橙色1号等有致肿瘤和致其他病变的毒性。1975年，美国食品药品监督管理局（Food and Drug Administration, FDA）发现赤色2

号（苋菜红）有致癌嫌疑，第二年被禁用，还发现赤色 3 号（赤鲜红）、102 号（胭脂红）、104 号（玫瑰红）有变异原性。为此，FDA 已开始阻止使用并宣布最终将完全禁止使用合成红色素，美国 1960 年允许使用的合成色素有 35 种，现仅剩 7 种。在世界各国使用合成色素最多时，品种多达 100 余种，日本曾批准使用的合成色素有 27 种，现已禁止使用其中的 16 种。瑞典、芬兰、挪威、印度、丹麦、法国等早已禁止使用偶氮类色素，其中挪威等一些国家还完全禁止使用任何化学合成色素。我国目前除婴儿食品外仍允许限量使用苋菜红、胭脂红、玫瑰红等合成色素，但最终被取缔的趋势是显而易见的。

基于以上原因，各国对开发应用天然色素特别是天然红色素的兴趣越来越浓，目前在欧洲有 13 种天然色素得到使用许可，而美国批准了 26 种天然色素，日本允许使用的天然色素高达 97 种，占据 90% 的色素市场份额；中国允许使用的天然色素有 48 种。花色苷的研究在很多国家起步较早，如意大利在 20 世纪 70 年代就有葡萄花色苷提取物的应用；又如美国 1976 年禁用了苋菜红，故也较早开始了对天然红色素、高分子聚合物色素和天然等同物合成色素的研究开发。英国、日本、匈牙利等国对天然红色素的开发应用研究处于世界领先水平[96]。我国对天然红色素的开发应用研究起步相对晚些，但发展较快，已开发并批准使用多种天然红色素，如焦糖色素、辣椒红素、胭脂虫红、番茄红素、红曲色素、玫瑰茄红、葡萄皮色素（花色苷）及甜菜红等。因此，诸如花色苷这样的天然色素、天然等同物色素和天然改良色素具有颜色鲜艳、营养附加值高等特征，被众多消费者所喜爱，已显示出较广阔的市场前景。

1）来源广泛

花色苷是人们最熟悉的水溶性天然食用色素，在自然界中广泛分布，构成了植物王国中绝大多数品种的蓝色、红色、紫色和黄色等。到目前为止，已在除藻类植物之外其他各门高等植物体内都发现有花色苷的合成，尤其是在被子植物门中分布更为广泛。在大部分被子植物的不同器官当中都能够检测到花色苷的存在，包括花朵、果实、茎、叶，甚至根。花色苷集中分布在植物花瓣和果实种皮当中，其中以深色浆果（如葡萄、越橘、蓝莓、接骨木果和黑加仑）、有色薯类（如马铃薯与紫薯）及谷物（如高粱、紫玉米和黑米）中含量尤为丰富。由于利用率极低，我国每年在花色苷含量较高（0.15%～0.35%）的有色葡萄皮渣（如葡萄酒企业的大量废弃物）、蓝莓果渣、越橘、荔枝壳、火龙果果皮、玫瑰茄等色素原料中浪费的天然花色苷的数量庞大。

2）毒副作用小

由于花色苷大多来源于植物性食品中，其毒副作用应该很小。FAO/WHO 联合食品添加剂专家委员会根据已有的毒理学资料，包括急性毒性、致突变、生殖毒性和致畸毒性，认为其属于"毒性极小"或"实际无毒"，已将花色苷列入天然色素类食品添加剂（E163）。花色苷提取物也被美国 FDA 列为无须认证的食品添加剂，被允许在饮料、乳制品及糕点中使用（表 4-1）[97]。欧盟规定许可使用的 13 种天然色素中就有花色苷。日本 1995 年颁布的食品法中，许可使用天然色素 97 种，许可来源于葡萄皮或萝卜中的花色苷应用于食品[96]。

表 4-1　美国 FDA 批准的花色苷食用色素来源及建议使用范围

花色苷来源	建议使用范围
牵牛花（Ipomoea hederacea）	调香果酒
紫甘蓝（Brassica oleracea）	冰激凌、雪糕、酸奶、甜乳
玫瑰茄（Hibiscus subdariffa）	软饮料、糖果
黑果越橘（Vaccinium myrtillus）	果酱、酸辣酱、果冻、果酒、固体饮料、含酸甜食粉料
蝴蝶豆（Clitoria ternatea）	鸡尾酒、固体饮料预混料、含胶甜食粉料、米粉糕等固体食品
扁担莓（Grewia asiatica）	果汁饮料
覆盆子（Rubus idaeus）	果汁饮料

4.1.2　花色苷在普通食品中的应用

花色苷具有优越的色度，通过改善其稳定性，有望作为合成色素的代替品进行开发。花色苷特别适用于酸性食物的着色，然而在酸性环境中其色调会受加热、光照、贮藏以及其他成分的影响，而且花色苷的颜色大部分都是不稳定的，这就导致了花色苷在食品应用中的局限性。

"色"与味一样是食物的感官要素。一般而言，人都是通过视觉而引起食欲，因此对食品来说着色是非常重要的。花色苷作为食用色素，其色调鲜艳，色值相对较高，尤其适用于酸性饮料，质量体积比达到30mg/L的花色苷溶液即可呈现深红色；葡萄皮浸出液可以使糖果（含 0.4%花色苷）呈现晶莹红色。0.3%~0.5%的花色苷即可以让冰激凌呈紫红色。除作为食品添加剂，花色苷还被用于一些化妆品的着色，也作为媒染剂用于一些织物的染色。在实际生产当中，作为天然色素的花色苷提取物已被我国卫生行政部门批准应用于果酱、果汁、腌制品、葡萄酒、果冻、饮料、冰淇淋、糖果等食品（表4-2）[98]。另外，花色苷还应用于一些新的加工食品，特别是利用其生理活性如治疗眼科疾病、改善视力、抗氧化作用以及调节血脂等，期待进一步开发出新型的花色苷保健食品。

目前，花色苷类天然色素主要是应用在 pH 中性或者偏酸性的产品中，具体包括以下产品。

1）饮料

许多饮料都可以用花色苷来进行着色，如可以稀释的饮料（糖浆和露酒）、澄

表 4-2　我国批准使用的天然花色苷色素

色素名称	建议使用范围	最大使用量
黑豆红	糖果、糕点、果蔬汁、风味饮料和配制酒	0.8g/kg
黑加仑红	糕点、碳酸饮料和果酒	按生产需要适量使用
红米红	调制乳、冷冻饮品、糖果和配制酒	按生产需要适量使用
蓝靛果红	冷冻饮品、糖果、糕点、风味饮料和葡萄酒	3.0g/kg
落葵红	糖果、糕点、果冻和碳酸饮料	0.25g/kg
玫瑰茄红	糖果、果汁汁、风味饮料和配制酒	按生产需要适量使用
葡萄皮红	冷冻饮品、果酱、糕点、碳酸饮料、风味饮料和配制酒	1.0g/kg
桑葚红	果糕、糖果、果冻、风味饮料和果酒	5.0g/kg
越橘红	冷冻饮品、果蔬汁和风味饮料	按生产需要适量使用

清型风味饮料、充气软饮料和茶等。在含糖的可稀释饮料中，花色苷尤为稳定，因为高糖浓度降低了水的活度。饮料采用的巴氏杀菌基本上对花色苷的稳定性是有利的，同时能确保产品的微生物安全。花色苷的化学成分和用量对饮料的光稳定性则有决定性的意义。

2）糖果

花色苷已经开始用于糖果、果脯、明胶糖和果冻的着色。由于一些葡萄抽提物可以与明胶糖及果冻中可能存在的蛋白质（如明胶）发生反应，形成混浊甚至沉淀物（这类反应是由抽提物中的多酚化合物引起的），因此在使用花色苷前最好先稀释，并在正式用于生产前确定产品中明胶的适应性。在糖果中，由于加工所需的温度较高，花色苷最好与香精一样在加工处理后再添加。

3）乙醇饮料、水果制品、乳制品和雪糕

花色苷可用于啤酒、果酒、开胃葡萄酒及其他低度含乙醇饮料中，其稳定性取决于 pH、乙醇含量和糖的浓度。花色苷能耐受一般水果制品的加工条件，故也可以用于果酱和水果罐头中。在乳制品中使用花色苷并不普遍，因为乳制品较高的 pH 会使花色苷呈现出紫蓝色甚至灰色的色调。Jing 和 Giusti[99]将玉米须花色苷提取物分别添加到纯牛奶和脱脂奶（35mg/100mL）当中，发现牛奶可以呈鲜艳的蓝紫色，且在 70℃条件下仍能保持较好的稳定性。而酸奶等酸性乳制品及果酒可以用花色苷来调得紫红色，如含有黑加仑、蓝莓或者草莓成分的酸奶。郭红辉等[100]以黑米花色苷提取物和全脂奶粉为主要原料，利用保加利亚乳杆菌和嗜热链球菌发酵而成一种营养保健酸奶，生产出的酸奶为粉紫色，凝固均匀，组织致密细腻，能满足产品相关国家标准的品质要求[100]。这种酸奶确定发酵的最佳工艺参数为：花色苷提取物添加量为 0.5g/L，保加利亚乳杆菌与嗜热链球菌的接种量为 4%，43℃发酵 5h。在雪糕和冰激凌产品中，花色苷在低温下保持稳定，应用也非常广泛。

4.1.3 富含花色苷的保健食品或膳食补充剂

在人口老龄化等趋势下，国内大健康产业发展迎来风口。尤其是在疫情之后，人们的健康意识、健康消费意愿将持续提升，大健康产业将进一步加速发展。世界卫生组织的一项全球性调查表明，真正健康的人仅占 5%，患有疾病的人占 20%，而其余 75%左右的人处于非健康、非疾病的亚健康中间状态。功能食品能够改善亚健康人群的生理功能和机体免疫力，从而使亚健康人群恢复健康状态。抗氧化、降血脂功能食品的作用能够让健康和亚健康人群保持健康状态，达到预防疾病的目的。许多保健食品和膳食补充剂就是把这些功能成分集中起来进行科学提取，并作为功能性成分来补充的产品。而天然的花色苷表现出良好的促进视紫红质合成、抗氧化、降血脂（特别是血液总胆固醇和低密度脂蛋白胆固醇）功能，具有广阔的市场前景，在经济上也具有可行性。我国已经有多种以花色苷为主要生物活性物质的保健食品上市销售，功能主要为抗氧化、调节血脂和改善视力等。此外，也有一些富含花色苷的果蔬汁饮料、果酒、固体饮料和压片糖果作为膳食补充剂，弥补天然食物花色苷摄入的不足，发挥健康促进作用。

在花色苷的生理活性中，最具有普遍性的就是其具有抑制酶和非酶氧化损伤以及降血脂功能。在研究中，即使是紫胡萝卜来源的天竺葵素花色苷衍生物，B环上只有一个酚羟基，也具有很强的抗氧化、降血脂生理活性。因此，可以以此为出发点，选择国内多种富含花色苷的农林产品为原料进行研究，分类筛选抗氧化作用强并具有降血脂生理活性的花色苷类色素，进行生理活性构效关系和剂量效应关系研究。目前生产上已有多种植物花色苷粗提物产品，可以作为开发抗氧化、降血脂的功能性食品的配料。

4.1.4 已开发的花色苷产品

葡萄皮色素是开发最早且最丰富的花色苷类色素，由葡萄科果实的果皮或葡萄酒酒厂的废料——葡萄渣，以水或乙醇浸提，后经精制、真空浓缩而得，提取物主要成分包括锦葵素-3-葡萄糖苷、二甲基翠雀素、甲基矢车菊素、翠雀素等，广泛用于软饮料、果酒、蛋糕、果酱等的生产上，用量为 0.002%～0.3%[101]。食盐、蔗糖、苯甲酸钠等添加剂对葡萄皮色素无明显影响。柠檬酸对葡萄皮色素含量的影响较大，葡萄皮色素溶液中加入柠檬酸，溶液颜色由红色变成深红色，葡萄皮色素含量与柠檬酸浓度呈正相关，柠檬酸对葡萄皮色素溶液有明显的增色效应，维生素 C、乙二胺四乙酸二钠（EDTA-2Na）和山梨酸钾对含葡萄皮红色素的风味饮料有一定的护色效果，生产中可以将葡萄皮色素与这些护色剂结合使用以达到更佳的效果。

玫瑰茄色素（玫瑰茄红）由锦葵科木槿属一年生草本植物玫瑰茄的花萼中提取精制而来，100g 干花萼可制得 1.5g 总花色苷，主要成分有翠雀素-3-接骨木二糖苷、矢车菊素-3-接骨木二糖苷和少量的翠雀素-3-葡萄糖苷、矢车菊素-3-葡萄糖苷，还含有一些有机酸和多酚类物质。玫瑰茄红色素提取与贮藏过程中可适量添加柠檬酸以增加其稳定性，同时应注意避免与铁器、铜器、铝器等接触，这几种金属离子与色素分子间会发生螯合反应而破坏呈色。玫瑰茄红是食用红色（至紫色）色素，适用于 pH 4 以下、不需高温加热的食品，如糖浆、冷点、冰糕、果冻等，用量在 0.1%～0.5%[102]。高粱红色素取自紫黑色或红棕色高粱种子的外果皮，主要成分是矢车菊素糖苷、芹菜素糖苷和槲皮素糖苷。高粱红对光、热稳定，在酸性和碱性条件下均可呈红棕色，染色力强，是食用红棕色色素，性质稳定，在灌肠类中添加量为 0.3‰～0.5‰，在酱制品中添加量为 0.4‰～0.6‰，着色效果良好。

另外，国际上已开发应用的花色苷类色素有花生衣红色素、落葵红、黑加仑红、天然苋菜红、紫玉米色素、桑葚红色素、红米红（黑米红）、紫苏色素、红球甘蓝色素、蓝靛果红等。花色苷类色素在酸性环境中呈现红色，色泽亮丽，并且对光、热、氧稳定性好（葡萄皮色素除外），是食品、化妆品乃至织物调色的优质天然色素。

4.1.5 具有开发潜力的花色苷产品

花色苷类色素广泛存在于葡萄、血橙、红球甘蓝、蓝莓、茄子皮、樱桃、红橙、红莓、草莓、桑葚、山楂皮、紫甘蓝、紫苏、紫薯、黑（红）米、牵牛花等植物的组织中。20 世纪 80 年代，日本学者就从紫甘蓝的叶片中提取分离出 4 种花色苷，并将其作为食品着色剂（红色至红紫色），广泛用于糖果、果汁、汽水、冰淇淋、话梅的生产上。但红球甘蓝色素遇蛋白质会变成暗紫色，故不宜应用于蛋白质类食品。紫苏是我国传统药用植物，是我国卫生部门公布的第一批 33 个药食两用的品种之一。紫苏色素主要成分包括紫苏宁及其衍生物、天竺葵素糖苷、芍药素-3-(6″-乙酰)葡萄糖苷、翠雀素-3-阿拉伯糖苷、矮牵牛素-3,5-二葡萄糖苷、锦葵素-3-(6″-酰基)葡萄糖苷、矮牵牛素-3-(6″-酰基)葡萄糖苷和芍药素-3-葡萄糖苷。紫苏色素在酸性时（pH<3）非常稳定，且耐热性（100℃，30min，残存 80%）、耐光及耐盐性较好。日本在 1993 年就将其列为食品添加剂，允许用于口香糖、果汁饮料等，认为其具有预防过敏、防龋齿、消炎等作用。在果汁、果酒、果醋的生产中，副产物果渣产量很大，其中葡萄皮渣、蓝莓果渣、桑葚果渣和杨梅果渣都可以作为提取花色苷的原料。

花色苷的不稳定性极大地限制了它的应用，但近来研究发现酰基化花色苷较未酰基化的花色苷稳定，目前已经在自然界大量植物中发现了天然的酰基化花色苷。随着研究的不断深入，通过人工酰基化以提高花色苷稳定性的工作也取得了很大进展，洪森辉等[103]通过酶催化法将 3,4-二羟基苯甲酸及没食子酸接枝到越橘花色苷上，以提高其颜色稳定性和抗氧化活性。酰化反应后，3,4-二羟基苯甲酸酰化花色苷和没食子酸酰化花色苷的酰化度分别达到 4.65%和 4.53%。傅里叶变换红外光谱、紫外-可见光谱分析结果表明，3,4-二羟基苯甲酸及没食子酸通过酰化反应接枝到越橘花色苷分子的糖基上，相较于天然越橘花色苷，酰化花色苷的DPPH• 自由基清除率和 β 胡萝卜素漂白抑制率更高。另外，微胶囊技术也可以用于提高花色苷类色素的稳定性和生物利用度，制备高品质花色苷色素产品，满足高端天然色素市场的需求。

4.1.6 花色苷作为食用色素在开发应用中存在的问题

花色苷同其他天然色素一样无毒、无副作用，花色苷赋予多种加工品（果汁、葡萄酒、罐头等）诱人的颜色，安全性能高，着色色调自然，更接近天然物质的颜色，且可能具有保健功能。但是，花色苷在植物组织中的含量较低，且同一种植物中的花色苷成分复杂，不易分离提纯。由于提取、纯化工艺及护色处理技术工业化水平落后，很多产品仅停留在浓缩液或粗提物水平，商品应用范围受限。

另外，与合成色素相比较，花色苷类色素也存在一些缺陷，花色苷对 pH、温度、光照、金属离子相对较为敏感，稳定性差，如色调会随 pH 的变化而发生明显变化，在酸性环境中显红色，中性时显紫色，碱性时显蓝色。花色苷分子中存在高度分子共轭体系，具酸性与碱性基团，易溶于水、甲醇、乙醇、稀碱与稀酸等极性溶剂中，提取溶剂中通常含有少量盐酸或甲酸，其中的酸能防止非酰基化的花色苷降解，然而在蒸发浓缩时这些酸会导致色素的降解。在一些植物中，少量的酸会使酰基化的花色苷部分或全部水解。对从葡萄中提取花色苷的多种方法进行花色苷稳定性比较，证明当溶剂中的 HCl 达到 0.12mol/L 时就能使酰基化的花色苷部分降解。因此，为了使花色苷稳定，必须采取相应办法阻止其降解。

花色苷资源丰富、提取方便、色泽鲜艳，然而在实际应用中，部分花色苷提取物却因为其纯度和色价不高，或者因为其稳定性差而限制了它的使用范围。因此，花色苷的改性研究成为目前的一个研究热点。物理法改性是指通过物理手段对花色苷进行改性，如包埋（微胶囊、载体吸附、乳液等）、超高压处理等，这些手段能使花色苷更加稳定或者具备亲油的性能。花色苷的分子修饰主要集中于对花色苷的酰基化方面，以改善其脂溶性，主要包括化学酰化和酶法酰化两种。采用化学酰化时，常选择适当的酰基供体与催化剂和花色苷反应；酶法酰化时，因酶具有较高的专一性和选择性，可对花色苷选择性定向酰化，与化学酰化相比，具有目标产物单一和分离、纯化简单的特点。此外，加入辅色剂（如酚酸、黄酮等）可以与花色苷通过非共价作用形成超共轭体系，提高花色苷颜色的稳定性[104]。目前已有研究采用基因工程的方法对植物进行基因改造，以调控酰化花色苷的合成。

花色苷经改性后抗氧化性和稳定性在一定程度上均有所提高；通过脂肪酸酰化还可大幅提高花色苷的亲脂性能，弥补花色苷脂溶性差的不足，扩展花色苷的应用范围。

4.2 花色苷在医药工业中的应用前景

欧洲允许花色苷含量≥24%的色素提取物作为药用，如欧洲越橘花色苷的提取物（Myrtocyan®）已被意大利、德国等国家的药典收载[105]。玫瑰花和玫瑰茄是可用于保健食品的中药资源，桑葚、紫苏、玫瑰花、覆盆子和乌梅为药食兼用资源，均富含花色苷，花色苷是这些药食兼用资源发挥生物学作用的主要有效成分。然而，作为从传统中药材或天然植物中提取分离而得到的原料药，不仅要求具有明确的药物活性成分，而且含量要达到90%以上，简单的提取纯化工艺很难使花色苷含量达到药用的标准，需要分级纯化天然提取物，或者采用生物工程和细胞工程技术手段分离制备。

4.3 利用植物细胞培养技术生产花色苷

植物细胞培养是指从植物外植体获得细胞，在一定条件下进行培养，以获得大量所需的植物细胞或各种产物的技术过程。100 多年来，随着培养基的研制和培养技术的发展，世界范围内的研究人员已对多达上千种植物细胞进行了离体培养，不仅可通过细胞的再分化生成完整植株，而且可通过细胞培养获得人类需要的各种物质，包括糖类、酚类、脂类、蛋白质、核酸以及萜类和生物碱等初级代谢产物与次级代谢产物，其中大多数物质为植物细胞的次级代谢产物，培养植物细胞所生成的部分产物已达到工业化生产的规模。目前，工业化生产的植物化学物产品包括由紫杉细胞培养生产的紫杉醇、人参细胞生产的人参皂苷、毛地黄生产的地高辛、黄连细胞生产的小檗碱（黄连素）等。

采用植物组织提取花色苷时，尽管有的植物组织中其含量很高，色素色值也可以达到着色剂的要求，但其原料来源受到自然条件的限制，如土地资源、气候条件及病虫害等，都会影响花色苷的提取率和花色苷含量，造成批间产品质量差异。人们一直试图寻找别的途径获得花色苷。1914 年，威尔斯泰特（Willstatter）等就试图还原槲皮素来合成花色苷，但产量极低。较为成功的例子是罗宾逊（Robinson）及其同事在 1934 年对樱草花色素的合成，但生产效率很低。在 20 世纪 50 年代，联邦德国和日本等国家的科学家就试图用培养植物细胞的方法来生产花色苷，此后美国、加拿大、英国等也进行了这方面的研究，用于产花色苷细胞培养研究的植物细胞达 50 多种，分布于 25 个科[106]。陈子文[107]利用黑果枸杞叶片组培，诱导合成花色苷，在恒温 20℃条件下，培养基中蔗糖含量 150mmol/L、脱落酸（ABA）含量 1.0mg/L、蓝光（450nm）照射下诱导 20d，叶片中花色苷合成积累量最大，鉴定出诱导合成的花色苷主要包括：矮牵牛素-3-*O*-芸香糖(对-香豆酰)-5-*O*-二葡萄糖苷、翠雀素-3-*O*-芸香糖苷(对-香豆酰)-5-*O*-葡萄糖苷、矮牵牛素-3-*O*-芸香糖(对-香豆酰)-5-*O*-葡萄糖苷、锦葵素-3-*O*-芸香糖(对-香豆酰)-5-*O*-葡萄糖苷。其中矮牵牛素-3-*O*-芸香糖(对-香豆酰)-5-*O*-葡萄糖苷含量最高，约占诱导合成总花色苷含量的 75%，与果实中的花色苷组成相似。尽管如此，工业化生产花色苷并以商品形式投放市场的还未见有报道，主要原因为培养的植物细胞生长缓慢、次生代谢产物含量太低、生产成本高以及生产能力不稳定等。

4.3.1 高产花色苷细胞系的筛选

利用细胞工程进行工业化生产花色苷的关键是建立一个高产、稳产的细胞培养体系。综合已有的文献报道，植物细胞培养过程中次生代谢产物的生产具有以下 4 种不稳定性现象：①代谢物的产率随时间逐渐减少[108]，这种现象虽然极为普遍，但某些研究也报道了代谢物产率随着培养时间的增加，或在总体产率下降过程中间断地存在着产率增加的奇特现象。②在继代培养过程中，代谢物产率的增加或减少出现近乎周期性变化的现象。即在某一代继代培养过程中，产率比上一代培养下降；但在下一代或下几代培养时，产率都表现为增加。③同一批继代培养过程中不同培养瓶代谢物产率的显著变异。即以同样的种子细胞接种，在相同的时间、相同的培养条件下表现出大范围变化的培养瓶产率，这种在同种细胞、同种条件下同时培养的细胞中代谢物产率可产生几倍的差异。④同一培养过程中代谢物组成具有显著差异。

造成细胞培养生成的花色苷不稳定的因素，除了物种本身特性等内在因素，外界的培养条件（基本培养基、pH、植物生长调节剂、碳源、氮源和光照等）对愈伤组织生长及次生代谢产物积累的影响也很重要。高产花色苷的细胞具有的最明显的特征就是醒目的红颜色，很方便挑选。尽管按细胞全能性理论，产花色苷的植物的任何一种细胞都具有产花色苷的能力，只要条件能够促使合成花色苷的基因表达，但这种条件的选定具有很大的盲目性。根据细胞的颜色很容易挑选高产花色苷的细胞，据此报道高产花色苷细胞系的筛选方法有：小细胞团法、小细胞块法、平板饲喂法、连续克隆法、直接观察法，以及细胞分检器法等[109,110]。例如，杜金华和郭勇[111]采用小细胞团法筛选出了高产花色苷的玫瑰茄细胞系。Appelhagen[112]所在课题组将来源于金鱼草的 *AmROS1* 和 *AmDEL* 基因构建到同一载体中，并通过农杆菌介导的转基因方法使拟南芥细胞高表达 ^{13}C 标记的花色苷，可以实现连续生产。

4.3.2　培养基成分的选择

1）碳源

　　碳源是培养植物细胞所必需的能源以及合成植物细胞结构物质和各种代谢物的碳架结构原料，因此是影响植物细胞生长与代谢的关键因素之一。用于植物细胞培养的碳源一般认为以蔗糖为最佳，也有研究采用葡萄糖、乳糖、果糖等作为碳源。采用蔗糖作为碳源时，其浓度通常为 1%～10%。此外在以次生代谢产物为目的产物的情况下，相对高浓度的蔗糖往往是有利的，蔗糖可以水解为葡萄糖和果糖而被细胞快速利用[113]，供给细胞充足的能量。也有人认为这是高浓度的蔗糖所产生的高渗透压对细胞刺激促使其进行次级代谢造成的[114]。Cormier 等[115]对培养葡萄细胞产花色苷的最佳蔗糖浓度研究时发现，30g/L 的蔗糖浓度下，细胞产量高，花色苷含量略低于蔗糖浓度为 50g/L 下所培养的细胞，但在 50g/L 浓度下细胞产量低得多，总的来讲 30g/L 的蔗糖浓度更适合葡萄细胞合成花色苷。Tsukaya 等[116]通过对草莓细胞培养的研究发现，蔗糖、葡萄糖、果糖等都适合草莓细胞生长以及花色苷的合成，而木糖、甘露糖、鼠李糖和阿拉伯糖都不适合细胞的生长和花色苷的合成，同时还发现 5%的蔗糖最适合于草莓细胞的生长，花色苷的产量也最高。

2）氮源

　　氮源是植物细胞培养基中另一重要组分，细胞培养常用氮源有 NO_3^-、NH_4^+ 或 NH_3 等。NO_3^- 是培养植物细胞产花色苷最常见的氮源。2012 年，有研究表明，离体培养土当归细胞时，适宜的 NO_3^-/NH_4^+ 有利于细胞的生长与花色苷的积累，但更多的时候是碳元素和氮元素的协同作用来决定花色苷的合成。Yamakawa 等[117]发现低浓度的 NO_3^- 能够诱导葡萄悬浮细胞积累花色苷，当培养基中蔗糖浓度由 88mmol/L 升至 133mmol/L，NO_3^- 浓度由 25mmol/L 降至 6.25mmol/L 时，细胞生长速率大大降低但仍保持活力，产色素细胞中的芍药素-3-葡萄糖苷大量增加。所以，高糖低氮是控制细胞合成花色苷的主要因素。有研究指出，当 MS 培养基中无机氮减少 95%时，葡萄杂交细胞总花色苷产量可提高 5～6倍[118]。Do 和 Cormier[119]也发现低浓度 NO_3^- 能够促进葡萄细胞合成花色苷，尤其是在 C/N 增加的情况下细胞花色苷的含量可以大幅度地上升。Miyanaga 等[120]在培养草莓细胞时发现，改变 NO_3^-/NH_4^+，所产花色苷的组分也有变化，随着 NO_3^-/NH_4^+ 的降低，翠雀素含量增加，而矢车菊素含量减少。Yamamoto 等发现，培养基中 NO_3^-/NH_4^+ 为 16：1 时，斑地锦（*Euphorbia maculata*）细胞生长和花色苷合成都最为适宜[121]。而 Tsukaya 等建议合成花色苷的最佳 NO_3^-/NH_4^+ 应为 14：1[116]。

3) 植物生长调节剂

植物生长调节剂（plant growth regulator）是一类与植物激素具有相似生理和生物学效应的化学物质。已发现具有调控植物生长和发育功能的物质有：生长素、赤霉素、乙烯、细胞分裂素、脱落酸、油菜素内酯、水杨酸、茉莉酸和多胺等，这些在农林行业常用来调节植物的生长、开花和结实。这些调节剂能够分别调节植物细胞的分裂、物质运输、代谢途径以及营养分配等。植物细胞培养技术离不开植物生长调节剂，尤其是生长素类和细胞分裂素类能够在适宜浓度时促进植物细胞脱分化（dedifferentiation），从而建立起植物细胞系。这也是植物细胞培养技术的关键。

植物细胞培养最常用的生长素有 2,4-二氯苯氧乙酸（2,4-D）、吲哚乙酸（IAA）、萘乙酸（NAA）等，不同的植物细胞对生长素的种类与含量要求不同。植物生长素影响植物细胞合成花色苷的结论不一。有报道认为生长素能够代替光照诱导培养的植物细胞合成花色苷，但也有结论认为生长素由于较强的促进细胞分裂、去分化能力，往往不利于花色苷的合成[122]。2,4-D 能够改变细胞状态，采用加入 2,4-D 的培养基对胡萝卜细胞进行暗培养，查耳酮异构酶的活性也在一天内消失，花色苷的合成受到抑制[123]。Mizukami 等在研究产花色苷的玫瑰茄细胞时发现，苯丙氨酸解氨酶不受生长素种类及含量的限制，而查耳酮合成酶的活性则明显地受到黑暗与 IAA 的抑制，苯丙氨酸解氨酶在 2,4-D 调节和光照条件下对花色苷的合成起着比查耳酮合成酶更重要的作用[124]。IAA 与 NAA 均能诱导大戟属细胞合成花色苷。对于 IAA 与悬浮培养细胞合成花色苷的关系，已经有研究者在胡萝卜、菊芋（*Helianthus tuberosus*）和纤细单冠菊（*Haplopappus gracilis*）等植物细胞上进行了研究，大多数结论是生长素能够促进植物细胞合成花色苷[125]。在胡萝卜细胞悬浮培养液中添加烯效唑、四环唑或嘧啶醇等生长抑制剂可以促使其产花色苷。据 Avihai 和 Dougall 的分析，这些生长抑制剂是通过逆转赤霉素对花色苷合成的抑制来发挥作用的[126]。

一般认为细胞分裂素能够促进植物细胞合成花色苷。但 Tanaka 等在研究悬浮培养的紫苏细胞时发现，添加细胞分裂素抑制了花色苷的合成，使其产量下降 35%[127]。张进杰研究了几种植物生长调节剂和蔗糖浓度对鸡冠花细胞悬浮培养过程中花色苷积累的影响，结果表明，细胞分裂素（KT）使花色苷积累量明显高于 6-苄氨基嘌呤（6-BA），且 KT 在 2μmol/L 时积累量最高；2,4-D 在 2μmol/L 时对花色苷积累效果明显，其他浓度的 2,4-D 和 NAA 对花色苷积累效果不明显。高浓度蔗糖有利于花色苷积累；MS+2,4-D（2μmol/L）+KT（2μmol/L）+蔗糖（292mmol/L）

为鸡冠花细胞悬浮培养生产花色苷的最佳培养基[128]。

4）激发子

植物在受到外源物质侵入时，能够激活其防御机制，产生一系列的抵御反应来对抗入侵。这些反应包含产生一些代谢物，其主要为次级代谢产物，如黄酮类、甾醇类、萜类等。一般认为钙离子和乙烯在其中充当第二信使，使刺激信号得以传导。外源物质可以分为生物的和非生物的，在植物生理上统称为激发子（elicitor）。生物激发子包括来自植物细胞壁或微生物的多糖（如纤维素及其水解物、果胶、壳多糖、壳聚糖、葡聚糖等）以及糖蛋白、有机酸等；非生物激发子有辐射、重金属盐类以及其他物质。激发子机制复杂，激发子是通过直接或间接作用于植物细胞核内基因引起特定基因表达而产生刺激反应的。利用激发子可以促使培养的植物细胞产生某些次级代谢产物，如利用寡聚糖和真菌菌丝体刺激人参细胞产生人参皂苷，利用酵母提取物刺激糖松草产生小檗碱，利用真菌多糖刺激长春花产生蛇根碱等。来自瓜果腐霉（*Pythium aphanidermatum*）的激发子能够抑制胡萝卜细胞查耳酮合成酶的活性，继而抑制花色苷的合成[129]。Suvarnalatha 等在胡萝卜细胞培养液中分别按 1%添加 5%的枯草杆菌抽提液、7.5%的假单孢霉抽提液、5%的大肠杆菌抽提液、5%的根霉抽提液、5%的链球菌抽提液，发现能使胡萝卜细胞合成花色苷的量较对照分别增加 49%、72%、45%、100%和 41%[130]。Sudha 和 Ravishankar 发现，当有真菌提取液刺激时，细胞内 Ca^{2+} 浓度陡然升高，花色苷合成增加；如果抑制 Ca^{2+} 浓度升高，则花色苷合成没有明显变化[131]。激发子将成为细胞培养生产花色苷的一个有力调节工具，但要注意控制激发子的浓度和处理时间，防止过度抑制细胞生长甚至产生毒害作用。

5）培养基中的其他成分

较低的磷元素浓度虽然会限制细胞的生长速度，但有助于提高花色苷产量，可能是由于增加了花色苷前体物质的合成。磷酸盐能够促进细胞中花色苷的积累，但抑制葡萄表皮细胞积累花色苷。低浓度的磷酸盐能够显著地增加野樱（*Prunus yedoensis*）融合细胞中花色苷的量。另外，在培养基中添加低浓度的 Fe^{2+} 和 SO_4^{2-} 能够极大地增加离体胡萝卜细胞的花色苷产量[132]。在培养基中添加合成花色苷的前体物质或类似物如L-苯丙氨酸、柑橘素、5,7,3′,4′-四羟基黄烷酮、芥子酸和二氢槲皮素等都能够增加花色苷的产量[133]。曲均革对花色苷前体物质及所有诱导子进行了 4~7 个浓度的筛选，确定诱导葡萄细胞花色苷合成的最优浓度分别为苯丙氨酸 5mg/L、茉莉酸甲酯 218μmol/L、葡聚糖 T-40 1mg/L、环糊精 5mg/L、黑曲霉提取液 0.025mL/L、直喙镰孢菌提取液 0.025mL/L[68]。在葡萄细胞悬浮培养液中花色苷只在细胞的延滞期才积累，因此添加 DNA 合成抑制剂或降低培养基中磷的含量都可促进花色苷的积累。此外，也有报道称在培养基中添加维生素 C 和核黄素也能促使一些植物细胞产花色苷，对前者的机制不甚清楚，后者可能作为光受体或效应物促进光效应而合成花色苷[134]。培养基中的溶解氧浓度对花色苷合成也有影响，溶氧浓度增加不仅增加葡萄细胞的生物量，同时还使花色苷的合成大幅度地增加。此外 CO_2 的含量能够通过调节培养基 pH 影响花色苷合成。在培养过程中，培养基最适 pH 通常为 4.5，随着 pH 升高，细胞的生长速度和花色苷产量都会下降。另外，在悬浮培养过程中，细胞接种量和密度也会影响花色苷产量，接种量过大，导致延滞期缩短，培养基养分很快消耗，不利于花色苷积累。

4.3.3 光照条件

光照对植物细胞代谢有重要的作用，细胞的初级代谢产物如酶类、碳水化合物、脂质和氨基酸等的代谢，次级代谢产物如黄酮类、多酚类、萜类、蒽醌类等的合成，在不同植物中或多或少都会受到其影响。光照能促进一些细胞合成胡萝卜素、黄酮类、花色苷类、多酚类、蒽醌类等，同时也能抑制一些细胞合成烟碱或紫草宁。花色苷在大多数植物细胞中的合成都需要光照，光照强度、光照周期、光质等都会影响到细胞所合成花色苷的产量和组成[110, 135]。Takeda 等注意到如果给予胡萝卜细胞 2,4-D 处理，会导致细胞无论在光照还是黑暗条件下都不能合成花色苷，他们认为 2,4-D 是光诱导花色苷合成的一个调控剂[136]。Zhong 等详细地研究了光照周期和光照强度对紫苏细胞合成花色苷的影响，其结论是培养的紫苏细胞先经过 7d 光照培养再在黑暗下培养 7d，花色苷的产量最高(194mg/g 干细胞)，而光照强度以 27201x 最适[137]。据报道，生产花色苷时光照强度一般为 2000～10 000lx。光照抑制葡萄细胞生长，但对花色苷合成有促进作用，综合作用效果以 3000～4000lx 光照最优[68]。对于葡萄愈伤组织细胞，无论在黑暗下还是在光照下，花色苷的含量在细胞对数期的起始期都增加，而黑暗下的细胞在进入对数期的后期时花色苷含量迅速下降，造成细胞中最终花色苷含量减少，在 10 000lx 的光照强度下，细胞在进入对数期后花色苷的含量持续增加，达到最高水平[123]。

一般认为在可见光中蓝光、较高绿光、紫外光等对花色苷的合成都有不同程度的促进作用，其中蓝光往往是最有效的。红光和远红光在大多数植物组织（例如皮或嫩芽）中合成花色苷时有作用，而在培养的植物细胞中，只有在少数情况下红光有作用。Takeda 和 Abe 研究发现单色光中蓝光对胡萝卜细胞合成花色苷的作用最强，接下来是绿光和红光，而全白光的作用次于蓝光和绿光，强于红光；但同时也有资料表明蓝光对胡萝卜细胞生长有抑制作用，红光促进其细胞的生长[138]。Mori 和 Sakura 也发现单色光中蓝光对植物细胞花色苷和黄酮的合成最有效，而红光和黄光最无效[139]。D'Amelia 等对马铃薯细胞研究时发现，蓝光和绿光对该细胞合成花色苷最有效，而红光的作用只有上述两种光的一半。而对于文殊兰细胞，红光和远红光对花色苷的合成最有效。在对植物细胞悬浮培养的研究中，无论是哪种光都对植物细胞的生长大多没有影响[140]。朱新贵系统研究了光照条件对玫瑰茄悬浮细胞合成花色苷的影响，发现随着光照强度增大，玫瑰茄细胞合成花色苷的量增加，光照强度 3100lx 为饱和光照强度，超过该强度，玫瑰茄细胞合成花色苷的量不再进一步增加；可见光中蓝光（420～530nm）是促进玫瑰茄细胞合成花色苷最有效的单色光，光强为 3000lx、接种量为 0.2g 活细胞的 50mL 培养液经 16d 培养，花色苷产量为 179mg/L，高出相同光照强度全色光下的 130mg/L；黄光和绿光分别有一定的促进作用[128]。在黑暗下的培养时间不超过 8d，后期经过不少于 8d 的光照可以诱导出和全程光照相当的花色苷产量，分别为 132mg/L 和 134mg/L（总培养时间不少于 16d）。在黑暗下培养时间超过 12d，由于营养成分消耗，光照延长时，花色苷产量也无法提高，而添加 10mL 新鲜培养基再进行光诱导，花色苷产量显著提高，可能是因为解除了产物的反馈抑制作用[109]。张进杰在研究鸡冠花细胞悬浮培养过程中发现，在黑暗条件下培养时无花色苷积累，推断光照是诱导花色苷积累的主要因素。随着继代次数的增加，花色苷含量明显增高，但到第 4 代时基本稳定[128]。

　　花色苷的生物合成是植物组织和细胞中普遍存在的一种次级代谢反应，不同的植物或相同植物不同的组织或细胞中，这种次级代谢所受到的调节方式存在差异，许多物理和化学因子对花色苷的合成都有调节作用，光照是其中最重要的一个调节因子。光照调节作用是一个非常复杂的、综合的光学生物物理和光学生物化学过程，一般认为光照对植物花色苷合成的调节作用是在转录水平上调节相关酶的 mRNA 的表达，光照强度和光质在这个调节过程中起着决定性的作用。朱新贵通过对玫瑰茄悬浮细胞合成花色苷的光效应综合研究[128]，概括总结出了光照对玫瑰茄细胞合成花色苷的调节模式（图 4-1）。

4.3.4　细胞固定化技术在细胞培养合成花色苷中的应用

　　细胞固定化技术是指通过物理或者化学的方法将细胞固定在载体上，并在一定空间范围内进行生命活动。固定化细胞不仅能进行正常的生长、繁殖和新陈代谢，并且有利于细胞内花色苷和培养液中花色苷的逐渐累积。将在 MS 培养基中悬浮培养的葡萄细胞固定在网状聚氨酯泡沫基质载体上，载体孔径为 0.75μm，30 孔/cm^2。在瓶底固定 4 个 2mm×2.5mm×3.5mm 的泡沫塑料块，加入细胞体积 10 倍的培养液进行培养。与游离的悬浮细胞相比，固定化使初始细胞生长延滞期延长（从 5d 延长至 12d），细胞内芍药素-3-葡萄糖苷含量增加。当以 5%细胞体积接种时，花色苷最高含量达到 184μg/mL[141]。

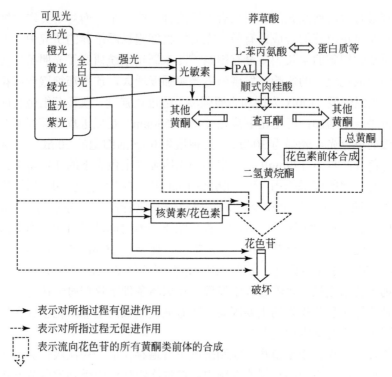

图 4-1　光照对玫瑰茄细胞合成花色苷的调节模式

　　植物细胞合成的花色苷不能分泌到细胞外，当花色苷含量积累至某一值时，其合成会受到自身的反馈抑制。如果在培养过程中使花色苷渗出细胞外，不仅可以解除反馈抑制使花色苷合成得以连续进行，还可以收集培养液进行浓缩以制备花色苷。采用固体吸附剂 Amberlite 阳离子交换树脂 IR-120 和化学渗透作用方法使葡萄悬浮细胞液泡内花色苷的释放量达到 70%～80%，然而释放量常与细胞活力丧失成正比。低浓度的单萜和脂肪酸与二甲基亚砜相比是有效的渗透剂。但花色苷的多价螯合是不可逆的，花色苷只能用变性的方法从悬浮细胞中回收[142]。

　　总之，经过国内外研究者数十年的努力，利用植物细胞培养生产花色苷的研究取得了令人瞩目的进展。1993 年，Kobayashi 等在光照条件下悬浮培养产花色苷的土当归细胞，由三角瓶分别扩培至 10L 玻璃瓶、95L 不锈钢罐及 500L 中试发酵罐[143]。在 500L 发酵罐中培养 16d 收获细胞，细胞重量增加 26 倍，花色苷产量增加 5 倍，占细胞干重的 17.2%，已达到了中试生产水平。随着研究工作的进一步深入，通过筛选高产细胞系、优化培养条件，相信植物细胞培养生产花色苷终将进入工业化生产阶段，也为花色苷在食品和医药工业的开发奠定良好的基础。

（郭红辉）

第二篇

花色苷的生物活性及防治慢性病作用

　　除了赋予自然界丰富的色彩，植物性食品中所蕴含的花色苷还具有多种生理保健和疾病预防功效，引起了医学界的广泛关注。已有人群和动物研究表明，花色苷具有一定的抗动脉粥样硬化、改善胰岛素抵抗、抑制肿瘤形成、改善视力等生物活性。因此，花色苷是一种安全有效促进机体健康的食品生物活性成分，也被认为是预防慢性非传染性疾病的潜在医药资源。

第5章 花色苷在机体的吸收与代谢

花色苷是一种广泛分布于植物中的黄酮类，许多富含花色苷的植物都是我们平时喜食的果蔬和谷物，如桑葚、蓝莓、紫苏、紫茄子、紫薯和黑米等。我们每天可以通过摄入这类食物获得数十毫克的花色苷，远高于其他黄酮类植物化学物的膳食摄入量。国内外研究表明，富含花色苷的食物、花色苷提取物以及花色苷纯品皆可抑制动脉粥样硬化性心血管疾病、糖尿病和肥胖等多种慢性病。而花色苷的生物利用度是其发挥健康促进效应的基础。本章将讨论花色苷在体内的生物利用情况，包括吸收、代谢、分布及排泄规律。

5.1 花色苷的吸收

人体在整个生命活动中必须从外界摄取营养物质作为生命活动能量的来源，满足人体发育、生长、生殖、组织更新与修复等一系列新陈代谢活动的需要。人体消化系统由消化器官和消化腺两大部分组成（图5-1）。

人体消化器官包括：口腔、咽、食管、胃、小肠（十二指肠、空肠、回肠）和大肠（盲肠、结肠、直肠、阑尾）。临床上常把口腔到十二指肠的这一段称为上消化道，空肠以下的部分称为下消化道。

人体消化腺：消化腺有小消化腺和大消化腺两类。小消化腺散在分布于消化管各部的管壁内，大消化腺包括三对唾液腺（腮腺、下颌下腺、舌下腺）、肝脏和胰腺，它们均借助导管将富含消化酶的消化液排入消化管内。人体的5个消化腺各自分泌不同的消化液，发挥着不同的功能：唾液腺（分泌唾液，内含唾液淀粉酶，能将淀粉初步分解成麦芽糖）、胃腺（分泌胃液，将蛋白质初步分解成多肽）、肝脏（分泌胆汁，将大分子的脂肪初步分解成小分子的脂肪，这一过程称为物理消化，也称作"乳化"）、胰腺（分泌胰液，胰液是对糖类、脂肪和蛋白质都有消化作用的消化液）、肠腺（分泌肠液，将麦芽糖分解成葡萄糖，将多肽分解成氨基酸，将脂肪分解成甘油和脂肪酸，也是对糖类、脂肪、蛋白质均有消化作用的消化液）。

吸收是机体从环境中摄取营养物质到体内的过程。对于高等动物以及人类而言，营养物质的吸收过程都是物质分子穿过细胞膜进入细胞内，或再由细胞内穿过另一侧的细胞膜离开细胞，进入血液、淋巴液或组织液的过程。

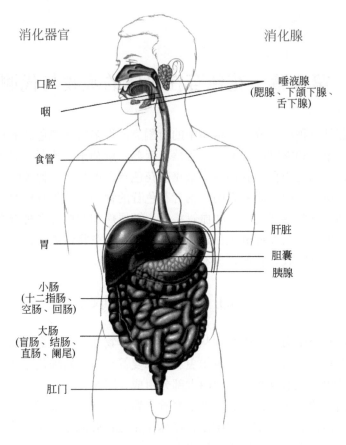

消化器官

消化腺

口腔

咽

食管

胃

小肠
(十二指肠、
空肠、回肠)

大肠
(盲肠、结肠、
直肠、阑尾)

肛门

唾液腺
(腮腺、下颌下腺、
舌下腺)

肝脏

胆囊

胰腺

图 5-1　人体消化系统示意图

　　花色苷在进入人体消化道的"大门"口腔时，就有一定的代谢和吸收。不过这与在消化道的"大户"胃和肠道相比，也只能算是进入门槛。唾液的初步消化作用使得花色苷从食物的混合物中释放出来，为胃肠道的吸收做准备。

　　花色苷属水溶性多酚类物质，极性较强，分子量较大，不能自由穿过原生质膜，人们最初认为花色苷难以被细胞直接吸收进入动物或人体的循环系统。然而，体内生物利用试验已经充分证实花色苷能够以原型形式通过胃肠道被吸收，进入循环系统转移、转化，然后通过尿液排出。其中，胃和小肠是花色苷吸收的主要场所。花色苷食入后 2h，其原型在血液中的浓度达到高峰，4~6h 后消失。

　　与其他黄酮类植物化学物相比，花色苷的胃部吸收方式相对较为特殊，在胃酸的作用下，食物中的花色苷得到充分溶解和释放，并且大多数花色苷可以与胆红素易位酶结合，促进其穿过胃壁黏膜，所以吸收速度也比较快。有实验证明，摄入的花色苷会迅速出现在循环系统和各个肠外组织器官中，这可能是由于花色苷在胃部就开始被吸收的缘故。花色苷在胃中的吸收可能与一种叫胆红素易位酶的酶有关，这种酶可以促进花色苷在胃部的吸收，被吸收后的花色苷经肝脏进入循环系统。胃具有特殊的酸性环境和较小的胃黏膜吸收面积，大多数药物吸收较差，而花色苷可以在胃部快速吸收，这也是花色苷较其他物质相对特殊之处[144]。

　　肠道作为食物的主要吸收部位，是人体组织器官中最有活力的组成部分。花色苷在小肠的吸收具有部位选择性。2006年，马图舍克（Matuschek）等在对小鼠的观察中发现，花色苷集中在空肠中吸收，在十二指肠可以少量吸收，而在回肠和结肠没有吸收。空肠分布着密集的绒毛，这些绒毛的存在使肠腔的表面积大为扩大，有利于小肠进行消化和吸收。十二指肠可以少量吸收花色苷，而结肠中的细菌可降解花色苷，生成低分子量的酚酸类物质。这是具有酚羟基结构的一类化合物易被机体吸收的原因。

　　利用 Caco-2 人结肠癌细胞吸收模型的体外试验研究表明，花色苷可以穿过细胞膜被细胞吸收，在细胞内能够检测到花色苷原型的存在。一般来说，很多研究的着重点都在花色苷对细胞生物学特性的影响，而对花色苷在细胞中的吸收和代谢的研究很少。目前，有很多试验表明花色苷对哺乳动物细胞有抗氧化、诱导癌细胞凋亡及抑制生长、抑制炎症反应等作用，这些试验虽然属于花色苷对细胞活力的影响，但同时也间接证明花色苷可以被细胞摄取而发挥活性作用。

　　大多数研究认为，花色苷都是以完整的糖苷结构被肠壁吸收的，通过肠壁进入血液。2002 年，凯瑟琳（Catherine）等在大鼠饲料中添加蓝莓皮的提取物，提取物中主要含矢车菊素-3-葡萄糖苷（Cy-3-G）和 Cy-3-阿糖胞苷，测定大鼠血浆中花色苷的浓度。数据显示，Cy-3-G 以完整的结构从消化道进入血液循环系统。同样，其他研究者所开展的研究也证实，无论是大鼠还是人，经口摄入黑加仑（主要含 Cy-3-G 和 Cy-3,5-二葡萄糖苷）或接骨木果汁（主要含 Cy-3-O-β-芦丁糖）后，都在其血液中测得完整的花色苷结构[145]。然而，至今没有发现有特异性的酶可以分解其糖基，导致花色苷的吸收率很低。

　　因此我们推测，花色苷多以原型形式被吸收，而作为花色苷的基本结构，花色苷苷元的结构会影响其吸收率。许多摄入各种混合花色苷的生物利用试验证明，它们的吸收和代谢会根据花色苷结构的不同而有很大的区别。体内试验证实花色苷在胆红素易位酶的协助下能够以原型形式通过胃壁被吸收。接下来未被吸收的花色苷进入到小肠，在小肠的高 pH 作用下，花色苷不能稳定存在而是转变为半缩酮、查耳酮等结构。然后在空肠中被水解酶水解，以苷元的形式被吸收。进入结肠之后，花色苷暴露于肠道微生物菌群中，转化为低分子量的酚酸类物质而被吸收。

　　进入机体的花色苷会以原型或代谢物的形式从尿液、胆汁和粪便排泄。肾脏为花色苷排泄的主要器官，被吸收后的花色苷及其代谢产物进入循环系统转移，然后通过尿液排出。动物或人体摄入花色苷后，尿液中花色苷及其代谢物的浓度随摄入剂量的增加而增加，符合一级代谢动力学模型。

5.2　花色苷的吸收利用率

吸收利用率有各种定义。针对某种营养素，吸收利用率可以定义为通过口服摄取，营养素在体内经过代谢后所吸收的量占摄取量的百分比。一般范畴的吸收利用率也可以定义为营养素通过正常的食物摄取在人体内的消化、吸收和代谢率。吸收利用率还定义为此物质在血浆中的浓度。人们运用细胞模型模拟体内环境下的小肠上皮细胞，用以研究花色苷的吸收，结果表明花色苷可以通过其单层细胞吸收模型，但花色苷的吸收利用率要低于其他的多酚类。胃肠道吸收的花色苷进入血液后随血流分配到全身，发挥抗氧化、抗炎、调节血脂以及改善胰岛素抵抗等多种生理功能。

目前，一般多用动物实验研究花色苷的吸收利用率。大量的动物实验研究表明，花色苷在动物体内通常是以完整的糖苷形式被吸收，在0.25～2h迅速进入到血液循环系统。大鼠经口给药花色苷（400mg/kg BW），花色苷血浆浓度在15min就达到峰值（2～3μg/mL），并在2h内迅速减退。给大鼠按照320mg Cy-3-G/kg体重的剂量口服越橘花色苷提取物，在15min内，完整的花色苷结构可以迅速在血浆中检测到（最大浓度C_{max}：3.8nmol/L，折合1.8μg/mL）[5]。血浆中没有检测到花色苷的苷元或其他形式的化合物，这可能说明花色苷的2-苯基苯并吡喃结构稳定，与黄酮类相比不容易被肠道内的细菌水解。将紫玉米色素提取物给大鼠灌胃，摄取花色苷400mg/kg BW，30min后在血浆中可检测到完整的花色苷结构（C_{max}：0.31nmol/L，即0.14μg/mL），同样未检测到花色苷的苷元，但花色苷原型可以在空肠中检测到。另外，有研究发现，在血浆中可检测到3,4-二羟苯酸，可能是Cy-3-G的降解产物，其浓度是Cy-3-G原型的8倍[4]。由于在胃组织中15min即出现Cy-3-G的最大浓度，因此可以推测花色苷在这么短时间内已经被吸收。

近年来，以人体为对象的花色苷生物利用度研究在迅速增多。1998年，拉皮多特（Lapidot）等给6名健康志愿者饮用300mL红葡萄酒（2杯/d），摄入约218mg花色苷/300mL，每2h一次，连续收集12h排出的尿液，发现6h时尿液中花色苷浓度最高，累计花色苷的回收率为1.5%～5.1%。在2004年，比奇（Bitsch）等给6名健康志愿者口服了相当于720mg花色苷的接骨木果提取物，发现花色苷也是以糖苷的形式被人体利用，在摄入接果木提取物30min后，志愿者血浆中的花色苷浓度为55.3nmol/L～168.3nmol/L，平均值为97.4nmol/L。2013年，松本（Matsumoto）等研究发现，黑加仑的花色苷可以被直接利用，在人体或大鼠模型中均以糖苷的形式进入血液，并从尿液中排出。摄入一定量黑加仑（含Cy-3-G 3.57mg/kg BW）后人体的血浆以及尿液中均可测得黑加仑原型花色苷，血浆中浓度为 0.120nmol/L，不过该研究计算得到的花色苷生物利用度较低，尿液排出的花色苷量估计为摄入量的 0.11%。结果表明，摄入的花色苷在 2h 内被迅速吸收利用，并以花色苷原型形式从尿液中排出。2019 年，穆尔科维奇（Murkovic）等的研究也认为花色苷在人体内的生物利用度较低，他们将喷雾干燥的接骨木果汁粉末做成胶囊，并以此形式服用，摄入 180mg 花色苷后，可测得血浆中最大的花色苷浓度是 35ng/mL。除花色苷的低生物利用度外，研究者还发现花色苷在体内降解和排泄的速度较快。另有研究报道，摄入 200mL 的黑加仑汁（约含花色苷 153mg），只有摄入量的 0.02%～0.05%花色苷会从尿液中排出。为了解加工方式对花色苷生物利用度的影响，2004 年比奇等研究了红酒和红葡萄鲜果汁中的主导花色苷，即锦葵素-3-葡萄糖苷（Mv-3-G）的摄取利用情况，摄入红酒（含 68mg 锦葵素-3-葡萄糖苷/500mL）或红葡萄汁（含 117mg 锦葵素-3-葡萄糖苷/500mL），可迅速在血浆和尿液中测得锦葵素-3-葡萄糖苷，血浆中锦葵素-3-葡萄糖苷最大浓度和出现时间分别为：红酒 1.4nmol/L、20min，红葡萄汁 2.8nmol/L、180min，尿液中红酒和红葡萄汁的锦葵素-3-葡萄糖苷量均为摄入量的 0.03%。血浆和尿液中没有检测到锦葵素苷元与硫酸盐代谢物，说明 Mv-3-G 在体内以糖苷的形式被吸收。其他还有一些研究均确认了花色苷的低生物利用度。在摄入 11g 接骨木果（含 190mg 花色苷）后，其在尿液中排泄量低，为口服剂量的 0.003%～0.012%。另外，在摄入一种杂交草莓（含花色苷 354mg）、黑加仑（含花色苷 189mg）、越橘黑加仑混合物（含花色苷 439mg）7h 后，尿液花色苷排出量为 0.01%～0.06%。2003 年，弗兰克（Frank）等研究发现摄入 400mL 红葡萄汁（含花色苷 283.5mg）或 400mL 红酒（含花色苷 279.6mg），花色苷在尿液中的排泄量分别是 0.18%、0.23%。2003 年，费尔吉纳（Felgines）等在 *Journal Nutrition* 发表的报道显示，给 6 名健康志愿者摄入 200g 草莓（含 179mg Pn-3-G）后，尿液排出量为 1.80%，这是相关报道中最高的数值。但他于 2005 年在 *Journal of Agricultural and Food Chemistry* 发表的另外一项研究报道，摄入黑莓的花色苷（主要含 Cy-3-G），其尿液排出量为 0.16%。摄入不同花色苷，其在尿液中的排出量有很大不同，说明各种不同的花色苷的生物利用度差异较大，花色苷的吸收利用度为 1%～5%（表 5-1）。与其他人体必需营养素相比，这一数值明显偏低。不同类型的花色苷的吸收利用率存在差异，其 Dp-半乳糖苷的吸收率最低，吸收率小于 1%，Mv-半乳糖苷的吸收率最高[146]。

　　如果想要准确地测定出花色苷的生物利用度，最好的方法是同位素标记示踪。2013 年，英国东英吉利大学（University of East Anglia）Czank 所在课题组利用同位素 ^{13}C 标记的矢车菊素-3-葡萄糖苷[6,8,10,3′,5′-^{13}C$_5$-Cy-3-G(^{13}C5-Cy-3-G)]做了人体吸收代谢试验（图 5-2），通过检测粪便、血液和尿液中的花色苷及其代谢物浓度，发现花色苷的吸收利用率可以达到 12.4%，这是迄今为止报道的最高的吸收利用率，也被认为是最准确的。血浆中花色苷原型的浓度在 30min 时达到最高，^{13}C

表 5-1　不同来源的花色苷在人类和不同动物体内的吸收代谢情况

来源	花色苷	剂量（μmol）	C_{max}（nmol/L）	血液最高浓度（nmol/L）或尿液最高浓度（μmol/L）	T_{max}（h）	$T_{1/2}$（h）
人类						
红葡萄汁	Cy-3-glc	7	0.9	0.14	0.5	1.61
	Dp-3-glc	107	13.2	0.12	0.5	1.72
	Mv-3-glc	266	99.4	0.37	0.5	1.50
	Pn-3-glc	180	59.0	0.33	0.5	1.63
	Pt-3-glc	35	33.6	0.96	0.5	1.68
黑加仑汁	Dp-3-rut	98	2.0	0.02	1.0	1.63
	Cy-3-rut	75	1.5	0.02	1.0	2.00
	Dp-3-glc	69	1.7	0.03	1.0	1.96
	Cy-3-glc	18	1.0	0.05	1.0	1.68
接骨木果	Cy-3-glc	100	11.2	0.11	1.5	1.95
	Cy-3-sam	176	17.7	0.10	1.5	1.81
野樱桃提取物	Cy-3-gal	1094	23.4	0.02	2.5	1.35
	Cy-3-ara	176	8.9	0.02	3.5	1.67
猪						
黑莓冻干粉	Cy-3-glc	1452	36.3	0.04	1.0	—
	Cy-3-rut	221	15.5	0.07	1.0	—
接骨木果	Cy-3-glc	1504	49.9	0.03	1.0	—
大鼠						
红果提取物	Cy-3-glc	217	3490.0	16.10	0.25	—
Cy-3-glc	Cy-3-glc	900	213.0	—	0.5	—

　　注：Cy 为矢车菊素；Dp 为翠雀素；Pn 为芍药素；Mv 为锦葵素；glc 为葡萄糖苷；gal 为半乳糖苷；ara 为阿糖胞苷；rut 为芦丁糖苷；sam 为接骨木二糖苷。C_{max}：血浆中花色苷浓度的最高值；T_{max}：血浆中花色苷浓度达到最大值时所用的时间；$T_{1/2}$：血浆花色苷半衰期，即血液中花色苷浓度降低一半所需要的时间

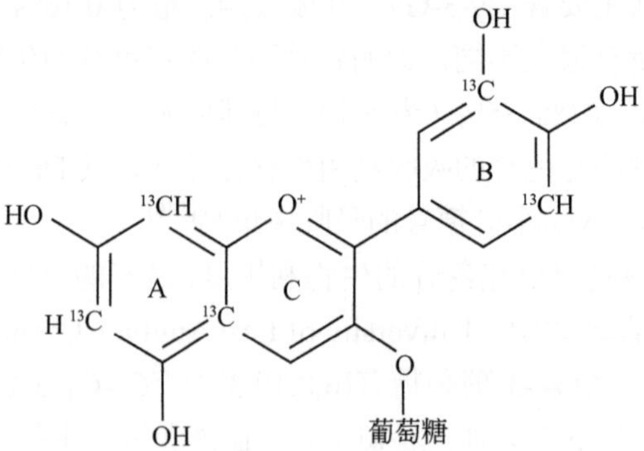

图 5-2　^{13}C 标记的矢车菊素-3-葡萄糖苷

代谢物浓度则在 10.25h 时达到峰值，各种代谢物的半衰期为 12.44~51.62h。尿液中代谢物浓度在 0~1h 为最高值，之后逐渐降低，尿液排出的代谢物浓度在 6h 达到最高值。代谢物主要包括酚酸、马尿酸、苯乙酸和肉桂酸等有机酸（表 5-2）[147]。

表 5-2　花色苷的主要代谢物及其生物半衰期

代谢物	C_{max}（μmol/L）	T_{max}（h）	$AUC_{0~48}$	$T_{1/2}$（h）
Cy-3-G	0.14	1.81	0.31	未知
矢车菊素	0.72	6.06	9.09	12.44
原儿茶酸	2.35	13.44	43.92	29.52
阿魏酸	0.94	11.29	21.22	51.62
马尿酸	1.96	15.69	46.42	21.69

注：C_{max}：血浆中花色苷浓度的最高值；T_{max}：血浆中花色苷浓度达到最大值时所用的时间；$AUC_{0~48}$：0~48h 血浆花色苷浓度变化曲线下面积；$T_{1/2}$：血浆花色苷半衰期，即血液中花色苷浓度降低一半所需要的时间

花色苷原型在肠道的吸收利用率不足 20%，那么花色苷的生物活性是怎样发挥出来的？近来的研究认为花色苷在肠道的代谢物起到了十分关键的作用。人体试验结果表明，大部分花色苷（约占摄入总量的 73%）会在肠道细菌或肝肾酶系的催化作用下脱去糖苷被代谢成原儿茶酸（protocatechuic acid，PCA），这一效应在实验动物身上也得到了印证，该类酚酸代谢物存在时间比较长，会超过 24h，可能也是花色苷生物学作用的主要贡献者[148]。

5.3　影响花色苷吸收的因素

5.3.1　机体自身因素

花色苷是以完整的糖苷形式被动物和人体胃肠壁吸收的，通过胃肠壁进入血液。花色苷依赖胆红素易位酶在胃部被快速吸收，经肝脏进入循环系统；花色苷的苷元不能在小肠中稳定存在，这是因为小肠内的 pH 很高，花色苷在小肠内会变成半缩酮、查耳酮等结构。接下来，花色苷进入空肠被吸收，转移机理目前还不明确，但它可能与黄酮醇类似，被各种水解酶水解，以酚基苷元的形式被吸收。在这一系列过程中，机体本身对花色苷的吸收利用率就比较低，那么有哪些因素会影响花色苷的吸收呢？

1）胃肠道功能

花色苷的消化与吸收主要是在胃和小肠完成的，胃肠道疾病如萎缩性胃炎、消化道溃疡等减少消化液的分泌，肠道 pH 相应发生改变，会降低多种营养素的吸收利用率，也会对花色苷的吸收有一定影响。

2）年龄

众所周知，随着年龄的增长，机体的很多功能都会日渐衰退。从生物学上讲，衰老是生物随着时间的推移自发的必然过程，它是复杂的自然现象，表现为结构的退行性改变和机能的衰退，适应性和抵抗力减退。各组织、器官在衰老时普遍表现为功能下降，这是由担负功能的实质细胞减少及萎缩、变性而造成的。从消化系统来看，胃肠黏膜随年龄的增加而变薄，胃肠腺体和绒毛逐渐萎缩，消化液分泌减少，消化酶和生物转化酶活性降低等改变，都会影响花色苷的消化吸收。

有研究显示，动物不同的健康程度和年龄均会影响到矢车菊素苷元的吸收利用，因此随着年龄的增加，花色苷的吸收利用率也会相应下降，健康状况也是花色苷吸收的影响因素之一。

5.3.2 摄入花色苷结构类似物

花色苷属于广义的黄酮类化合物，其转运吸收可能受到同类植物化学物的影响。异槲皮苷（槲皮素-3-*O*-葡萄糖苷）和矢车菊素-3-*O*-葡萄糖苷有相似的黄酮类化学结构，于是有研究者观察了异槲皮苷的吸收转运，发现槲皮素-7-葡萄糖苷的吸收受到上皮细胞黏膜上一种名为钠依赖性葡萄糖转运蛋白（SGLT）的影响，这些转运蛋白主要的作用是将葡萄糖苷化合物转运到细胞中[149]。而钠依赖性葡萄糖转运蛋白又能够被葡萄糖和根皮苷[1-(2-(*β*-D-吡喃葡萄糖氧基)-4,6-二羟基苯基)-3-(4-羟基苯基)-丙酮]抑制，所以当摄入血糖生成指数较高的食物或者大量结构类似物存在时，可能会抑制花色苷的转运。

5.4 花色苷吸收后在机体的分布情况

分布是一个药物代谢动力学名词，指的是由人体内环境各组织器官、血液等的非均一性，导致摄入机体被吸收后的物质（通常指药物）在人体内部浓度变化不一致的情况。分布是基于人体内环境的不均一性，而这种不均一性则是各脏器不同的特点所致。花色苷与血浆蛋白结合的程度、血流量、能否被细胞摄取、血脑屏障等因素，均会影响花色苷向脏器的转运，从而影响花色苷的分布。我们首先简单介绍一下常见物质在人体分布的脏器特点。目前根据脏器分布的重要性，研究比较多的器官主要包括大脑、肝脏、肺脏和肾脏。

5.4.1 大脑

大脑是中枢神经系统的主要部分，位于颅腔内，可分为大脑、小脑和脑干三部分。在脑的外面包绕有脑膜，脑膜分为 3 层，即硬脑膜、蛛网膜和软脑膜。脑的重量占体重的 2%～3%，但其所需要的血流量则占心输出量的 15%～20%（脑血流量是指每 100g 脑组织在单位时间内通过的血流量）。由此可见脑的血液供应是非常丰富的，其血液循环不仅在量上丰富，而且在供应速度上也很快，血液由动脉进入颅腔，到达静脉窦所需的时间仅为 4～8s。

　　针对脑中如此丰富的血液供应，那么是否血液中的化学物质很容易就进入到脑中呢？答案是否定的，因为在血液和脑组织之间存在着一个对物质有选择性阻碍作用的动态界面，称为血脑屏障（blood brain barrier）。血脑屏障是由脑的连续毛细血管内皮及其细胞的紧密连接、完整的基膜、周细胞以及星形胶质细胞脚板围成的神经胶质膜构成。其实血脑屏障就相当于一个过滤器，对进入脑的血液起到一种过滤的作用，可以有效地把有害物质拒于脑组织之外，使其不能逸出脑毛细血管（图 5-3）。花色苷及其代谢物等小分子极性物质可以穿过血脑屏障进入脑组织。2002 年，帕萨蒙蒂（Passamonti）等研究发现，按照 8mg/kg 的剂量给大鼠灌胃纯化的葡萄皮花色苷 10min 后，脑室内就能检测到花色苷原型的分布，浓度和血浆相当。2016 年，佛那萨罗（Fornasaro）给大鼠尾静脉注射花色苷单体 Cy-3-G，15s 后就能在脑室检测到 Cy-3-G，很少检测到其代谢物，且脑组织内 Cy-3-G 的浓度变化趋势和血液相一致，说明 Cy-3-G 是通过载体主动转运到脑组织内的。

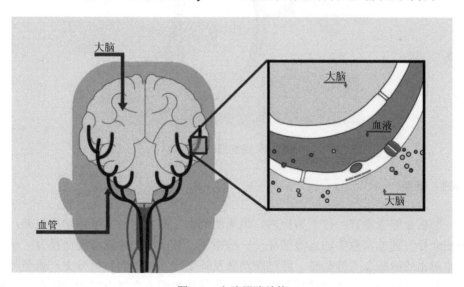

图 5-3　血脑屏障结构

5.4.2　肝脏

　　肝脏是人体内脏里最大的器官，也是人体消化系统中最大的消化腺，成人肝脏平均重达 1.5kg（1.0～2.5kg），为一红棕色的"V"字形器官。它位于人体的中腹部位置，发挥储存肝糖原、合成蛋白质和分泌胆汁酸等功能。肝脏的代谢功能主要是指生物转化作用，即对肠道吸收的营养物质、药物、毒物以及体内某些代谢产物，通过生物酶将它们氧化、还原、水解或者发生结合反应，变成易于排泄的化学结构形式排出外，这种作用也被称为"解毒功能"。此外，肠肝循环可以使部分外源化学物在肝细胞内与葡萄糖醛酸结合后分泌到胆汁中，再排入肠道，水解后产生的游离型化学物经重吸收进入体循环，从而使化学物的半衰期延长，吸收利用率提高（图 5-4）。花色苷在胃肠道被吸收后经肝脏进入循环系统，部分花色苷在肝脏和肾脏通过甲基化与葡萄糖醛酸化反应被代谢，如 Cy-3-G 可以转化为芍药素-3-葡萄糖苷和矮牵牛素-3-葡萄糖苷。

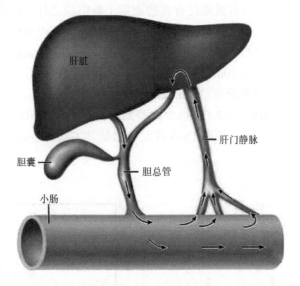

图 5-4　肠肝循环示意图

5.4.3　肺脏

肺脏是呼吸器官，位于胸腔内，纵隔两侧，左右各一。除呼吸功能以外，肺脏还介导一种非常重要的血液循环——肺循环。肺循环的血液流经途径为：从右心室射出的静脉血入肺动脉，经过肺动脉及肺动脉在肺内的各级分支，流至肺泡周围的毛细血管网，在此进行气体交换，使静脉血变成含氧丰富的动脉血，经肺内各级肺静脉分支，再经肺静脉注入左心房。血液沿上述路径的循环称为肺循环或小循环。肺循环的特点是路程短，只通过肺，主要功能是完成气体交换。实际上，胃肠吸收的外源化学物很快就能达到肺部。2014 年，法洛西（Farrukh）等给大鼠灌胃 10mg 纯化花色苷或者在饲料中添加 5% 的蓝莓冻干粉，结果证实蓝莓果实中的主导花色苷类型在肺组织都能检出。2020 年，Amararathna 所在课题组的研究发现，给 A/JCr 肺癌小鼠模型灌胃富含 Cy-3-G 的蓝靛果提取物 22 周，可以显著减少小鼠肿瘤的多发性和肿瘤体积。

5.4.4 肾脏

肾脏的基本功能是生成尿液，借以清除体内代谢产物及某些废物、毒物，同时经重吸收功能保留水分及其他有用物质。肾脏的这一作用是依靠肾单位来完成的。每个肾脏约有一百多万个肾单位，每个肾单位由肾小体和肾小管组成。当血液流经肾小体时，血浆中的某些成分将会滤过进入原尿，再经过肾小管的重吸收作用最终形成终尿。正常人每天形成的原尿约有 150L，而实际每天排出的终尿量只有 1.5L 左右，并且在成分上也有变化，这正是肾小管和集合管具有重吸收、分泌及排泄作用所造成的。由此可见，肾脏的血流量也是相当丰富的。肾脏为花色苷排泄的主要器官，动物或人体摄入花色苷后，尿液中花色苷及其代谢物的浓度随摄入剂量的增加而增加，符合一级代谢动力学模型，排泄的花色苷代谢物的主要形式为甲基化的花色苷或葡萄糖醛酸苷（图 5-5）。

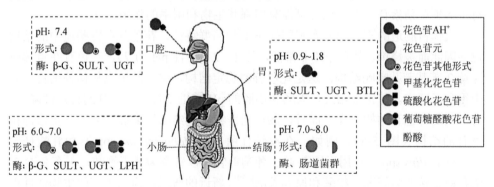

图 5-5 花色苷的消化、吸收和代谢过程

β-G，β-葡萄糖苷酶；SULT，氨基磺酸转移酶；UGT，尿苷二磷酸葡萄糖醛酸转移酶；BTL，胆红素易位酶；LPH，小肠绒毛边缘乳糖酶

以上这些器官血管丰富、血流量大，花色苷被吸收后在这些器官内可迅速达到较高浓度，继而可能向血流量小的组织发生再分布。花色苷及其肠道菌群代谢物被吸收之后，随之吸收入血，随血液到达脑、眼睛、肺、肝、胆汁、肾、睾丸等组织器官，其中肝（1.73×10^5pmol/g）和肾（2.17×10^5pmol/g）的分布浓度较高，其次为心脏（3.6×10^3pmol/g）和肺（1.16×10^5pmol/g）。不过值得注意的是，在眼睛、大脑皮层和小脑也检测到了花色苷原型的分布，说明花色苷可以透过血-脑脊液与血-视网膜之间的屏障。

5.5 花色苷的代谢

由于各个器官的物理与生理生化条件不同，花色苷的分子结构会发生改变，这种改变大多是发生了生物转化作用，即通常所讲的代谢。例如，胃中 pH 较低，适合花色苷以黄烊盐阳离子的形式存在，这是花色苷的稳定结构。与胃部不同，大肠和小肠的 pH 接近中性，花色苷的稳定性降低，会有不同结构的花色苷共存。花色苷在胃肠道被吸收后经肝脏进入循环系统，部分花色苷在肝脏和肾脏通过甲基化与葡萄糖醛酸化反应被代谢，如 Cy-3-G 可以转化为芍药素-3-葡萄糖苷和矮牵牛素-3-葡萄糖苷。花色苷在眼睛、大脑皮层及小脑中则主要以花色苷原型的形式存在。

5.5.1 花色苷的代谢过程

花色苷的代谢贯穿整个消化道，但主要在小肠中进行。已有的研究结果显示，花色苷一进入口腔就会发生初步的代谢，如唾液可以增强一些具有邻苯二酚结构的黄酮类化合物的生物利用率。而矢车菊素含有邻苯二酚结构，由此推断，唾液对于含矢车菊素苷元的花色苷可能有增强其生物利用率的作用。

人体胃肠道的不同部分有不同的 pH 和菌群特征，花色苷在胃肠道中的结构也会因此而被修饰。胃的 pH 非常低，为 1～2（中性 pH 为 7），花色苷在胃部应保持 2-苯基苯并吡喃结构，这是花色苷的稳定结构，这一结论也从体外消化试验中得到了证实。与胃部相反，大肠和小肠的 pH 接近中性，花色苷的稳定性降低，有不同的花色苷结构存在。而且，肠道菌群特别是结肠的菌群，会进一步修饰花色苷的结构（图 5-6）。例如，在双歧杆菌（*Bifidobacterium* spp.）和乳酸杆菌（*Lactobacillus* spp.）作用下锦葵素-3-葡萄糖苷可以转变为紫丁香酸，矢车菊素-3-葡萄糖苷转变为间苯三酚醛和原儿茶酸[150]。新近的研究认为花色苷的生物活性很大程度上来自其肠道代谢物[151]。

除了 pH 和细菌引起的花色苷化学结构改变，花色苷的代谢主要是由机体各种酶催化完成的生物转化作用。生物转化的模式按反应的先后顺序分为Ⅰ相反应和Ⅱ相反应。Ⅰ相反应（phase Ⅰ biotransformation）指经过氧化、还原和水解等反应使外源化学物暴露或产生极性基团，如—OH、—NH$_2$、—SH、—COOH等，水溶性增加并成为适合于Ⅱ相反应的底物。Ⅱ相反应（phase Ⅱ biotransformation）指具有一定极性的外源化学物与内源性辅因子（结合基团）进行化学结合的反应。参与花色苷生物转化的酶系集中分布在肝脏和肾脏，内源性辅因子需要经生物合成反应来提供。除乙酰基和甲基结合反应外，其他Ⅱ相反应都使外源化学物的水溶性显著增加，促进其排泄。由于花色苷还原性强、

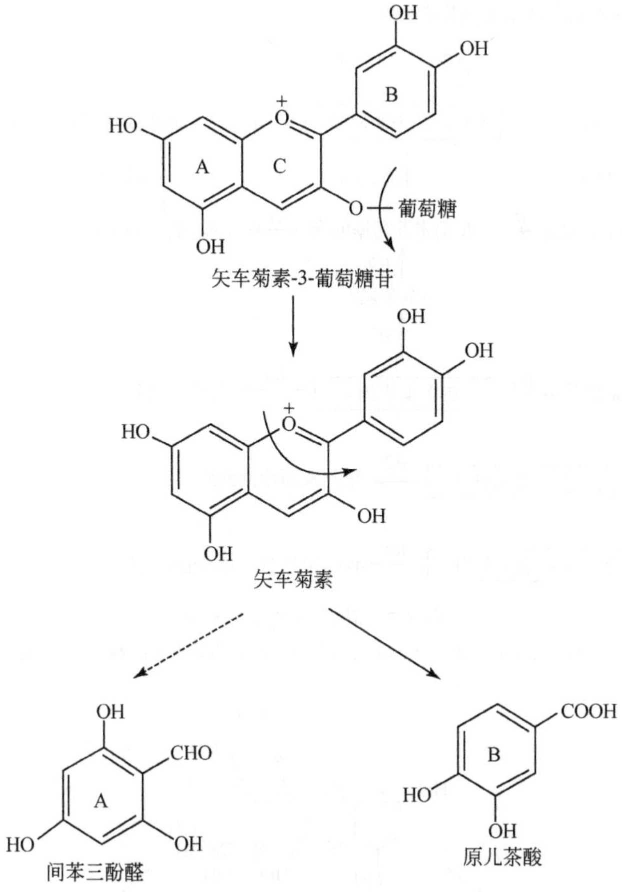

图 5-6　肠道菌群对花色苷的降解作用

极性大，花色苷生物转化反应主要包括甲基化、乙酰化、糖苷水解和葡萄糖醛酸结合反应等（图 5-7）[148]。

　　静脉注射的花色苷的代谢途径与口服不同，花色苷直接进入血液后，便发生一些转化，如矢车菊素-3-葡萄糖苷可以转化为芍药素-3-葡萄糖苷和翠雀素-3-葡萄糖苷（delphinidin-3-*O*-β-glucoside，Dp-3-G），二者继续转变为矮牵牛素-3-葡萄糖苷（petunidin-3-*O*-β-glucoside，Pt-3-G），最后生成锦葵素-3-葡萄糖苷（malvidin-3-*O*-β-glucoside，Mv-3-G）（图 5-8）。

5.5.2　影响花色苷代谢的主要因素

1）摄入途径

　　摄入途径主要包括经口摄入、静脉注射等，其对花色苷代谢具有重要影响，

矢车菊素-3-葡萄糖苷醛酸酯
未知
R2
R2
异芍药素-3-葡萄糖苷
R1
矢车菊素-3-葡萄糖苷
R1
芍药素-3-葡萄糖苷
R2
芍药素-3-葡萄糖苷醛酸酯
R2或R4
R2或R4
R2或R4
异芍药素-3-葡萄糖苷醛酸酯
R1
矢车菊素葡萄糖酸酯
R1
芍药素葡萄糖酸酯
R2
矢车菊素?
R3
异芍药素糖苷
R1
矢车菊素糖苷
R1
芍药素糖苷
花葵素-3-葡萄糖苷
R2
花葵素葡萄糖酸酯
翠雀素-3-葡萄糖苷
R1
4'-O-甲基翠雀素-3-葡萄糖苷

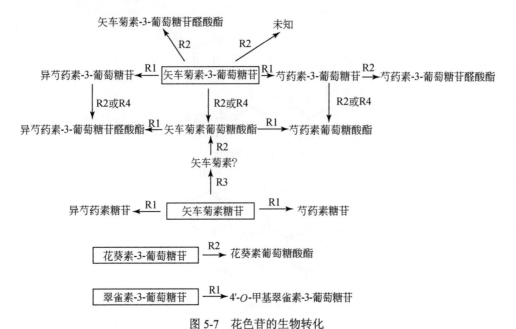

图 5-7 花色苷的生物转化

方框，花色苷原型；R1，甲基化；R2，葡萄糖醛酸结合；R3，糖苷水解；R4，糖苷水解+葡萄糖醛酸结合

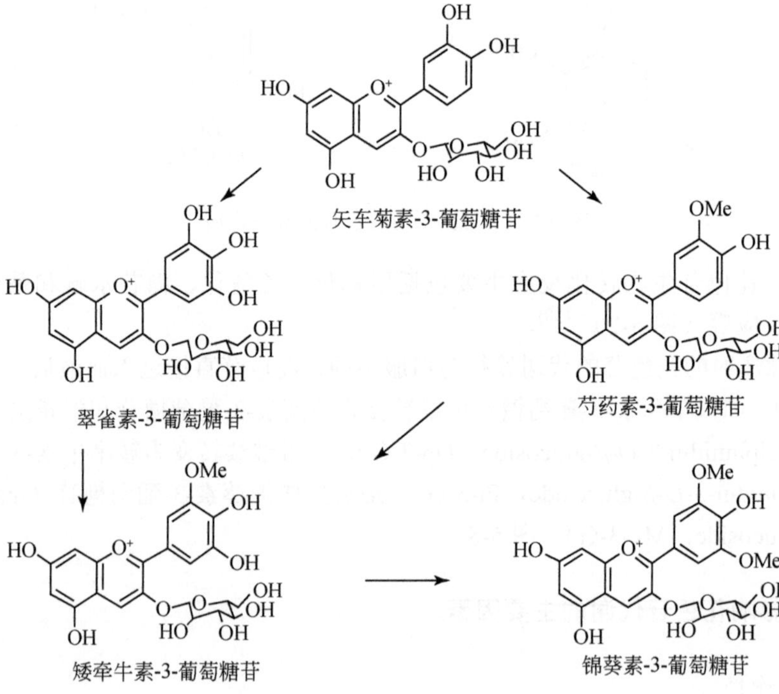

矢车菊素-3-葡萄糖苷
翠雀素-3-葡萄糖苷
芍药素-3-葡萄糖苷
矮牵牛素-3-葡萄糖苷
锦葵素-3-葡萄糖苷

图 5-8 静脉注射花色苷的代谢途径

如经口摄入的花色苷通过胃肠道黏膜时即部分被代谢，还有部分被肝脏摄取并发生甲基化、葡萄糖醛酸化及硫酸化，使进入体循环的花色苷减少；而静脉注射的花色苷不经肝脏代谢，会通过血液体循环以原型形式到达各个器官。

2）摄入食物的种类和数量

摄入食物的种类和数量不同，其所含的花色苷种类也不一样，因此对花色苷的结构进行修饰的肠道菌群种类和数量也不一样，花色苷在肠道被微生物代谢后生成酚酸的量也会有所差异。

3）花色苷的分子结构

花色苷的分子结构呈现多样化，还会随着食品的加工和贮藏过程而改变。当花色苷进入人体后，受到人体不同条件的影响，同样也会发生结构的改变，从而影响花色苷的代谢。

5.6　花色苷的主要排泄途径

机体新陈代谢过程中产生的终产物排出体外的生理过程称为排泄，是由排泄器官（如肾脏）将血液（或体液）中代谢废物排出体外的过程。人体的排泄过程主要包括呼吸、排汗及排尿过程等。而排便过程在狭义上讲属于排遗，排遗是指排出未消化的食物残渣的过程。排遗与排泄的区别就在于，排遗是消化系统作用的一部分，是食物经口而后入消化器官如胃、小肠消化吸收后，排除剩余废物的过程。广义的排泄定义包含了排泄和排遗的概念。

5.6.1　人体排泄的基本方式

排泄器官的主要作用是将体液转变成尿排于体外，控制排尿量，影响体液的容量和渗透压等；它是维持机体内环境相对稳定性的重要系统。人的排泄器官主要就是肾脏，它通过超过滤、重吸收及分泌等功能从而实现将体液变成尿的这一过程（图 5-9）。另外，通过汗液和呼吸也可以排出部分人体代谢物。

1）排尿

排尿是指尿在肾脏生成后经输尿管而暂贮于膀胱中，储存到一定量后，一次性地通过尿道排出体外的过程。排尿是受中枢神经系统控制的复杂反射活动。肾脏由一百多万个肾单位组成，而每个肾单位由肾小体和肾小管组成。血管进入肾单位后，首先接触的是肾小球（肾小体的主要结构）。进入肾小球的血管称为入球小动脉，出肾小球的血管称为出球小动脉。血液中分子量较小的葡萄糖和小分

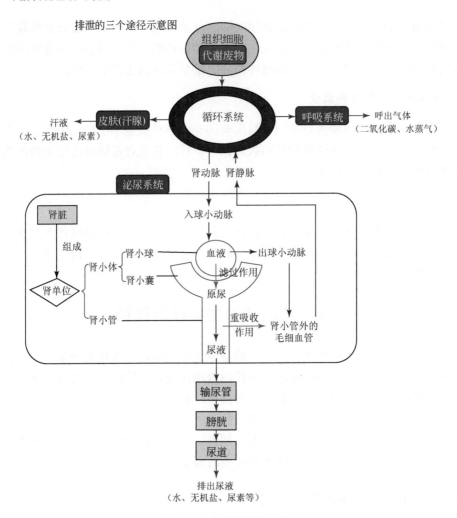

图 5-9　人体的排泄途径

子蛋白质等物质能够透过薄薄的肾小球管壁进入肾小囊，而大分子蛋白质等则不能透过肾小球的滤过膜。这个过程称为肾小球的滤过作用。滤过作用的产物是原尿。原尿流经肾小管时，被进一步地吸收，此过程称为重吸收。重吸收的对象是原尿中全部的葡萄糖、大部分的水和大部分的氨基酸、维生素及部分无机盐等，这些物质会被重新吸收到毛细血管中。无机盐中 67%的钠离子和一定数量的氯离子被主动转运出去，99%的水会被重吸收，最终仅有 1%的原尿会成为尿液。

尿液由肾脏生成后经输尿管贮存于膀胱中，当尿量到达一定程度时，由于膀胱扩张，膀胱壁张力增加，牵拉膀胱壁内的感受器，引起一系列排尿反射，最终引起排尿。

2）排汗

排汗是人体在外部热应力作用下的一种生理调节机能。当人体新陈代谢的产热量高于向环境的散热量时，人体开始排汗，通过排汗达到热平衡。汗液主要是通过汗腺排出的，汗腺是单管腺，腺体存在于皮肤的真皮层或皮下组织中的屈曲丝球体（图 5-10），排出管呈螺旋状，开口于表皮的表面。通过对汗液成分的分析，我们知道汗液中 98%～99% 的成分主要是水，其比重为 1.002～1.003，pH 为 7.5，NaCl 约为 0.3%，1%～2% 为少量尿素、乳酸、脂肪酸等。由此可见，排汗的作用不仅仅是汗液蒸发的过程，而是：①汗腺分泌汗液；②汗液传至皮肤表面；③汗珠分布在毛细孔之间，皮肤表面形成汗液层；④汗液蒸发对人体产生冷却效果来维持机体的热平衡，还可以排泄代谢废物。

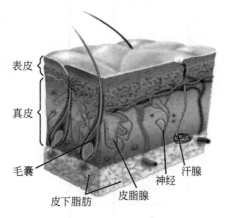

图 5-10　皮肤结构图

3）呼气

呼气是由呼吸系统来完成的，呼吸系统由气体通行的呼吸道和气体交换的肺所组成。呼吸道由鼻、咽、喉、气管、支气管和肺内的各级支气管的分支所组成。从鼻到喉这一段称上呼吸道；气管、支气管及肺内的各级支气管的分支这一段为下呼吸道。其中，鼻是气体出入的门户，又是嗅觉的感受器官；咽不仅是气体的通道，还是食物的通道；喉兼有发音的功能。机体在进行新陈代谢过程中，经呼吸系统不断地从外界吸入氧，由循环系统将氧运送至全身的组织和细胞，同时将细胞和组织所产生的二氧化碳再通过循环系统运送到呼吸系统以排出体外。在这里，二氧化碳就是组织代谢所产生的“废气”，通过呼气排出体外。

5.6.2　花色苷的排泄机制

进入机体的花色苷会以原型或代谢物的形式从尿液、胆汁和粪便排泄

（图 5-11）。肾脏为花色苷排泄的主要器官，动物或人体摄入花色苷后，尿液中花色苷及其代谢物的浓度随摄入剂量的增加而增加，符合一级代谢动力学模型，即单位时间内消除的药量与血浆药物浓度成正比，又叫恒比消除。代谢物的主要形式为甲基化的花色苷或葡萄糖醛酸酯。没有被吸收的花色苷则主要通过粪便排出，而到了大肠后，残留的花色苷及其酚酸代谢物可以被重吸收，使得花色苷的抗氧化效应维持 24h 以上。

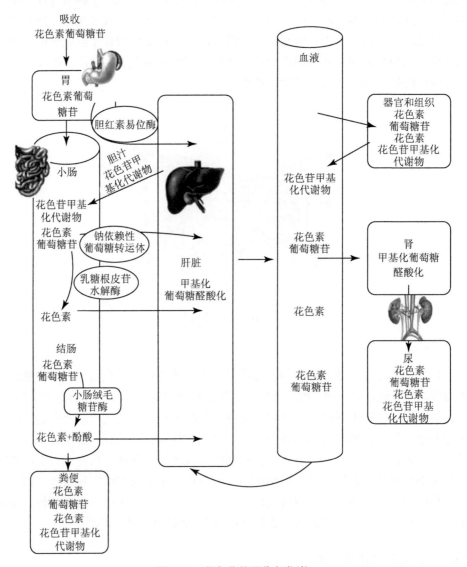

图 5-11 花色苷的吸收与代谢

花色苷的一级代谢动力学模型在动物和人体都得到了证实。美国塔夫斯大学（Tufts University）的一个研究小组给 4 名老年女性一次口服 720mg 接骨木果花色苷，检测了受试者血液和尿液中花色苷的浓度变化，发现血浆中花色苷浓度在 30～60min 时达到最高峰，尿液中花色苷浓度在 120min 时达到最高峰，花色苷的生物半衰期为 132min（图 5-12）[152]。

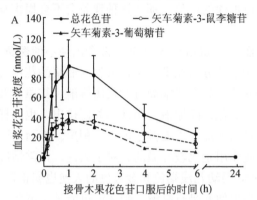
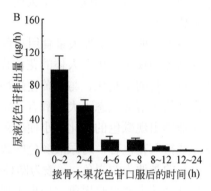

图 5-12　天然花色苷在血浆和尿液的动态变化

最近报道的一项同位素 ^{13}C 标记矢车菊素-3-葡萄糖苷代谢试验更为准确地揭示了花色苷的排泄模式。花色苷在体内的驻留时间比原来设想的还要长，可以达到 48h。志愿者口服 500mg 花色苷后，5.4%通过尿液排出，6.9%通过呼吸排出，32.1%不能被吸收而通过大便排出（图 5-13）。

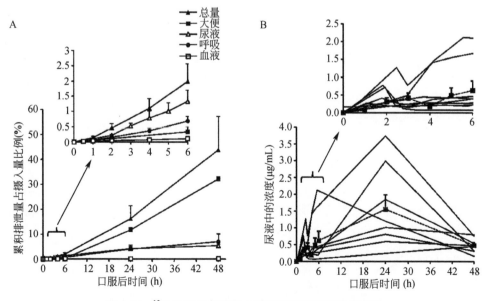

图 5-13　^{13}C 标记矢车菊素-3-葡萄糖苷排泄的动态变化

5.6.3 花色苷排泄的"负效应"

作为植物体内主要的水溶性色素,花色苷进入人体会不会发生染色的"负效应",引起我们血液、器官或者粪便颜色的改变?实际上,有人在大量食用桑葚、紫薯或者黑米后,的确出现了大便颜色加深的现象。那么这种现象会不会损害身体健康呢?

研究表明,一次性大量食用花色苷(≥100mg)后确实可能会出现小便深黄、大便紫黑的现象。进入人体的花色苷除了部分以原型排出,吸收入血浆的花色苷还通过羟基的甲基化、与葡萄糖醛酸或硫酸结合成酯而进行代谢排泄。其原型及代谢产物在溶解状态下大多具有一定的颜色,随尿液、胆汁和粪便排出,也同样使排泄物出现颜色的变化,小便颜色轻微加深,大便颜色加重、稍黑。然而由膳食途径摄入花色苷,对尿液颜色的改变作用是比较轻微的。对于大便,正常情况下人体的粪便为黄褐色,一般为圆柱形,婴幼儿浅褐色和金黄色的大便也属正常。花色苷会使大便呈暗黑色,如果出现亮黑便并带有黏液,那么很可能是上消化道出血引起的;如果大便暗红色似果酱,并有较多的黏液,很可能是肠道感染,应及时就诊并查明原因。

(王冬亮)

第6章 花色苷的抗动脉粥样硬化作用

动脉粥样硬化（atherosclerosis，AS）导致的冠心病和脑卒中是发达国家居民的主要死因[153]，近年来动脉粥样硬化性心血管疾病的发病率和死亡率在我国也迅速上升。AS是一种多因素、多阶段的退行性的复合性病变，其发病机制复杂，至今尚未阐明，因而缺乏有效的防治措施。AS的病理变化主要包括氧化应激失衡、炎症反应、血脂紊乱及免疫反应异常等[154]。这些病理变化不仅贯穿于AS发展的各个时期（内皮紊乱期、脂质沉积条纹期、斑块期和斑块破裂期），而且相互影响、相互促进[155]。目前临床上主要将氧化应激、炎症反应、血脂紊乱等确定为防治AS的干预靶点[154]。

6.1 摄入花色苷有助于抑制动脉粥样硬化进展

流行病学研究显示，植物性食物摄取量的增加可降低慢性代谢性相关疾病（包括 AS）的发病风险，其功能因子与其所含的植物化学物特别是黄酮类物质有关[156]。国内外动物实验研究发现，黑米、黑豆、紫薯、蓝莓、黑加仑、越橘的花色苷提取物均具备较强的抗 AS 作用[157]。

一些大规模的人群前瞻性随访研究发现，花色苷的摄入量与动脉粥样硬化性心血管疾病的发病率呈负相关关系（表6-1）。Mccullough 等[158]从"美国预防癌症研究营养队列"人群中选取了38 180名男性（平均年龄为70岁）和60 289名女性（平均年龄为69岁）为研究对象，随访7年后发现，1589名男性和1182名女性死于冠心病，而且花色苷的摄入量与男女不同性别冠心病的死亡率均呈负相关关系。Mink等[159]利用"美国爱荷华妇女健康队列"人群为观察对象，他们随访34 489名无心血管疾病的绝经妇女16年，发现花色苷摄入量与心血管疾病的发病率和全死亡率呈负相关关系。另外，Cassidy 等[160]利用"美国哈佛护士健康队列"人群作为研究对象，他们从1989年起随访93 600名25～42岁的中年健康妇女18年，发现花色苷的摄入量与心肌梗死的发病率呈负相关关系，说明增加膳食花色苷的摄入量可以有效降低心血管疾病的发病风险。利用广义线性模型分析剂量-反应关系发现，心血管疾病的发病风险与膳食花色苷的摄入量呈线性负相关关系，即在每日膳食花色苷摄入量为2～55mg 时，每增加15mg 的膳食花色苷摄入与10.7%的心血管疾病发病风险降低存在关联（$P = 0.002$）。

表 6-1 花色苷摄入量与心血管疾病发病率的相关性分析

队列名称	随访对象人数	随访时间（年）	花色苷摄入量与 CVD 的相关性	文献来源
美国哈佛护士健康队列	93 600 名女性	18	负相关	[8]
美国预防癌症研究营养队列	38 180 名男性 60 289 名女性	7	负相关	[6]
美国爱荷华妇女健康队列	34 489 名女性	16	负相关	[7]

　　基于实验动物和人体的种属差异性，近些年来科学家开始致力于将动物实验的研究发现外推至人体。Qin 等[161]应用越橘和黑加仑花色苷提取物胶囊进行了高脂血症患者人群干预试验，发现每天摄入 320mg 花色苷能够升高血浆高密度脂蛋白胆固醇（HDL-C）水平、降低血浆低密度脂蛋白胆固醇（LDL-C）水平（图 6-1）。这一结果表明花色苷能够降低人体 AS 危险因素。Wang 等[162]同样利用越橘和黑加仑花色苷提取物胶囊对高胆固醇血症患者进行干预，也发现了类似的调节 HDL-C 和 LDL-C 水平的现象，从而证实了花色苷能够通过调节血脂代谢发挥抗 AS 的能力。此外，挪威 Karlsen 等[163]也利用越橘和黑加仑花色苷提取物胶囊进行人体干预试验，他们将 118 名健康志愿者随机分为安慰剂组和花色苷干预组（每天食用 320mg 花色苷），干预 3 周后发现，花色苷能降低血液单核细胞的炎症反应水平，具体表现为抑制单核细胞核因子-κB（NF-κB）的转录活性，减少白细胞介素-4（IL-4）、IL-8、IL-13 和干扰素-α 等炎性细胞因子分泌。另外，利用草莓、蓝莓、蔓越莓花色苷提取物进行人体干预试验表明，花色苷能够降低动脉粥样硬化患者血浆氧化型低密度脂蛋白（ox-LDL）和丙二醛（MDA）水平，升高血浆总抗氧化能力，提高血液红细胞超氧化物歧化酶（SOD）和谷胱甘肽过氧化物酶

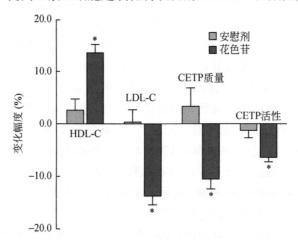

图 6-1　花色苷对高脂血症患者血脂水平的影响
CETP：糖蛋白胆固醇酯转移蛋白；*代表 $p<0.05$

的活性[164]。Aviram 等[165]给动脉粥样硬化患者每天饮用 50mL 富含花色苷的石榴汁（约含有 100mg 花色苷）1 年后，颈动脉的斑块大小比饮用石榴汁前减小约 30%，表明富含花色苷的石榴汁能够促进人体已形成的动脉粥样硬化斑块的消退。换句话说，富含花色苷的石榴汁具备治疗动脉粥样硬化的能力。

综上所述，花色苷、花色苷提取物或富含花色苷的食物具备一定的抗 AS 的能力，其机制可能与抗氧化、抑制炎症反应、改善血脂代谢和提高血管内皮舒张功能有关。

6.2　花色苷通过减轻氧化应激发挥抗动脉粥样硬化作用

AS 患者往往伴有氧化应激水平的升高。花色苷属于多酚类物质，含有多个酚羟基，因此从理论上推测其也应具有一定的抗氧化活性。在过去的数十年间，人们对花色苷的研究兴趣也大为增加，大量研究证实花色苷在体内和体外都具备较强的抗氧化能力，并探讨了抗氧化和抗 AS 之间的联系机制。

目前测定植物化学物的抗氧化能力的方法有很多种，按研究模型可分为体内试验评价和体外试验评价两大类。体外试验评价主要是借助一些自由基作为指示剂，分析花色苷对各种自由基的清除效率。在一定量的花色苷被实验动物或者人类摄取后可以通过测定体内的氧化还原系统相关指标及一些对氧化应激敏感的生物标志物来对花色苷在体内的抗氧化能力进行评价。

6.2.1　体外试验评价花色苷的抗氧化能力

体外测定植物化学物抗氧化能力的方法主要有油脂过氧化值法和比色法等。油脂过氧化值法是利用抗氧化剂对食用油脂氧化的抑制能力来比较抗氧化能力的强弱，由于不饱和脂肪酸极易氧化酸败，常被用于检测天然抗氧化剂活性强弱的试验。而比色法主要是依据抗氧化剂对自由基具有捕获能力或对氧化剂具有还原能力的原理，当天然抗氧化剂或各种植物的提取液加入到人工合成的自由基或氧化剂中后，其在最大吸收波长处的吸光度将下降，而抗氧化能力与吸光度下降值之间呈线性相关关系，因而可用分光光度计进行定量分析。

1）二苯代苦味酰基自由基分光光度法

二苯代苦味酰基（1,1-diphenyl-2-picrylhydrazyl，DPPH）自由基是少数稳定的有机氮自由基之一，深紫色，在 515nm 下具有最大吸收值。目前，作为比色法中的典型代表，二苯代苦味酰基自由基分光光度法（简称 DPPH 法）已被广泛用于检测植物化学物的抗氧化作用[166]。该方法的原理是测定受试物对 DPPH 自由基的还原能力。通过计算 DPPH 自由基数量剩余一半时所需抗氧化剂的浓度（EC_{50}）及时间（TEC_{50}）来反映抗氧化剂的活性。由于 DPPH 自由基有个单电子并在 515nm 处有强的吸收，其乙醇溶液呈深紫色。如果有其他物质提供一个电子使此单电子配对，其吸收将会消失，褪色程度与其接受的电子数呈定量关系[167]。DPPH 法能测定为数众多的天然抗氧化剂而不受葡萄糖等的干扰。由于清除剂直接作用于 DPPH 自由基，反应时间仅需 20min 左右，操作简单，且用一般的分光光度计即可测定，因此 DPPH 法直接、灵敏、快速、简便，被广泛用于抗氧化能力的测定[168]。

徐金瑞等[169]测定了黑大豆花色苷提取物对 DPPH 自由基的清除效率，发现该提取物具有较强的自由基清除能力，量效关系明显。其他植物的花色苷提取物也得到了类似的结果[170]。Saigusa 等的研究发现，由熟的紫薯制作的酒精发酵饮料比用生鲜的紫薯制作的酒精发酵饮料有更高的 DPPH 自由基清除能力，两种饮料中都含有矢车菊素和芍药素的糖苷配基，造成自由基清除能力差异的原因为前者含有大量的酰基化花色苷，而后者含有大量的非酰基化花色苷[171]。为了进一步分析化学结构对花色苷抗氧化能力的影响，Guo 等[172]应用 DPPH 法分析了 6 种常见花色苷的体外抗氧化能力，他们分别将 6 种常见花色素-葡萄糖苷单体，即 Cy-3-G、翠雀素-3-葡萄糖苷（Dp-3-G）、锦葵素-3-葡萄糖苷（Mv-3-G）、天竺葵素-3-葡萄糖苷（Pg-3-G）、Pn-3-G 和矮牵牛素-3-葡萄糖苷（Pt-3-G）溶解在 80% 乙醇当中，配成浓缩液，浓度均为 1mmol/L。将 DPPH 和抗氧化剂标准品 6-羟基-2,5,7,8-四甲基色烷-2-羧酸（Trolox）分别用 80% 乙醇溶解成浓度为 0.1mmol/L 的工作液与 1mmol/L 的浓缩液。临用前分别将花色苷和 Trolox 浓缩液用 80% 乙醇作系列稀释，每个浓度取 20μL 加到 96 孔酶标板中，然后加入 200μL DPPH 工作液，轻摇混匀，室温下放置 5min 后在 515nm 处测量吸光度，以 80% 乙醇调零，以 Trolox 作为对照。为消除花色苷自身吸光度的影响，将每个浓度下所测得的吸光度减去该浓度花色苷自身的吸光度为样品和 DPPH 反应后的实际吸光度，然后计算出样品的 DPPH 自由基清除率和半数抑制浓度（IC_{50}），用 Trolox 制作标准曲线，以 Trolox 当量抗氧化能力（TEAC）来表示各种花色苷的自由基清除能力，TEAC 为 1mmol/L 的花色苷自由基清除率折算成 Trolox 的 mmol/L 数。实验重复 3 次，每次设 3 个重复孔。DPPH 自由基清除率＝（$A_{对照} - A_{样品}$）/$A_{对照}$×100%。结果显示（图 6-2），6 种花色苷都可以快速地中和 DPPH 自由基，浓度大于 200 μmol/L 的花色苷 5min 内就可以使反应体系明显褪色，经过计算得出各种花色苷清除 DPPH 自由基的 TEAC，来表示花色苷清除自由基能力的大小，顺序依次为 Dp-3-G（0.97 ± 0.07）＞ Cy-3-G（0.93 ± 0.06）＞ Pt-3-G（0.80 ± 0.06）＞ Mv-3-G（0.62 ± 0.04）＞ Pn-3-G（0.51 ± 0.05）＞ Pg-3-G（0.44 ± 0.03），可以看出，花色苷对 DPPH 自由基的清除能力与 B 环上 R_1 和 R_2 取代基类型密切相关，根据 TEAC 推算取代基的自由基清除能力应该是—OH＞—OCH_3＞—H。

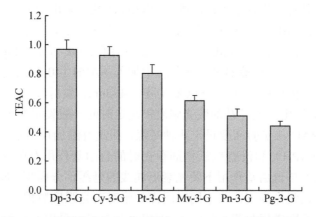

图 6-2　6 种常见花色素-葡萄糖苷对 DPPH 自由基的清除能力

2）氧自由基清除能力法

20 世纪 80 年代末，Glazer[173]基于从紫球藻中分离的 β-藻红蛋白（β-phycoerythrin，β-PE）在自由基攻击下荧光特性消失的现象，确立了一种亲水性物质抗氧化能力的测定方法。该方法中的自由基来源主要为偶氮类化合物 2,2-偶氮（2-脒基丙烷）二氯化氢（AAPH）热分解产生的活性氧自由基，也可以是芬顿（Fenton）反应产生的羟自由基。在此基础上，Cao 等[174]采用抗氧化剂作用下的荧光衰退曲线下面积与自然荧光衰退曲线下面积的差值作为衡量抗氧化剂的抗氧化能力的指标，将结果以抗氧化物质 Trolox 作为参考标准进行相对定量，并将该方法命名为氧自由基清除能力或自由基吸收容量（oxygen radical absorbance capacity，ORAC）方法。ORAC 方法最初以 β-PE 作为荧光底物。虽然 β-PE 具有荧光强度大、对氧自由基灵敏度高、水溶性好等特征，但与合成的荧光素（fluorescein，FL）相比，β-藻红蛋白是一组大分子蛋白质，各种 β-藻红蛋白具有不同的荧光强度及与自由基的反应性。加之分离得到的 β-藻红蛋白的纯度限制，很难保证不同结果之间的可比性。Ou 等[175]的研究证明，β-藻红蛋白的荧光具有不稳定性，暴露在激发波长下会很快自发衰退，使其难以进行定量计算。后来人们在实验中还发现，β-藻红蛋白会以疏水作用或氢键作用[176,177]与自然界中的一大类抗氧化物质——多酚类非特异性结合，而且对不同物质的不同量表现出不同的亲和力。而 FL 与待测样品之间不发生相互作用，不会干扰样品的测定结果[178]。此外，β-藻红蛋白作为从紫球藻中分离得到的蛋白质，成本相对较高。显然，无论从方法优越性还是从经济角度来讲，β-藻红蛋白均不如 FL 作为荧光指示剂更为理想。因此，后来 β-PE 被 FL 所代替，使得 ORAC 方法得到了快速的发展和广泛的应用。

Zheng 和 Wang 等[179]使用 ORAC 法检测了 14 种花色苷与花色苷元的抗氧化

活性。他们采用的实验方案为：在测定 ORAC 活性时采用荧光物质 FL、自由基产生剂 AAPH、标准抗氧化物质 Trolox。使用多功能荧光分析仪，在 96 孔板各微孔中分别加入待测样品 20μL 后，添加缓冲溶液 20μL 及 FL 20μL，在 37℃下预置 5min 后，用多道移液器迅速在各孔中加入 AAPH 140μL 启动反应，并将酶标板置于荧光分析仪中在 37℃下以激发波长 485nm、发射波长 538nm 进行连续测定，每 2min 测定一次各孔的荧光强度，测定时间一般设定在荧光衰减至基线水平为止。ORAC 法实验需要设定两种对照，即没有添加自由基的 FL 荧光自然衰减对照（–AAPH）和没有抗氧化剂存在时的自由基作用对照（+AAPH）。样品的抗氧化能力与自由基作用下荧光衰退曲线的延缓部分面积（Net AUC）直接相关，检测各孔荧光强度，将不同时间点的绝对荧光强度数据与–AAPH 空白荧光强度相比，折算成相对荧光强度 f，以相对荧光强度采用近似积分法计算荧光熄灭曲线下面积（AUC）。

抗氧化剂作用下的荧光衰退曲线下面积与无抗氧化剂存在时自由基作用的荧光衰退曲线下面积之差，即 Net AUC 为抗氧化剂的保护面积。抗氧化剂的氧自由基清除能力 ORAC 值又称为抗氧化剂的抗氧化能力指数，是通过荧光衰退曲线的保护面积与标准抗氧化物质的保护面积相比得出。ORAC 值以 Trolox 当量（μmol Trolox 当量/μmol、μmol Trolox 当量/mL 及 μmol Trolox 当量/mg）表达[178]，其计算公式为

ORAC 值= [（AUC 样品–AUC+AAPH）/（AUCTrolox–AUC+AAPH）] ×（Trolox 摩尔浓度/样品摩尔浓度）。

实验结果显示，花色苷和花色苷元中的酚羟基与糖苷配基会影响其抗氧化能力：①酚羟基数目越多，其抗氧化能力越强；②含有糖苷配基的花色苷的抗氧化性低于其相应基元，且同一花色苷元不同糖苷配基的花色苷抗氧化能力也不同；③但上述两点并不适合所有的花色苷和花色苷元，如矢车菊素-3-葡萄糖苷的抗氧化性却远强于其苷元矢车菊素[180]。

3）其他评价方法

β 胡萝卜素漂白试验法（β carotene bleaching method）：活性氧分子与亚油酸形成初级产物氢过氧化物（ROOH），氢过氧化物会破坏 β 胡萝卜素的共轭生色团（最大吸收波长 470nm），从而对其有漂白作用，通过测定反应体系 470nm 处的吸光度就可衡量受试物的抗氧化活性[181]。Fukumoto 和 Mazza 研究团队使用该方法得出：花色苷的羟基数目越多，其抗氧化性越强；花色苷比相应的花色苷元抗氧化能力强；在相同数目的羟基下，带有甲基的花色苷或者花色苷元比相应的未含甲基的抗氧化能力强；另外，花色苷或花色苷元表现两重性，即低剂量表现促氧化活性，高剂量则呈现抗氧化特性[182]。

TEAC（Trolox equivalent antioxidant capacity）法[183]：该方法的实验原理是利用氨基-二(3-乙基-苯并噻唑啉磺酸-6)铵盐[amino-di (3-ethyl-benzothiazoline sulphonic acid-6) ammonium salt，ABTS]，经由过氧化氢等物质催化后形成 ABTS+自由基，在液体中呈现颜色变化。实验时加入抗氧化物质，使得 ABTS+自由基还原成 ABTS，产生的颜色变化可测量其抗氧化力的大小。当清除 ABTS+自由基的能力越强时，代表物质的抗氧化活性越高。Degenhardt 等用此法显示，花色苷在体外具备抗氧化活性，且在 pH 为 7.0 时仍然表现出较强的抗氧化活性[184]。

脂质过氧化值法（lipid oxidation method）：日本 Yoshiki 研究小组[185]曾利用 β 胡萝卜素-亚油酸-脂肪氧化酶体系，探讨了不同结构的花色苷或花色素抑制亚油酸氧化的活性。被评价的花色苷包括翠雀素糖苷、翠雀素（飞燕草素）、红蔓菁苷、矢车菊素、锦葵素、锦葵素糖苷。结果显示（图 6-3），在 pH=2.8 评价体系下，翠雀素糖苷能够显著抑制亚油酸的氧化，抑制能力最大，甚至高于常见的 α-生育酚抗氧化剂，而红蔓菁苷与锦葵素糖苷的抗氧化活性差不多。

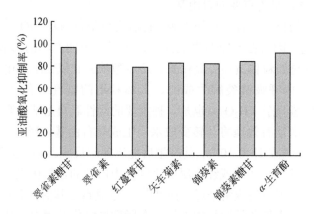

图 6-3　常见花色苷抑制亚油酸氧化的能力比较

6.2.2　体内试验评价花色苷的抗氧化作用

花色苷在体外的抗氧化能力已经得到充分证明，然而花色苷在体内的研究就相对较少。大部分研究都是采用富含花色苷或花色苷元的提取物，如从蓝莓、黑莓、黑加仑、紫玉米、紫薯、黑大豆和黑米等食物中提取，其纯品研究较少，都得到了肯定的结果[186]。不过最近几年，在对花色苷吸收利用研究的基础上，抗氧化作用被视为花色苷的基础生物活性，研究者对花色苷在体内的抗氧化作用的效用和机制也进行了深入探讨，研究显示花色苷或花色苷元具有明显的自由基清除作用，并且这一作用与花色苷抑制炎症反应、抑制肿瘤发生及抑制肥胖发生等生物活性有关[157,179,182,187-192]。

1）机体自由基的产生及危害

自由基是带有一个未配对电子（unpaired electron）的离子、原子或分子基团。生物体中有多种自由基，其中最主要的是氧自由基[193]。自由基（free radical）作为机体的正常代谢产物，在平衡状态下，其在抗菌、消炎和抑制肿瘤等方面具有重要作用与意义；一旦平衡被打破，如机体受到疾病或某些外源性药物和毒物的侵害，自由基便会产生强大的伤害作用，造成生物膜的脂质过氧化损伤，引起酶、氨基酸、蛋白质的氧化破坏，对内脏器官、免疫系统的形态和功能产生影响，从而引起机体疾病，如动脉粥样硬化性心血管疾病、老年性痴呆、糖尿病、肿瘤等慢性疾病。人体内的自由基主要为氧自由基，大约占自由基总量的 95%。氧自由基包括超氧阴离子自由基（$\cdot O_2^-$）、过氧化氢分子（H_2O_2）、羟自由基（$\cdot OH$）、氢过氧自由基（$\cdot HO_2^-$）、烷过氧自由基（$\cdot ROO$）、烷氧自由基（$\cdot RO$）、氢过氧化物（ROOH）和单线态氧（$^1O_2$）等，它们又统称为活性氧（reactive oxygen species，ROS），都是人体内最为重要的自由基。

人体内特定的自由基有不同的来源。超氧阴离子自由基（$\cdot O_2^-$）在其中扮演着非常重要的角色，因为在反应顺序上其他许多活性中间产物的形成都始于与$\cdot O_2^-$起作用。它是通过线粒体黄嘌呤氧化酶、还原型辅酶Ⅱ氧化酶的电子还原作用释放的氧产生的或由呼吸链裂解生成的。人体利用的氧气中有 1%～3%转化为$\cdot O_2^{-[194]}$。过氧化氢分子（H_2O_2）也是一种重要的活性氧自由基，容易在活细胞中扩散。过氧化氢酶能有效地将其转变成水，生成氧自由基。羟自由基（$\cdot OH$）的活性最强，其半衰期估计为 10^{-9}s，其产生后能迅速起反应。在射线等高能辐射下，$\cdot OH$ 通过体内水的均裂作用或经金属催化过程由内源的过氧化氢分子形成。紫外线能将过氧化氢分子分裂成两个羟自由基[195]。过氧自由基的半衰期比较长，可达数秒，在生物系统中扩散的途径相当长。在脂质过氧化过程中，从多不饱和脂肪酸去掉一个氢原子开始，能形成过氧自由基。羟自由基也能启动这一反应过程。脂质过氧化作用进一步产生烷氧自由基（$\cdot RO$）和有机的氢过氧化物（ROOH），后者可能重排成为过氧化物中间产物，然后分裂产生乙醛。单线态氧（$^1O_2$）是另一种非自由基活性物，可能是体内的组织暴露于光中形成的。其半衰期估计为 10^{-6}s，具体时间取决于周围基质的性质。它能通过转移其激发态能量或化学反应与其他分子相互作用。单线态氧优先发生化学反应的靶标为双键部位。氧化氮自由基（$\cdot NO$）也是一种很重要的自由基，它是精氨酸在酶的作用下形成的一种信号化合物，能松弛血小管平滑肌，防止血小板凝集，从而降低血压。其也可从通过激活参与初级免疫的巨噬细胞而产生。它的半衰期为 6～50s，很容易与氧发生反应，反应产物 NO_2 也是自由基。它还能与生物分子直接反应或与$\cdot O_2^-$结合形成过氧亚硝酸盐（ONOO—）。$\cdot NO$ 过多会产生细胞毒性[196]。

2）机体自由基的清除机制

机体内的自由基在不断地产生，同时也在不断地被清除。体内存在两大系统对抗自由基，使各种自由基的浓度维持在一个有利无害的、生理性低水平，以保护机体免遭损害。机体的自由基清除主要通过酶促系统和食物中的抗氧化成分实现。

自由基清除酶促系统包括超氧化物歧化酶、过氧化氢酶、硒谷胱甘肽过氧化物酶、谷胱甘肽硫转移酶等，体内 80%的自由基可被这些酶清除。

（1）超氧化物歧化酶（superoxide dismutase，SOD）的作用是催化歧化反应。在 SOD 作用下•O_2^-与 H^+结合生成水。

$$•2O_2^- + 2H^+ \longrightarrow H_2O_2 + O_2$$

SOD 是金属酶，包括三种同工酶，在真核细胞的细胞液中，以 Cu^{2+}和 Zn^{2+}为辅基，称为 Cu-Zn-SOD；在原核细胞及真核细胞的线粒体中以 Mn^{2+}为辅基，称为 Mn-SOD；在原核细胞中还有以 Fe^{3+}为辅基的 Fe-SOD。

（2）过氧化氢酶（catalase，CAT）可清除•O_2^-的歧化产物 H_2O_2，而后者往往是•OH 的前体。

$$2H_2O_2 \longrightarrow H_2O + O_2$$

（3）硒谷胱甘肽过氧化物酶（selenium dependent glutathione peroxidase，SeGSHPx）可清除 LOOH 或 H_2O_2，从而抑制自由基的生成反应。

$$LOOH（H_2O_2）+ 2GSH \longrightarrow LOH（H_2O）+ H_2O + GSSG$$

还有一种新的硒酶，称为磷脂氢过氧化物谷胱甘肽过氧化物酶（PHGSHPx），它能清除生物膜上的磷脂氢过氧化物，防止生物膜的脂质过氧化。PHGSHPx 是单体酶，而 SeGSHPx 是由 4 个同一亚基构成的寡聚酶。

（4）谷胱甘肽硫转移酶（GST）属于不含硒的谷胱甘肽过氧化物酶，它只清除 LOOH，而不能清除 H_2O_2。

$$LOOH + 2GST \longrightarrow LOH + H_2O + GSSG$$

（5）与抗氧化作用相关的其他酶如醛酮还原酶，它可催化脂肪醛和脂肪醛-谷胱甘肽结合物的还原，以清除脂质过氧化作用的毒性产物。

上述抗氧化酶并不是独立完成氧化还原作用的，它们还需要某些矿物质辅助才能发挥作用，如 SOD 需要铜离子和/或锰离子作为辅基。此外，人体中的抗氧化酶的产量随着年龄的增加而减少，因此需要其他抗氧化物质的协助才能维持氧化与抗氧化动态水平的平衡。

研究表明，食物中的许多小分子具备抗氧化能力，能够协助机体抗氧化酶和/或直接清除自由基起到维护机体氧化与抗氧化的动态平衡。这类物质主要包括维生素家族的维生素 C、维生素 A 和维生素 E, 以及 β 胡萝卜素; 抗氧化酶必需的金属离子, 如铜、锌和硒离子等, 铜离子和锌离子是 SOD 的辅因子, 可以将毒性高的氧自由基转变为毒性较低的双氧水和氧, 它存在于线粒体和细胞质中, SOD多与铜和锌结合成 Cu-Zn-SOD 出现, 硒是谷胱甘肽过氧化物酶的辅因子, 经由SOD 的作用, 在氧自由基转变为双氧水后, 谷胱甘肽过氧化物酶可以继续作用在双氧水上, 使之转变为完全无害的水和氧。

特别值得一提的是, 最近 10 年人们对食物中的植物化学物在体内的抗氧化作用的研究兴趣大大增加。植物化学物是指植物性食品中除必需营养成分外的一些低分子量生物活性物质, 是植物的次级代谢产物。植物化学物按结构主要有十大类, 包括类胡萝卜素、植物固醇、皂苷、多酚、芥子油苷、蛋白酶抑制剂、单萜类、植物雌激素、含硫化合物和植物红细胞凝集素。国内外多个研究团队通过流行病学调查、动物实验研究及细胞水平研究证实, 多酚类植物化学物 (如茶多酚、绿原酸、黄烷酮醇、花色苷等) 具有很强的抗氧化活性[197-199]。

3) 花色苷在体内抗氧化的研究

2002 年, Ling 等[200]用营养成分相当的黑米和白米喂养新西兰兔, 结果发现黑米组血清和肝的总抗氧化能力显著高于其他组, 红细胞 SOD 活性也显著高于其他组, 说明黑米具有抗氧化作用, 研究者推测其效应可能主要来自黑米皮中的色素类物质。Xia 等[201]用添加 5%黑米皮的高脂饲料喂养家兔和载脂蛋白-E (Apo-E)基因缺陷的小鼠, 结果发现富含色素类物质的黑米皮能够有效清除这两种实验动物体内的活性氧自由基, 抑制低密度脂蛋白的氧化。Guo 等[172]进一步研究了黑米花色苷提取物对高果糖饲料喂养胰岛素抵抗大鼠的抗氧化能力的影响。他们用每千克含 5g 黑米花色苷提取物的饲料喂饲 SD 大鼠 4 周或 8 周, 均能够显著降低果糖喂养大鼠血液中脂质过氧化产物丙二醛 (MDA) 和氧化型谷胱甘肽 (GSSG)的含量。说明该提取物可抑制果糖诱导的氧化应激, 充分证明了黑米皮当中的花色苷色素具有较强的抗氧化能力。另外, Bao 等学者[202]选取 3 种不同的氧化应激昆明小鼠模型, 即常压缺氧负荷诱导小鼠全身氧化应激模型、溴酸钾腹腔注射诱导小鼠氧化应激性肾损伤氧化应激模型和 18h 拘束负荷诱发小鼠应激性肝损伤氧化应激模型, 研究了欧洲越橘花色苷提取物对氧化应激发生时机体内抗氧化酶和抗氧化物质的影响, 结果发现: ①欧洲越橘花色苷提取物对常压缺氧负荷诱导小鼠有一定的保护作用: 明显提高常压缺氧负荷诱导小鼠的生存时间和对氧的利用能力, 有效降低血浆、大脑皮质和肝组织匀浆中的 MDA 含量; ②欧洲越橘花色苷提取物能有效地改善溴酸钾腹腔注射诱导小鼠的氧化应激性肾损伤, 同时可以降低肾组织的 MDA 水平, 提高肾组织的抗氧化物酶 SOD 水平; ③欧洲越橘花色苷提取物能够改善由 18h 拘束负荷诱发小鼠的应激性肝损伤, 降低肝脏活性氧自由基水平。该实验表明欧洲越橘花色苷提取物可以在动物体内发挥抗氧化活性，并改善氧化应激对机体造成的损伤。值得一提的是，日本 Tsuda 等学者[203]通过动物实验，证明矢车菊素-3-葡萄糖苷可以显著减少大鼠血清中脂质过氧化物 MDA 的产生，清除活性氧自由基，保护血清中的维生素 C 不被氧化。上述动物实验说明，纯化花色苷、富含花色苷的食物或提取物在动物体内均具备抗氧化能力。

事实上，花色苷的抗氧化作用也得到了多项人体试验研究的证实。Guo 等研究了富含花色苷的黑米皮对冠心病患者抗氧化能力的影响[172]。他们在广州市中山大学附属第一医院心血管内科选取 60 例年龄为 45～75 岁的冠心病患者，采用随机对照原则将患者分入 2 组，30 例在常规治疗的基础上每日膳食额外补充 10g 黑米皮作为干预组，其余 30 例在常规治疗的基础上每日膳食额外补充 10g 白米皮作为对照组。需要说明的是，黑米和白米皮是通过温水冲开后直接饮用。此外，分别从干预组及对照组中选取 3 名志愿者，在受试者进食前和进食后 0.5h、1h、1.5h、2h、4h 采肘静脉血 10mL，通过高效液相色谱法检测患者血浆中的花色苷水平。结果发现经 6 个月的干预试验后，黑米皮干预组患者血浆总抗氧化能力较白米皮组有显著升高，幅度达 2.2 倍，但两组患者间的抗氧化酶超氧化物歧化酶活性水平相当。上述人群试验说明膳食补充富含花色苷的黑米皮可以作为药物治疗的一种辅助手段，从而增强冠心病患者血浆的抗氧化能力。

Aviram 等以色列科学家选取 19 名被诊断为颈动脉狭窄的患者为研究对象[165]，其中 10 名患者每日饮用 50mL 富含花色苷的石榴汁，另外 9 名患者不接受任何干预。干预 1 年后，结果发现饮用石榴汁的患者比不接受任何处理的患者血浆 ox-LDL 水平显著下降，血浆抗氧化酶对氧磷酶（paraoxonase）水平显著升高。说明长期饮用富含花色苷的石榴汁能下调机体氧化应激的水平。加拿大 Kay 和 Holub[204]招募了 8 名中年男性（38～54 岁）志愿者进行单盲交叉设计试验，志愿者首先摄食一个星期的高脂膳食，然后在餐后 1h、4h 抽血；随后志愿者再接受一个星期的高脂膳食，餐后口服摄入 100g 蓝莓粉，然后在 1h、4h 后抽血。研究者最后对上述血液进行分析发现，蓝莓粉能够提高血浆抗氧化能力。

牟海英等利用纯化的浆果花色苷为受试物评价了其对人体氧化指标和抗氧化指标的影响[205]。试验招募到高血脂患者 120 名，按照随机化的原则将其分为对照组和花色苷干预组，干预组给予越橘和黑加仑花色苷提取物胶囊（花色苷 80mg/粒），每日 2 次，每次 2 粒，饭后半小时服用，对照组给予不含花色苷的安慰剂胶囊，干预 12 周后，发现花色苷组的血浆总抗氧化能力（T-AOC）、超氧化物歧化酶（SOD）水平较干预前及安慰剂组明显升高。Guo 等招募了 116 名健康志愿者，每天分别服用 20mg、40mg、80mg、160mg、320mg 花色苷，干预 14d，与安慰剂对照组相比，80mg/d 以上干预组的受试者血浆 8-异构前列腺素水平显著降低，效应呈剂量依赖型，说明花色苷可以显著降低氧化应激水平[55]。

6.2.3　花色苷的抗氧化作用机制

1）直接清除自由基

　　超氧阴离子自由基、羟自由基及各种脂质过氧化自由基等均可启动脂质过氧化反应。花色苷分子结构中有多个酚羟基，可以通过自身氧化释放电子，直接清除各种自由基，抑制氧化。姜平平[206]通过建立体外活性氧模型对紫薯花色苷清除氧自由基、抗脂质过氧化及抗由 H_2O_2 引发的红细胞溶血作用能力进行了研究。结果表明，紫薯花色苷在模型中表现出相当的还原力和清除羟自由基的能力，且该能力与花色苷浓度成正比关系；同时具有抗 Fe^{2+} 引发的卵磷脂脂质过氧化、抑制由 H_2O_2 引发的红细胞溶血作用的能力[206]。李颖畅和孟宪军将花色苷对各种自由基的清除能力和抗坏血酸进行了比较，发现同等质量浓度条件下，蓝莓花色苷抗脂质过氧化能力强于抗坏血酸；还原能力和清除超氧阴离子自由基能力不如抗坏血酸；低浓度时，花色苷清除羟自由基的能力和抗坏血酸接近，高浓度时则强于抗坏血酸[207]。

　　Xia 等利用载脂蛋白 E 基因缺陷（$Apo\text{-}E^{-/-}$）小鼠作为自发性动脉粥样硬化模型，在动物饲料中添加黑米皮或黑米皮花色苷提取物，结果发现其都能够有效地清除 $Apo\text{-}E^{-/-}$ 小鼠体内的活性氧自由基，抑制低密度脂蛋白（low density lipoprotein，LDL）的氧化，显著抑制动脉粥样硬化不稳定斑块的形成[208]。黑米花色苷还可以通过直接中和活性氧自由基而减少因自由基攻击带来的 DNA 剪切[209]。对于高果糖诱导的胰岛素抵抗大鼠模型，黑米花色苷可以有效保护大鼠体内的还原性谷胱甘肽不被氧化，清除体内的游离脂肪酸及脂质过氧化产物[210]。Han 等给大鼠饲喂富含花色苷的紫玉米色素提取物，发现可以显著地降低大鼠肝脏缺血再灌注引起的自由基损伤，保护血清中的维生素 C 不被氧化[211]。Ramirez-Tortosa 等使用维生素 E 缺乏膳食喂养大鼠 12 周，提高机体氧化水平，然后用冷杉种子花色苷提取物继续喂养大鼠 2 周，实验结果证实冷杉种子花色苷提取物能够显著提高血浆抗氧化能力，降低肝脏氢过氧化物和 8-羟基脱氧鸟嘌呤的水平，这两者分别是脂质过氧化和 DNA 氧化损伤的标志物[212]。

　　Holub 等所在的研究小组在给每位受试者的膳食添加蓝莓花色苷提取物后，血浆氧自由基清除能力显著提升，且观察研究发现受试人群血清中的总花色苷含量和抗氧化能力成正比关系[213]。Mazza 所在的课题组利用蓝莓冻干粉作为受试物，研究了 25 名志愿者在摄入高脂膳食的同时服用含有 1.2g 花色苷的蓝莓粉后血清抗氧化能力的变化，其中 19 名志愿者血液当中能够检测到花色苷 Cy-3-G 的存在，并且其浓度和血清自由基吸收容量（ORAC）呈明显正相关（图 6-4）[192]。

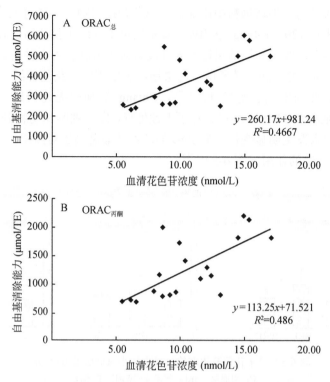

图 6-4　血清花色苷浓度（折算为 Cy-3-G）与自由基清除能力的关系[192]
A 为血清总自由基清除能力（以 ABTS+自由基测定）；B 为丙酮处理后血清总自由基清除能力

2）间接清除自由基

　　花色苷可以通过增加细胞内超氧化物歧化酶和谷胱甘肽硫转移酶的活性而减少 LDL 的氧化。此外，它还可以抑制细胞内诱导氧化的氧化酶系如磷脂酶、环加氧酶和脂氧合酶的活性[105]。2002 年，迈克尔（Michael）等将巨噬细胞和红葡萄酒中的花色苷共孵育处理后，发现巨噬细胞诱导的 LDL 氧化明显减少。在服用红葡萄酒 6 周后的小鼠腹腔巨噬细胞中被氧化的 LDL 比对照组明显减少。脂氧合酶可促进氧化，参与粥样斑块早期形成，酶分子中三价铁离子起催化作用，单核细胞、巨噬细胞是 AS 损伤中分泌 15-脂氧酶的主要细胞。2009 年，克瑙夫（Knaup）等通过体外试验证实，花色苷元及其单糖类衍生物可抑制 1-脂氧酶和 5-脂氧酶的活性，半数抑制浓度为 2.1～6.9μmol/L，其中翠雀素-3-葡萄糖苷的抑制活性最强。Luo 等利用 50μmol/L 花色苷 Cy-3-G 单体与 100ng/mL TNF-α 共孵育小鼠平滑肌细胞 24h，检测细胞内 ROS 的积聚情况，发现花色苷可以显著减少细胞内 ROS 的积聚，研究者推测花色苷一方面可以直接中和 ROS，另一方面其抗炎作用间接减少了 ROS 等自由基的产生[214]。

郭红辉通过向高果糖饲料中添加黑米花色苷提取物,大鼠每天的平均花色苷摄入量可以达到 120～150mg/kg BW,观察测定了各组实验动物肝脏内 3 种主要抗氧化酶的活性,发现 8 周的果糖喂养并没有对大鼠肝脏内 3 种抗氧化酶 SOD、CAT 和 GST 的活性造成显著影响,与果糖组大鼠相比,花色苷组大鼠肝脏 SOD 和 GST 的活性则出现了明显升高[170]。Chiang 等利用提纯的黑米皮花色苷对 HepG2 肝细胞和 C57BL/6J 小鼠进行了干预处理,发现细胞和动物肝脏 SOD 的蛋白表达水平都未发生明显变化,而 SOD 的活性却显著高于对照组,说明花色苷具有上调 SOD 活性的作用(图 6-5)[215]。

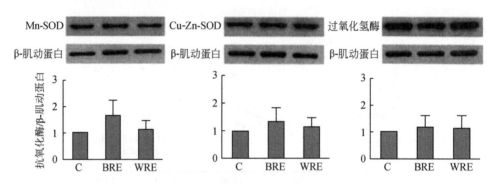

图 6-5 黑米花色苷提取物可以上调小鼠肝脏 SOD 的活性
C:对照组;BRE:黑米皮;WRE:白米皮

3)螯合金属离子

花色苷属于多酚羟基化合物,因此 B 环上 3,4-双羟基结构中的氧原子可以作为配位原子同金属离子配合形成五元或六元的螯合物。两个相邻的酚羟基能以氧离子的形式与金属离子形成稳定的五元环螯合物,邻苯三酚结构中的第 3 个酚羟基虽然没有参与配合,但可以促进另外两个酚羟基的降解,从而促进配合物的形成与稳定。花色苷可配伍诱导氧化的过渡金属离子,如与 Fe^{2+} 等金属离子配伍,Fe^{2+} 含有空轨道,可接纳配基提供的电子对,从而形成配合物,使含这些离子的金属酶活性受到抑制,从而显著抑制由 Fe^{2+} 介导的脂质过氧化链式反应。进一步证实了羟基结构螯合金属离子与抗氧化之间的关系,染料木质素与大豆黄酮能抑制铜离子诱导的脂质过氧化,而几乎没有螯合能力的柚苷及柚苷配基则不表现抗氧化活性[216]。Hu 等研究证实,黑米花色苷能够通过螯合金属离子而抑制 Cu^{2+} 诱发的人类血浆中 LDL-C 的氧化[209]。

4)不同结构的花色苷抗氧化能力是否有差别

花色苷抗氧化能力的大小与分子中氢原子的提供能力有关(氢原子直接参与

自由基的清除作用），母核上酚羟基数越多，提供氢原子的能力越强，清除自由基的效率就越高。B 环 4′位酚羟基具有强烈的供氢能力，在供氢消除自由基以后，自身能否形成较稳定的醌式自由基，是影响其抗氧化活性的关键，由于 B 环含有邻苯二酚结构的花色苷类化合物有进一步形成更稳定的分子内氢键的可能，从而使新形成的自由基中间体更为稳定，进而阻止反应的进一步发展。C 环 2,3 位双键氢化后，可缩短共轭链，改变分子的平面结构，降低了 3 位羟基的作用，因而不利于其抗氧化作用，但双键氢化的同时又增加了分子的亲脂性。因此，影响花色苷类物质活性的因素包括酚羟基的数目、B-4′位羟基及 C 环的双键。在常见的6 种花色素当中，从结构上分析，矢车菊素 B 环上的 4′,5′位有两个相邻的酚羟基，因为邻位酚羟基形成分子内氢键，有利于苯氧自由基的稳定，且邻二酚羟基的自由基可借形成邻苯醌型结构的共振作用而稳定，从而大大提高其抗氧化性，因此矢车菊素及其糖苷具有较强的还原力（图 6-6）[217]。

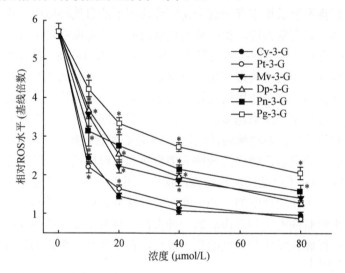

图 6-6　6 种常见花色苷对 H_2O_2 孵育脂肪细胞的 ROS 清除能力

　　当然，花色苷本身的一些其他性质也会影响其抗氧化性，如亲脂性等，亲脂性越强，花色苷越容易与脂质体结合，更好地发挥抗氧化性[206]。Tsuda 等研究发现葡萄糖苷酶水解矢车菊素-3-葡萄糖苷得到的苷元矢车菊素由于亲脂性更好，在脂质体体系和红细胞膜体系中都表现出比成苷后更强的抗氧化性[218]。

　　综上所述，花色苷在体外具备抗氧化能力，而且与其结构有一定的相关性。结合花色苷属于黄酮类植物化学物，其结构与黄酮类物质抗氧化性存在相似的结构-抗氧化关系，已有研究也支持这一观点，要点概括如下。

　　（1）A 环上的羟基数目与抗氧化能力呈正相关，A 环可与过渡金属螯合，从而在抗氧化活动中发挥作用。

（2）A 环和 B 环 3,5 位置的羟基及 4 位置的"碳氧双键"具有很强的清除自由基能力。

（3）羟基化修饰会增加花色苷的水溶性，从而影响它的抗氧化性，一般有了糖苷后其抗氧化能力减弱。

（4）B 环上羟基为邻位者，其抗氧化能力优于对位者。另外 B 环上的羟基数目越多，抗氧化能力越强。

6.3　花色苷通过抑制炎症反应发挥抗动脉粥样硬化作用

炎症反应是临床常见的一个病理过程，可以发生于机体各部位的组织和各器官，如毛囊炎、扁桃体炎、肺炎、肝炎、肾炎等。通常来说，炎症是机体的一种抗病反应，是机体对于损伤因子所发生的有利于机体的防御性反应。如果没有炎症反应，人们将不能长期生存于这个充满致病因子的自然环境中，但是过度的炎症反应对机体又具有危害性，如严重的过敏反应、脓毒血症可危及患者的生命。另外，炎症反应与一些慢性疾病的发生发展关系密切，如 AS、糖尿病及一些癌症的形成。虽然这些疾病的病理变化十分复杂，是一个多种因素在多层次上与多种细胞成分相互影响、综合作用的过程。对于启动这一系列病理变化的机制至今尚不完全清楚。近年来，越来越多的研究证实炎症反应在这些慢性疾病的形成和发展中起着重要的作用，如动脉粥样硬化。AS 是心血管疾病的常见类型，由 AS 所致心、脑血管疾病目前已经成为威胁人类健康和引起居民死亡的最主要的疾病之一。现已明确，AS 不仅是脂质代谢紊乱疾病，还是一种炎症性疾病，动脉粥样硬化可以看作是发生在动脉壁的一种亚临床的慢性炎症形式（图 6-7）。它是动脉壁内皮细胞及平滑肌细胞受到损伤后的一种炎性纤维组织增生性的反应。炎症反应贯穿于动脉粥样硬化发生和发展的整个过程，在动脉粥样斑块的形成和发展中起着重要的作用[219]。

近年来，植物化学物与健康和疾病的关系成为人们研究的热点。大量流行病学研究显示，许多植物化学物如黄酮、番茄红素、姜黄素等具有广泛的促进健康和防治肿瘤、心血管疾病、糖尿病、肥胖等的作用，并且研究表明植物化学物的这些健康促进和疾病防治作用在很大程度上与它们强大的抗氧化及抗炎作用密不可分[220]。例如，广泛存在于番茄、西瓜等蔬菜瓜果中的番茄红素，具有强大的抗氧化和抗炎作用，流行病学研究资料显示血浆中番茄红素的水平与一些慢性疾病如心血管疾病和癌症的发病率呈负相关[221]。花色苷是自然界中分布很广泛的一种多酚类植物化学物，也是人们最熟悉的天然食用色素，广泛存在于植物中，构成了绝大多数植物品种的蓝色、红色、紫色和黄色等颜色。在过去的 10 年内，人们对花色苷的兴趣大大增加，大量的研究在不同的水平和层次上表明花色苷具有抗

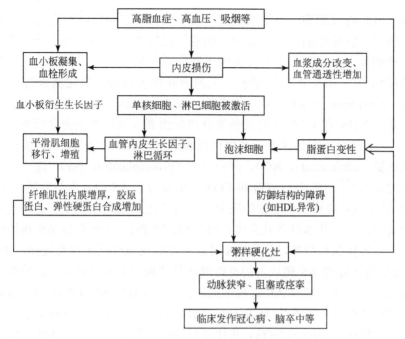

图 6-7 动脉粥样硬化的炎症机制

氧化、抑制肥胖、抑制心血管疾病、抑制炎性反应和抑制肿瘤的作用。例如，流行病学调查显示法国人在日常饮食中摄入大量的高脂高热量食物，但法国人心脏病的发病率却比美国等其他的西方国家要低得多，仅为美国人的 1/3[222]，这就是所谓的"法国悖论"（French Paradox）现象，这一现象与法国人喜欢喝葡萄酒有关。葡萄酒中富含的包括花色苷、白藜芦醇在内的多酚类物质可以在发挥抗氧化作用的同时，抑制炎症信号通路激活和炎症因子的表达，为心血管提供保护作用[223]。同样，在过去的十几年当中，凌文华研究团队从富含花色苷的黑米抗 AS 为研究的切入点，分别在不同的 AS 动物模型和人群患者中研究了黑米、黑米皮及黑米花色苷提取物的抗 AS 作用。动物实验研究发现黑米和黑米皮具有显著的抗 AS 作用，其作用机制与其抗氧化、抗炎和改善血脂（降低甘油三酯水平，升高 HDL 水平）等作用相关。进一步研究发现，黑米抗 AS 的作用与黑米中的维生素 E、膳食纤维和脂肪酸含量无关，而可能与黑米中的花色苷密切相关。基于花色苷在体内具有广泛的抗氧化特性，而炎症与机体过氧化有密切关系，故花色苷对于炎症也可能会产生积极的抑制作用。

6.3.1 体外试验评价花色苷的抗炎作用

炎症反应由各种炎症细胞及炎性因子共同参与，炎性因子来自血管壁的巨噬细胞、血管内皮细胞、平滑肌细胞、血小板及淋巴细胞，但主要来自血管壁的巨噬细胞。巨噬细胞在炎症反应中起着举足轻重的作用，它在受到外界刺激如脂多糖刺激，可释放大量的促炎因子和介质，后者介导了炎症的发生发展及组织的损伤[154]。其中由巨噬细胞产生的诱导性蛋白酶一氧化氮合酶（induced nitricoxide synthase，iNOS）和环氧合酶（cyclooxygenase，COX-2）在炎症反应中很重要，iNOS 和 COX-2 在其他炎性诱导因素（氧化型低密度脂蛋白、肿瘤坏死因子-α）刺激下能迅速上调其蛋白质表达量，发挥酶活性，合成炎性介质产物一氧化氮（nitric oxide，NO）、前列腺素（prostaglandin，PG），进一步引起炎症反应的放大[224]。并且，iNOS 和 COX-2 也参与了 AS 的发生与发展。iNOS 和 COX-2 作为 AS 斑块中巨噬细胞所分泌的特殊蛋白酶，不仅受到各种炎症相关介质的调节，而且其本身及其合成产物（NO 和 PG）又能介导 AS 斑块中炎性因子的进一步释放与聚集，导致 AS 斑块中炎症反应继续扩大及延伸，由 iNOS 及 COX-2 所介导的 AS 斑块内的炎性循环是造成 AS 斑块破裂、血栓形成的重要原因之一。因此，减少 AS 过程中的炎性因子 iNOS 和 COX-2 的过度表达，可能是治疗 AS 的重要靶点。研究表明，动物 AS 斑块中存在 iNOS 的表达，iNOS 与内皮型一氧化氮合酶（eNOS）相比可以高速率生成，大量的 NO 在机体可维持较长时间，由 iNOS 产生的大量 NO 与过氧化物结合生成氧化性很强的过氧亚硝酸盐化合物，后者可使 LDL 发生氧化，促进 AS 的发展。另外，在人的动脉粥样硬化斑块中也检测到有 iNOS 和过氧亚硝酸盐化合物的存在，且发现 iNOS 的表达与动脉脂质斑块面积呈正相关[225]。同时有研究表明 iNOS 能降低晚期斑块中的胶原含量，从而促进斑块的不稳定性[226]。因此可以认为，iNOS 主要是通过促进损伤部位的炎性反应、组织坏死及斑块破裂来促进 AS 的进展。COX 是花生四烯酸合成前列腺素和血栓素过程中的一种重要的限速酶，主要包括组成型的环氧合酶-1（COX-1）和诱导型的环氧合酶-2（COX-2）。COX-2 不仅介导全身的炎症反应，而且在 AS 病变处表达，并受多种细胞炎症因子调节，其代谢产物也具有促进炎症作用。研究发现载脂蛋白 E 基因敲除（ApoE$^{-/-}$）小鼠中 iNOS 和 COX-2 基因敲除能有效地减少体内 AS 斑块的形成，并推测选择性降低 iNOS 和 COX-2 的表达可能是减少 AS 炎症反应、延缓 AS 发展的新靶点。Wang 等用佛波酯诱导人单核 THP-1 细胞，使其分化成人 THP-1 样巨噬细胞，并用脂多糖刺激人 THP-1 样巨噬细胞建立体外炎症细胞模型，同时运用 1μmol/L、10μmol/L、50μmol/L、100μmol/L 矢车菊素-3-葡萄糖苷（cyanidin 3-glucoside，Cy-3-G）或 10μmol/L、50μmol/L、100μmol/L 芍药素-3-葡萄糖苷（peonidin 3-glucoside，Pn-3-G）两种花色苷分别孵育 THP-1 样巨噬细胞后发现，Cy-3-G 和 Pn-3-G 均能够呈浓度依赖性地抑制 1μg/mL 脂多糖（LPS）所诱导的 iNOS 与 COX-2 的 mRNA 及蛋白质表达，从而降低其合成的炎性介质 NO 及前列腺素 E2

水平，且这些作用尤以 Cy-3-G 最为显著（图 6-8），说明花色苷具有良好的抗炎作用[191]。Zhang 等在 LPS 诱导的人 THP-1 样巨噬细胞炎症模型中观察到，50μmol/L Cy-3-G 能够明显抑制 LPS 诱导的人 THP-1 样巨噬细胞炎性因子白细胞介素-6（interleukin-6，IL-6）和肿瘤坏死因子-α（tumor necrosis factor-α，TNF-α）的合成与释放[227]。由巨噬细胞合成分泌的促炎因子如 IL-6 和 TNF-α 在促发炎症反应与一些疾病中起着十分关键的作用。IL-6 和 TNF-α 水平升高将引起细胞与组织的损伤及死亡，相反，降低这些炎症因子的水平可延缓炎症的发生发展。同时，这些炎症因子的生成又可进一步激活一些相关炎症信号通路，扩大炎症反应，进一步加深组织细胞损伤及疾病的发展。并且，血循环中 IL-6 水平升高还能够刺激肝脏合成和分泌炎性因子 C-反应蛋白（C-reactive protein，CRP）[228]。

血管内皮细胞位于血管内壁与血液直接接触的单层细胞，血管内皮细胞不仅参与调节血管通透性和凝血过程，在免疫调节、移植排斥、肿瘤转移、炎症反应等许多过程中也具有重要作用。内皮细胞是血管的屏障结构，也是血管最易受损的功能性界面。许多 AS 的危险因素，如高同型半胱氨酸血症、高胆固醇血症和高血压，都是通过攻击血管内皮细胞引起内皮损伤和功能障碍，进而破坏内皮的完整性，炎性细胞聚集于损伤的血管内皮，血管损伤加剧并持续激活免疫反应，

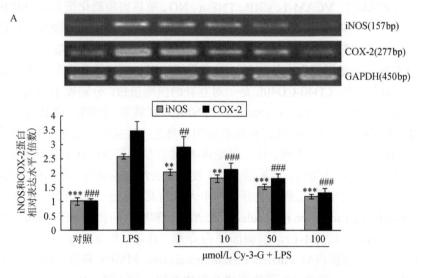

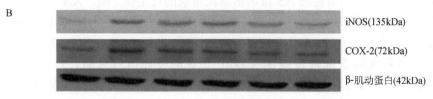

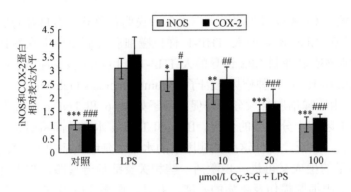

图 6-8   花色苷抑制巨噬细胞炎症反应

GAPDH: 甘油醛-3-磷酸脱氢酶；iNOS 表达水平与 LPS 组相比，*为 $p<0.05$，**为 $p<0.01$，***为 $p<0.001$；COX-2 表达水平与 LPS 组相比，#为 $p<0.05$，##为 $p<0.01$，###$p<0.001$

血管内皮细胞表达黏附分子，促进炎性细胞在血管壁浸润，同时引导炎性细胞向血管内迁移。此外氧化型低密度脂蛋白还可促使内膜下巨噬细胞的增殖及对修饰的脂蛋白颗粒的吞噬，逐渐形成 AS 的早期病变。因此，血管内皮细胞的炎症反应在 AS 的发生过程起着重要的促进作用。现在研究已经证实，多种炎性因子［如 IL-1、IL-6、ICAM-1、VCAM-1、CRP、TNF-α、NO、单核细胞趋化蛋白-1（MCP-1）和 CD40 配体（CD40L）等］在促进单核细胞的募集，单核细胞向动脉内膜层迁移，分化为巨噬细胞，刺激血管平滑肌细胞的迁移、增殖及促进巨噬泡沫细胞的形成，细胞凋亡并激活蛋白水解酶促进基质降解，增加斑块的脆性等方面均起着十分重要的作用[154]。CD40-CD40L 是一对互补跨膜糖蛋白，分别属于肿瘤坏死因子受体（tumor necrosis factor receptor，TNFR）家族和 TNFR 超家族成员，CD40-CD40L 这一对受体-配体在抗原呈递和自身免疫性疾病中起重要作用[229]。Lutgens 和 Daemen 等研究发现，这一对受体-配体也参与了 AS 的发生和发展[230]。CD40 与 CD40L 相互作用后，可激活与 AS 发病有关的细胞成分，包括内皮细胞、巨噬细胞及 T 淋巴细胞，这些细胞分泌产生大量的炎症因子，包括血管细胞黏附分子-1（vascular cell adhesion molecule-1，VCAM-1）和细胞间黏附分子（intercellular adhesion molecule，ICAM-1），细胞因子白介素（IL-6、IL-8）与肿瘤坏死因子（TNF-α），基质金属蛋白酶（matrix metalloproteinase，MMP）和组织因子（tissue factor，TF）等，从而促进 AS 斑块形成及斑块的稳定性下降。Xia 等通过建立促炎因子 CD40 诱导的人脐静脉内皮细胞的炎症实验模型，并用 1μmol/L、10μmol/L、100μmol/L Cy-3-G 和 Pn-3-G 分别预孵育细胞后，发现 Cy-3-G 和 Pn-3-G 两种花色苷能够阻断人脐静脉内皮细胞 CD40 介导的炎症信号通路，降低黏附分子（VCAM-1、ICAM-1）和细胞因子（IL-6、IL-8、TNF-α）的合成与释放，且这些作用尤以 Cy-3-G 最为显著，说明花色苷能够抑制 CD40 诱导的炎症反应，具有抗血管炎症的作用[231,232]。

6.3.2　体内试验评价花色苷的抗炎作用

黑米是特种稻米,营养丰富,具有一定保健作用。黑米是滋补佳品,有"开胃益中、健脾暖肝、明目活血、滑涩补精"等作用。研究表明,其特殊的食疗价值很大程度上源于黑米皮中的花色苷类物质。目前已经证实,黑米中所含有的花色苷主要是矢车菊素-3-葡萄糖苷(Cy-3-G)和甲基芍药素-3-葡萄糖苷(Pn-3-G)[208]。与白米和白米皮相比,黑米和黑米皮可以抑制高胆固醇喂养的新西兰白兔 AS 斑块的形成,具有抗 AS 作用,这一有益作用与黑米所含有的花色苷有关[233,234]。在正常膳食情况下,$ApoE^{-/-}$小鼠在生长至4月龄时即可发生高胆固醇血症和高血糖,以及随年龄增长而出现自发性动脉粥样硬化和多种其他心血管疾病的症状。2003年,凌文华研究团队进一步研究发现,黑米皮和黑米花色苷提取物能够明显抑制$ApoE^{-/-}$小鼠 AS 斑块的形成,同时还能增加 AS 斑块的稳定性,这一作用与临床上常用的药物辛伐他汀(Simvastatin)效果相似,这提示花色苷还具有一些潜在的尚未被发现的生物学作用(图6-9)。并且,用黑米皮的花色苷提取成分来喂饲$ApoE^{-/-}$小鼠16周,结果发现花色苷在显著降低动脉粥样硬化斑块面积的同时,还

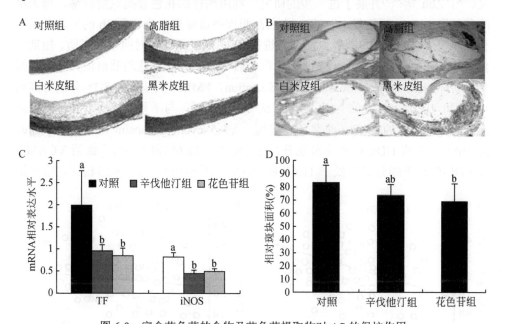

图 6-9　富含花色苷的食物及花色苷提取物对 AS 的保护作用

黑米(A)、黑米皮(B)和黑米皮花色苷提取物(C、D)均可以有效抑制 *ApoE* 基因敲除小鼠体内的炎症反应,减小动脉粥样硬化斑块面积。TF,斑块内组织因子;iNOS,诱导型一氧化氮合酶

明显降低了动脉粥样硬化斑块处 iNOS 的表达[201]。此外，Millar 等[235]在 *ApoE*-/-小鼠饲料分别添加 0.25%或 1%的接骨木果花色苷提取物，干预 24 周后发现，与对照组相比，低剂量和高剂量花色苷分别添加使小鼠高密度脂蛋白胆固醇流出量增加 64%和 85%，多个 NF-κB 介导的炎性因子表达水平受到抑制，并显著提高了动脉粥样硬化斑块结缔组织含量和斑块稳定性。

Wang 等对冠心病患者人群的调查研究发现，膳食补充富含花色苷的黑米皮可降低患者血浆中 VCAM-1、CD40L 和 C-反应蛋白的水平[162]。刘静[236]在广州地区招募了 60 名肥胖志愿者，将对象按入选顺序分别编号，按照性别、年龄等基本情况进行匹配，随机分入干预组和对照组，每组各 30 人。干预组对象给予黑米花色苷胶囊，每日两次，每次两粒（每粒含花色苷约 80mg）；对照组对象给予空白安慰剂胶囊，其服用方法与干预组相同。干预试验共 12 周，期间受试者保持平时的生活习惯，每 2 周随访一次。结果发现，干预前后两组研究对象的血清炎症指标基线水平不存在显著差异。干预后花色苷组炎性介质 TNF-α 和 hs-CRP 水平明显降低，TNF-α 水平由（3.19±1.25）pg/mL 降低至（2.94±1.14）pg/mL；hs-CRP 水平由（2.08±1.36）mg/L 下降至（1.67±1.21）mg/L。干预组与对照组比差异有统计学意义。两组 IL-6 水平均有所下降，但干预前后及组间比较差异无统计学意义[236]。Zhu 等[237]开展了进一步的研究，利用同样的花色苷提取物胶囊，每天早晚各服用 160mg 花色苷，分别对 12 名高胆固醇血症患者进行了 4h 的短期交叉干预试验，对 150 名高胆固醇血症患者进行了 12 周长期随机对照干预试验。短期干预试验（4h）结果表明，患者服用花色苷后 1h 和 2h 时，肱动脉血流介导的舒张功能（brachial artery flow-mediated dilatation，FMD）从基线的 8.3%分别升高到 11.0%和 10.1%（*P*<0.05）；长期干预试验结果表明，与干预前相比，花色苷组高胆固醇血症患者的 FMD、血浆环磷酸鸟苷（3',5'-cyclic guanosine monophosphate，cGMP）和血清 HDL-C 水平分别升高了 28.4%、12.6%和 11.8%，血清 VCAM-1 和 LDL-C 水平则分别降低了 11.6%和 10.0%（图 6-10），与对照组相比，这些指

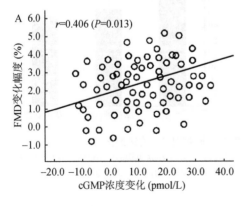
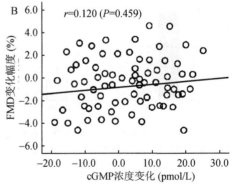

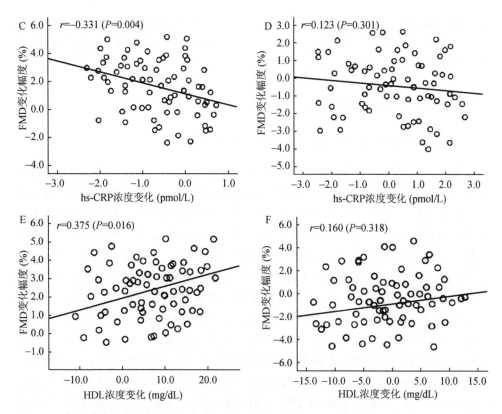

图 6-10　高胆固醇血症患者服用花色苷 12 周后 FMD 的变化与 cGMP、hs-CRP 和 HDL-C 水平
变化的相关性分析

A、C、E 为花色苷组，B、D、F 为对照组，采用 Pearson 线性相关进行分析

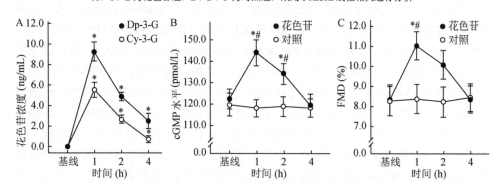

图 6-11　花色苷在高胆固醇血症患者血浆的浓度-时间曲线及对血管内皮功能的改善作用

A. 受试者口服 320mg 花色苷后血浆的浓度变化；B. 受试者血浆环磷酸鸟苷水平的变化；C. 受试者血管内皮舒张
功能的变化；与对照组相比，*为 $p<0.05$；与基线相比，#$p<0.05$

标的差异均具有统计学意义，并且在花色苷组 cGMP 和 HDL-C 水平的变化都与
FMD 的变化呈正相关关系，提示花色苷类植物化学物还可以直接改善血管内皮舒

张功能（图 6-11）[237]。另外，Karlsen 等采用相同花色苷剂量给予 120 名 40～74 岁健康人干预 3 周，发现花色苷可以明显降低研究对象外周血单核细胞 NF-κB 相关多个炎症因子的表达及分泌水平[163]。

6.3.3 花色苷的抗炎作用机制

1）花色苷对 MAPK 和 NF-κB 炎症信号通路的调节作用

炎症反应受多条信号通路调节，其中丝裂原激活蛋白激酶（mitogen-activated protein kinase，MAPK）和核转录因子-κB（nuclear transcription factor-κB，NF-κB）是重要的炎症信号调节因子。NF-κB 是一个重要的转录因子，介入了免疫和炎症反应中多种基因表达的调节。在未受到刺激时，NF-κB 以同二聚体或异二聚体形式存在于细胞质中，并与其抑制蛋白 I-κB 结合在一起。当细胞受到刺激如受到内毒素 LPS 的刺激，其抑制蛋白 I-κB 发生磷酸化并降解，紧接着 NF-κB 转移到细胞核并诱导炎症相关基因的转录。MAPK 是一类丝氨酸/苏氨酸蛋白激酶，普遍存在于包括酵母和哺乳动物在内的多种生物细胞内。MAPK 将细胞外信号转导至细胞内，参与细胞的生长和分化，调节细胞周期和细胞凋亡。同时，MAPK 在控制细胞对炎症因子和应激的反应等方面也起着关键作用。MAPK 主要包括细胞外信号调节激酶（extracellular signal-regulated kinase，ERK）、c-Jun 氨基末端激酶（c-Jun terminal kinase，JNK）、p38 MAPK 等 MAPK 亚族，主要分布在细胞质区及细胞核区，其靶蛋白广泛分布在细胞内。MAPK 信号转导通路在进化中采用高度保守的三级激酶级联传递信号，MAPK 激酶的激酶（MAPKKK）、MAPK 激酶（MAPKK）和 MAPK 3 种激酶组分之间的连接通过束缚支架蛋白（scaffold protein）或者通路中不同激酶之间的直接作用实现。MAPKKK 包括 MEKK 1-4（MAPK/ERK kinase 1-4）、凋亡信号调节激酶（apoptosis signal regulating kinase，ASK）、混合谱系激酶（mixed lineage kinase，MLK）和其他一些激酶，可磷酸化丝氨酸与苏氨酸残基进而激活 MAPKK，后者通过对苏氨酸和酪氨酸残基双位点磷酸化而激活 MAPK。MAPK 信号转导通路能被多种刺激信号如生长因子、炎症因子、环境压力等激活，进而产生一系列的磷酸化级联反应，活化一些转录因子，在细胞炎症因子表达与细胞分化、生长和凋亡中发挥作用。许多天然的黄酮类化合物均可通过影响 MAPK 和 NF-κB 信号通路，进而抑制炎症因子或介质的释放。例如，槲皮素可抑制巨噬细胞中 IL-6、TNF-α 的合成和释放，抑制 iNOS 的表达，槲皮素发挥该抗炎作用主要是通过阻断 p38 MAPK 和 ERK1/2 的激活，进而抑制 NF-κB 信号转导通路。大豆异黄酮的代谢物异丁香油酚也主要通过抑制 MAPK 介导的 NF-κB 信号转导通路而抑制炎症介质的合成与释放[238]。iNOS 和 COX-2 在 AS 炎症反应与斑块形成起着举足轻重的作用，降低 iNOS 和 COX-2 表达有望成为减少

AS 炎症反应、延缓 AS 发展的新靶点。Hou 等研究表明花色苷可通过阻断 MAPK 和 NF-κB 信号转导通路的激活，进而抑制 COX-2 表达和前列腺素 E2（PGE2）合成、释放，且花色苷的该抗炎效应与其具有的二羟苯基结构有明显的相关性[239]。同时，从黑莓中提取的花色苷（其主要成分为矢车菊素-3-葡萄糖苷）可显著抑制 LPS 刺激 J774 巨噬细胞的 iNOS 表达和 NO 合成、释放，矢车菊素-3-葡萄糖苷的该抑制作用主要是通过减弱 ERK1/2 和 NF-κB 的激活来实现的。

2）花色苷对核受体信号通路的调节作用

人体细胞内存在一类具有基因调控作用的核受体，核受体是一类能与 DNA 应答元件结合的配体依赖的转录因子。大部分核受体通过与核抑制蛋白形成复合物的形式和靶基因启动子应答元件结合，当配体和核受体配体结合域（LBD）结合后，核受体结构发生改变，激活蛋白取代抑制蛋白。在众多核受体中，有几种核受体被称为代谢性核受体，它们在胰岛素敏感性、脂肪发生、脂质代谢、炎症反应和血压调节中起着关键作用，提示这类核受体如过氧化物酶体增殖物激活受体（peroxisome proliferator-activated receptor，PPAR）、肝脏 X 受体（liver X receptor，LXR）、法尼醇 X 受体（farnesoid X receptor，FXR）和 NF-κB 等相关的信号改变可能是代谢性疾病（包括动脉粥样硬化）多种病理变化的重要基础之一，AS 发展过程中的病理变化（如血脂异常）、炎性反应的上游均受控于核受体信号。因而，核受体的活化不但是介导脂质代谢的重要分子基础，也是调控炎症反应的重要信号通路。PPAR 是一类配体序列依赖型核转录因子，属于核受体超家族成员。哺乳动物的 PPAR 有 PPARα、PPARβ（PPARδ）及 PPARγ 三种基因型，PPARγ 主要在脂肪细胞和脾细胞表达，血管壁的主要细胞也能表达 PPARγ，如内皮细胞、平滑肌细胞、单核细胞及巨噬细胞，泡沫细胞和淋巴细胞也能表达 PPARγ，PPARγ 在肝脏、心脏及骨骼肌表达量较低；虽然过去 10 年中大多数的研究集中于探讨 PPAR 在调节体内能量代谢平衡中的重要作用，但 PPAR 的作用不限于此。例如，PPAR 在营养性和药理性因素的刺激下还可调节体内炎症反应。PPARγ 激活剂可抑制单核细胞表达 IL-6，并可抑制巨噬细胞表达 iNOS、MMP-9 和 A 型清道夫受体。PPARγ 激活剂还可在内皮细胞中抑制干扰素诱导的 T 细胞相关趋化因子和内皮素-1 的表达。这些研究结果说明，PPARγ 在机体炎症反应的发生中起重要调控作用。LXR 属核受体超家族的配体激活的转录因子，其成员有 LXRα（NRIH3）和 LXRβ（NRIH2）。LXRα 主要在肝、肾、脾、肠等组织及巨噬细胞上表达，而 LXRβ 在几乎所有组织细胞上表达。LXR 通过直接结合在靶基因的 DR4 序列位点，即 LXR 反应元件，调节靶基因的表达，同其他的核受体超家族的成员一样，是一种转录因子，通过与共刺激因子或抑制因子的相互作用来发挥刺激或抑制目的基因表达的作用。近几年来的研究表明，许多涉及脂代谢平衡、炎症反应及免疫反应的基因均受到 LXR 的调节，如 iNOS、COX-2、IL-1、IL-6、MMP-9、MCP-1、巨噬细胞炎症蛋白-1（MIP-1）和 MIP-10 等[240]。这些研究结果说明，LXR 在机体炎症反应的发生中也起了重要的调控作用。

虽然有研究显示花色苷的抗炎作用可能是由其抗氧化作用所介导的，但也有研究表明花色苷抑制炎症反应的能力与其消除氧自由基的能力并不一致。Xia 等发现，花色苷还具有增加核受体——过氧化物酶体增殖物激活受体 γ（PPARγ）和肝脏 X 受体 α（LXRα）的转录活性而促进胆固醇外流的能力（图 6-12）[241]。这些研究结果提示，花色苷抗 AS 炎症反应的分子机制除清除氧自由基外，还可能与增加相关核受体的转录活性有关。Wang 等通过运用 LPS 诱导的 THP-1 样巨噬细胞的炎症反应来模拟 AS 发生过程中的炎症反应，进一步探讨花色苷抗炎作用的分子机制，研究发现花色苷 Cy-3-G 和 Pn-3-G 具有上调 THP-1 样巨噬细胞中核受体 LXRα 活性的功能，然而在 iNOS 和 COX-2 的启动子区域仅含有 NF-κB 的结合位点，而并没有 LXRα 的结合位点，表明花色苷可能通过上调 LXRα 的转录活性而影响了 NF-κB 的功能和活性，从而抑制了 NF-κB 下游所调控的炎症因子基因的表达，如 iNOS 和 COX-2 的基因表达[191]。

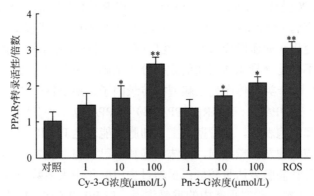

图 6-12　花色苷 Cy-3-G 和 Pn-3-G 可以提高过氧化物酶体增殖物激活受体 γ（PPARγ）的转录活性
*为 $p<0.05$；**为 $p<0.01$

对 NF-κB 活性的调控方式可以大致归纳为如下几个方面：①NF-κB 不能被上游信号分子有效活化，使其滞留在原来的位置而间接抑制其转录活性；②NF-κB 虽然能被有效地活化并实现空间定位的有效迁移，但其在发挥活性的空间里降解速度加快或不能与其所调节的基因充分结合，结果直接抑制了它的转录活性；③NF-κB 与 DNA 结合后，由于共激活辅助因子的缺乏或共激活辅助因子结合位点的封闭，导致其无法顺利地启动相关下游靶基因的表达。然而近期来自不同研究小组的研究结果均显示，LXRα 转录活性的升高并不影响 NF-κB 活性成分的细胞核内转移并与 DNA 结核[191]。因此，LXRα 抑制 NF-κB 转录活性的机制可能与其抑制或竞争相关的共激活辅助因子有关。有研究推测这可能存在以下两种机制：①LXRα 与 NF-κB 或 NF-κB 的共激活辅助因子蛋白发生生理性相互作用，抑制了结合于 DNA 上的 NF-κB 对共激活辅助因子的募集，从而导致其所驱动的靶基因转录活性下降。②LXRα 激活后可能会竞争与 NF-κB 相同的共激活辅助因子如类固醇激素受体辅激活因子-1（steroid receptor coactivator-1，SRC-1）而抑制其转录活性。因而，花色苷可通过不同的作用途径来降低致炎基因 *iNOS* 和 *COX-2* 的表达，从而发挥一定的抗炎效应和抗 AS 作用。

近年来一些研究表明植物化学物可作为核受体的配体，影响机体的生命活动，参与对代谢性疾病病理变化的调节，如研究较为深入的异黄酮植物化学物可作为核受体配体调节 PPARγ 和雌激素受体活性而影响脂肪酸、糖代谢[242]。2009 年，Zhang 等观察研究了花色苷对细胞核受体活性及炎性因子的影响。他们首先通过高通量核受体筛选实验筛选发现 Cy-3-G 对 PPARγ 和 LXRα 有一定的激活作用，接着采用细胞转染实验，进一步发现 Cy-3-G 可促进 PPARγ 和 LXRα 的转录活性与表达（图 6-13）。

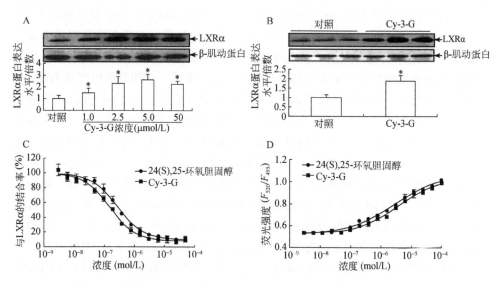

图 6-13　花色苷 Cy-3-G 能够以配体方式激活肝脏 X 受体 α（LXRα）

3）花色苷对 CD40-CD40L 介导的炎症信号通路的调节作用

近年来，大量研究认为 CD40 和 CD40L 可以共同表达于 AS 斑块内，CD40 与 CD40L 相互作用后可以产生一系列的炎症和免疫反应，从而促进 AS 斑块的发生、发展及破裂。因此，AS 的发病是一个炎症反应介导的脂质沉积过程，减少巨噬细胞内的胆固醇的聚积，促进细胞内胆固醇的外流，让泡沫化过程逆转，以及抑制 CD40-CD40L 相互作用后所介导的炎症反应，目前已经成为 AS 预防与治疗的新途径。

AS 发病早期典型的病理改变主要是血管内膜下大量巨噬泡沫细胞的聚积和条纹状脂质斑块的形成。而循环中的单核细胞在内膜聚集并黏附到血管内皮是 AS 脂质条纹形成的关键步骤。在正常情况下，循环中的白细胞不会黏附到血管内皮细胞，但在 AS 发病的早期，多种致病因素包括高脂饮食、高胆固醇血症、高血压等均可促进内皮细胞黏附分子的表达，从而引起循环中的白细胞黏附到血管壁上，其中介导白细胞对血管内皮黏附的最主要的黏附分子是 VCAM-1 和 ICAM-1[243]。早期的研究显示，在人 AS 斑块和邻近斑块外膜的血管内皮中，内皮细胞、平滑肌细胞和巨噬细胞上 VCAM-1 与 ICAM-1 的表达是增加的。这些黏附分子通过与白细胞表面的相应分子作用后，促使单核细胞和 T 淋巴细胞与内皮的黏附增加。脂质沉积是 AS 损伤反应最早期的表现之一，伴随着脂质的沉积，循环中的大量白细胞和单核细胞在单核细胞趋化蛋白-1（monocyte chemoattractant protein-1，MCP-1）的作用下迁移到病变处，并在病变处活化进而释放多种致炎性的黏附分子和细胞因子，包括干扰素-γ（interferon-γ，INF-γ）、TNF-α、白细胞介素，这些因子可以加速 AS 发病的进程。脂质条纹形成后，炎症反应继续发展，T 淋巴细胞被活化，在斑块发展后期，随着损害的加重，脂质条纹会缓慢形成纤维斑块，而泡沫细胞内大量的脂质持续聚集，最终导致泡沫细胞坏死破裂，结果大量的细胞外脂质取代了正常的细胞与间质，从而形成一个明显的以脂质为核心、外环包围着死亡泡沫细胞的粥样病灶。同时，大量生长因子和细胞因子的产生会促进邻近细胞的增殖与黏附，并吸引循环中更多单核细胞进入到斑块中，分泌大量水解酶尤其是基质金属蛋白酶（MMP），导致细胞外基质重建，使得稳定斑块变成为不稳定斑块。Chen 等利用黑米当中提取的 Cy-3-G 和 Pn-3-G 处理 SK-Hep-1 人源肝癌细胞，发现其可以显著抑制 MMP-9 的表达，效应呈浓度依赖型，这一效应在 SCC-4、Huh-7 和 HeLa 等癌细胞系模型也得到了进一步的验证[244]。夏敏采用这两种花色苷纯品处理人脐静脉内皮细胞后发现，Cy-3-G 和 Pn-3-G 均可以减少 CD40L 刺激后细胞对多种炎症因子的分泌，其中包括 IL-6、IL-8、MCP-1 和 MMP-9 等[245]。

CD40-CD40 配体（CD40-CD40L）是三聚体的跨膜糖蛋白，CD40 与 CD40L 相互作用是淋巴细胞之间传递炎症和免疫信号的重要途径[246]。也有研究发现，CD40 和 CD40L 可以共同表达于 AS 斑块内的内皮细胞、平滑肌细胞及巨噬细胞上，正常动脉组织中则没有 CD40 及 CD40L 的表达，而且斑块内 CD40 的表达与斑块的严重程度相关。体外培养的人类内皮细胞、平滑肌细胞及巨噬细胞也能持续表达 CD40 和 CD40L。这一结果提示，CD40-CD40L 信号通路可能与 AS 斑块的形成密切相关。现在研究已经证实，当 CD40 与 CD40L 相互作用后可以产生一系列的生物学效应,通过多种途径促进 AS 斑块的发生、发展及破裂。CD40-CD40L 诱导免疫细胞黏附到内皮是其最早期的促 AS 作用。CD40 与内皮细胞和平滑肌细胞结合后可诱导黏附分子的表达，如 VCAM-1、ICAM-1 和 E-选择素（E-selectin）。
CD40 与巨噬细胞结合可促进淋巴细胞功能相关抗原（lymphocyte function
associated antigen，LFA-1）和 ICAM-1 的表达[247]。CD40L 还能增加 T 淋巴细胞
对内皮细胞的黏附。黏附分子与 AS 的关系已在动物模型中得到证实。研究发现，
抑制 CD40L 诱导黏附分子如 VCAM-1、ICAM-1 或 P-选择素/E-选择素的表达不
仅可显著减少免疫细胞的黏附，而且还能减少载脂蛋白 E（apolipoprotein E，ApoE）
基因缺陷小鼠的 AS 斑块面积。Xia 等在人脐静脉内皮细胞中的研究显示，花色苷
Cy-3-G 和 Pn-3-G 能够显著抑制可溶性 CD40 配体（sCD40L）诱导内皮细胞中 IL-6、
IL-8、MCP-1、VCAM-1 及 ICAM-1 的分泌[232]。

此外，可溶性 CD40L 与血管内皮细胞和血小板表面的 CD40 结合后可激活多
种炎症反应，能促进 AS 斑块内血管内皮细胞、平滑肌细胞和巨噬细胞释放 IL-1、
IL-6、IL-8、IL-12 及 TNF-α 等炎症因子。作为重要的炎症介质，CD40-CD40L 被
发现广泛存在于与动脉粥样硬化相关的各种细胞及血小板中，可促进其他炎症因
子释放，增加血管内皮细胞的促凝活性，诱导基质金属蛋白酶表达，与氧化型低
密度脂蛋白胆固醇协同作用促进动脉粥样硬化和斑块的不稳定，在介导动脉粥样
硬化和急性冠状动脉综合征的病理过程中起关键作用[248]。

TNF 受体相关分子（TNF receptor-associated factor，TRAF）是一类具有多种
功能的细胞内信号分子，它通过激活 NF-κB 和蛋白激酶参与了细胞内 CD40 信号
的传递。其中，TRAF-2 被认为是介导 CD40-CD40L 炎症信号通路中的一个重要
受体。TRAF-2 被募集到脂筏处在 CD40-CD40L 炎症信号通路转导中起着关键作
用。脂筏是脂质双层内富含鞘脂、胆固醇及特殊蛋白质的质膜微区，具有低流动
性，它被认为是细胞膜上多种生命活动活跃进行的区域，通过为蛋白质的相互作
用提供募集平台，在跨膜信号转导、跨细胞运输、细胞胞饮等过程中发挥着重要
的作用，并且与一些疾病的发生也密切相关[249]。花色苷抑制 CD40-CD40L 炎性
反应可能是通过促进胆固醇外流，改变胆固醇在细胞膜的分布，通过影响脂筏阻
止 TRAF-2 与 CD40 复合物形成，继而抑制 NF-κB 相关炎症因子的表达。此外，
花色苷抑制 CD40 诱导内皮细胞炎症反应与花色苷抑制内皮细胞 TRAF-2 和
CD40/CD40L 的表达有关（图 6-14）[232]。

该研究提出的脂质代谢影响炎性反应的新观点引起同行的广泛关注，
Arteriosclerosis Thrombosis and Vascular Biology 杂志编辑部为此发表了述评（editorial
comment）（图 6-15）[250]。花色苷可以抑制内皮细胞 CD40 和 CD40L 的表达，这
对于进一步明确花色苷抗炎及抗 AS 作用的靶点、研究 AS 的发病机制、探讨 AS
的预防具有重要的应用价值。

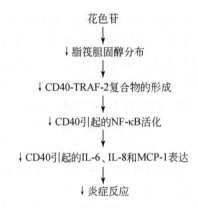

花色苷
↓脂筏胆固醇分布
↓CD40-TRAF-2复合物的形成
↓CD40引起的NF-κB活化
↓CD40引起的IL-6、IL-8和MCP-1表达
↓炎症反应

图 6-14　花色苷抑制 CD40-CD40L 介导的炎症反应的可能机制

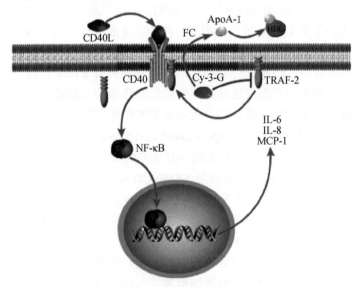

图 6-15　花色苷通过调节细胞膜脂筏胆固醇分布抑制炎症因子的表达
ApoA-I，载脂蛋白 A-I；FC，游离胆固醇

6.4　花色苷通过调节脂质代谢发挥抗动脉粥样硬化作用

近年来，我国心血管疾病患者人数逐年上升，并呈年轻化趋势。2019 年，周脉耕等在《中国循环杂志》发表了近 30 年来中国心血管疾病负担报告，数据显示，我国 25 岁以上人群发病率逐步上升，35～44 岁人群发病率上升幅度最大。2016年，我国居民死亡总数为 967.0 万，其中心血管病 397.5 万，占比 41.1%，为我国居民的首要死因。缺血性心脏病、缺血性脑卒中和出血性脑卒中是最重要的三类心血管病，2016 年死亡人数分别为 172.3 万、72.9 万和 106.1 万，合计占心血管病总死亡数的 88.4%。造成心血管疾病发病率上升和年轻化趋势的主要原因是经

济发展带来生活水平提高后，没有形成健康的生活方式，以致体内代谢紊乱或障碍。现已明确，高血脂是心血管疾病的前奏，是导致动脉粥样硬化的主要危险因素，是心血管疾病及其相关疾病的"罪魁祸首"。《中国居民营养与慢性病状况报告（2020 年）》显示，与 2015 年相比，我国大城市居民高胆固醇血症患病率增长迅猛，高胆固醇血症患病率为 8.2%，40 岁及以上居民慢性阻塞性肺疾病患病率为 13.6%，比 2015 年 9.9% 的患病率增加了 1/3 以上。所以，当前心血管疾病的防治已刻不容缓，而做好高脂血症的防治是重中之重[251]。

基于花色苷在体内具有抗氧化和抗炎特性，而血脂异常与机体过氧化及炎症有密切关系，故花色苷可能能够调节血脂代谢。现有研究提示，花色苷对血脂紊乱的改善作用主要表现在：降低血清总胆固醇（total cholesterol，TC）、甘油三酯（total triglyceride，TG）和低密度脂蛋白胆固醇（low-density lipoprotein cholesterol，LDL-C）的水平，以及升高高密度脂蛋白胆固醇（high-density lipoprotein cholesterol，HDL-C）和载脂蛋白 A-I（apolipoprotein A-I，ApoA-I）的水平。

6.4.1　花色苷对血脂的改善作用

所谓血脂紊乱是指由各种原因引起的人体内血液中脂类物质水平过高，主要是指血清所含总胆固醇（TC）或甘油三酯（TG）、低密度脂蛋白胆固醇（LDL-C）水平单项或多项超常，或高密度脂蛋白胆固醇（HDL-C）水平过低的一种脂质代谢异常，并由此而引发一系列临床表现的病症。严格地说其应该被称为"血脂异常"。这是因为某些脂蛋白含量偏高并不一定是坏事，比如说血清中 HDL-C 高了些，恰恰对人体有利，但太低了反而对人体有害。除此之外，TC、TG、LDL-C、脂蛋白-a ［lipoprotein(a)，Lp(a)］含量就不能超过正常水平，否则会使全身代谢发生变化，而对人体健康不利，因此其被称为"血脂异常"较为合理。《中国成人血脂异常防治指南（2016 年修订版）》中血脂水平标准如表 6-2 所示。

表 6-2　中国人群的血脂水平分层标准

分层	血脂项目（mmol/L）				
	TC	LDL-C	HDL-C	非 HDL-C	TG
理想水平		<2.6		<3.4	
合适范围	<5.2	<3.4		<4.1	<1.7
边缘升高	≥5.2 且<6.2	≥3.4 且<4.1		≥4.1 且<4.9	≥1.7 且<2.3
升高	≥6.2	≥4.1		≥4.9	≥2.3
降低			<1.0		

近年来的研究发现，富含花色苷的食物或者食物提取物对血脂异常也有明显的改善作用。花色苷对血脂的调节作用主要表现在降低 TC、TG 和 LDL-C 水平，

升高 HDL-C 水平[105]。因为不同来源的食物所包含的花色苷种类和数量不尽相同，而且它们在体内的吸收代谢也存在差异，所以，不同的富含花色苷的食物或者花色苷提取物对于血脂的影响并非完全一致，而是表现在血脂调节的不同方面。

1）动物实验研究

不同的动物模型之间，其代谢特征有很大的差别。花色苷在不同的动物模型中表现出不同的血脂调节作用，如可以降低血清 TG、TC、LDL-C 和非 HDL-C 水平，升高血清 HDL-C 或 ApoA-I 水平。

黑米、黑米皮及黑米花色苷提取物给予不同的动物模型后，对血脂异常均有一定的改善作用。雄性的新西兰家兔在高胆固醇膳食的情况下，其血浆中 TG、TC、LDL-C、HDL-C 和 ApoA-I 水平均明显升高。如果在摄入高胆固醇膳食的同时摄入黑米（30g 黑米/1000g 饲料），家兔血清中的 HDL-C 和 ApoA-I 水平升高更加明显，而 TG、TC 和 LDL-C 水平有降低的趋势，并伴有冠状动脉内动脉粥样硬化斑块面积减少[233]。在正常膳食情况下，载脂蛋白 E（apolipoprotein E，ApoE）基因敲除的小鼠在生长至 4 月龄时，即可发生高胆固醇血症，以及随年龄增长而出现的自发性动脉粥样硬化和多种其他心血管疾病的症状。给予添加了富含花色苷的黑米皮膳食（5g 黑米皮/1000g 饲料）16 周后，相比正常膳食或者是添加无花色苷的白米皮膳食的 *ApoE* 基因敲除小鼠，该组小鼠的血清 TC 水平、肝脏和冠状动脉的胆固醇水平与氧化型 LDL 抗体滴度都明显降低，同时 HDL-C 水平明显升高[201]。即使是已发生动脉粥样硬化的 *ApoE* 基因敲除小鼠，在给予添加了黑米花色苷提取物（300mg 花色苷提取物/1000g 饲料）的膳食 20 周后，其血脂水平也得到了有效改善，主要表现在花色苷可以降低血清 TG、TC 和非 HDL-C 水平[208]。由于果糖具有促进脂质生成的作用，摄入大量果糖后会在体内积聚大量游离脂肪酸和甘油三酯，出现血脂紊乱，可以诱导建立大鼠血脂紊乱伴胰岛素抵抗动物模型。Guo 等利用高果糖诱导建立血脂紊乱大鼠模型，发现饲喂高果糖饲料 8 周后，果糖组动物的血浆游离脂肪酸（FFA）、TG 及 TC 水平与空白对照组大鼠相比分别升高了（136±21）%、（117±32）%和（14±4）%，而 HDL-C 水平则降低了（18±5）%（$P < 0.05$），而在高果糖膳食的同时给予黑米花色苷提取物干预［花色苷摄入量为 115～125mg/（kg BW·d）］，或者是在发生血脂异常后给予黑米花色苷提取物补充，均可以使血脂紊乱模型大鼠血液中的血脂异常得到明显改善，表现为血浆当中 FFA 和 TG 含量明显降低，不过 TC 含量没有发生显著变化[252]。胡艳等[253]研究发现黑米花色苷提取物能够显著抑制高脂诱导的大鼠体重增加，同时也抑制了白色脂肪组织的生长、血脂中 TG 水平的升高及脂质在肝脏组织的堆积（图 6-16），进一步的机制分析研究表明，这一效应与花色苷促进肝脏肉毒碱棕榈酰转移酶 1（carnitine palmitoyl transferase-1，CPT-1）的表达有关[254]。

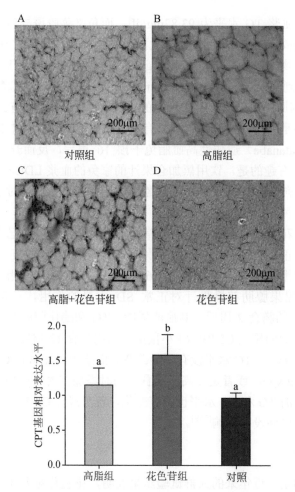

图 6-16　黑米花色苷通过促进 CPT-1 表达减少甘油三酯在高脂喂养大鼠脂肪组织的堆积[253]

　　另外还有一些报道选用其他富含花色苷的植物材料或者提取物作为受试物进行调节血脂实验。例如，黑果腺肋花楸（*Aronia melanocarpa*）富含多酚类抗氧化植物化学物，尤其是花色苷。桑葚果汁主要富含的花色苷为 Cy-3-G，其含量占到成熟桑葚果汁的 0.2%。黑加仑（black currant）中则含有多达十几种的花色苷，主要是 Cy-3-G 和 Dp-3-G。经腹腔注射链脲霉素后的大鼠，可以发生糖尿病和明显的血脂异常。相比正常的大鼠，链脲霉素诱导的大鼠血浆血糖和 TG 水平分别升高了 141% 和 64%，TC 和 LDL-C 水平也明显升高，而 HDL-C 水平则明显降低。将黑果腺肋花楸果汁给予经链脲霉素诱导后的大鼠之后，其血糖和 TG 水平均降低至正常水平，同时也逆转了链脲霉素引起的其他血脂异常[255]。角叉菜胶（carrageenan）可以诱导大鼠发生急性关节炎及其他代谢紊乱。雄性 SD 大鼠在注射角叉菜胶后，在发生急性炎症的同时，其血浆中的血脂也出现了明显的紊乱。

正常 SD 大鼠的血浆 TG 水平为 93.82mg/dL，而角叉菜胶诱导后的大鼠 TG 水平升高至 170.43mg/dL。发生炎症的 SD 大鼠不论是给予 50mg/kg BW 富含 Cy-3-G 的桑葚果汁提取物干预还是给予 10mg/kg BW 单纯 Cy-3-G 干预后，TG 水平明显降低，分别下降到 97.43mg/dL 和 135.00mg/dL[256]。桑葚果汁提取物的效果要优于单纯 Cy-3-G，其原因可能与桑葚果汁中的 Cy-3-G 更易于吸收有关。

然而，并不是所有的研究都得到了有益的作用。从黑加仑中提取纯化的花色苷给予渡边（Watanabe）遗传性高血脂兔干预 16 周后，反而升高了血浆 TC 和 LDL-C 的水平。有趣的是，饮用黑加仑果汁的家兔的血浆 LDL-C 水平明显降低，而对 TC 没有影响[257]。出现这种个别现象的原因可能是花色苷对于遗传性的血脂紊乱或者是不同种属的动物的作用不同。

如前所述，花色苷可以改善血脂异常动物的血脂水平。在已有的研究当中，花色苷对于血脂正常的动物体内的血脂水平却没有显著影响。正常的 SD 大鼠给予含有花色苷的黑果腺肋花楸果汁灌胃 6 周后，对其血糖和血脂水平没有任何影响[255]。类似于黑果腺肋花楸果汁对正常 SD 大鼠的作用，正常大鼠给予添加 Cy-3-G（2g/kg）的膳食 2 周后，其血清磷脂、TG 和酯化胆固醇水平也都没有明显改变[258]。4 周龄的雄性 C57BL/6J 小鼠给予高脂膳食 12 周后，相比较普通膳食的小鼠，其血清 TG 和 TC 水平没有明显改变。而给予添加富含 Cy-3-G 的紫玉米花色苷膳食（11g/kg），或者是在高脂膳食的同时添加富含 Cy-3-G 的紫玉米花色苷膳食的小鼠血清 TG 和 TC 水平也没有变化，表明富含 Cy-3-G 的紫玉米花色苷对于小鼠的正常血脂没有影响[259]。

2）人群试验研究

令人鼓舞的是，近年来的人群试验结果表明，花色苷对人体血脂紊乱有一定的改善作用。因此，花色苷在血脂控制及预防动脉粥样硬化等心血管疾病方面具有乐观的应用前景。

如前所述，黑米中的花色苷在不同的动物模型中都有改善血脂异常的作用。进一步研究表明，血脂异常患者给予黑米花色苷提取物干预后，可以显著改善患者的血脂水平[260]。2009年，秦玉等在广州地区应用越橘和黑加仑花色苷提取物胶囊进行了人群干预研究。越橘和黑加仑花色苷提取物胶囊中含有17种花色苷，总剂量为80mg/粒，包括翠雀素（delphinidin）、矢车菊素（cyanidin）、矮牵牛素（petunidin）、甲基芍药素（peonidin）和锦葵素（malvidin）的3-O-β-葡萄糖苷、3-O-β-半乳糖苷与3-O-β-阿拉伯糖苷，以及矢车菊素和翠雀素的3-O-芦丁糖苷。他们随机选取了60名年龄在40～65岁的血脂异常患者进入试验，要求研究对象不服用任何影响血脂的药物。研究对象随机分为两组，分别给予越橘和黑加仑花色苷提取物胶囊（每天2次，每次160mg 花色苷）或者空白安慰剂胶囊干预三个月。在研究结束时，相比较安慰剂组，越橘和黑加仑花色苷提取物胶囊干预后可以显著改善患者的血脂水平，患者的血清 LDL-C 水平降低了13%，而 HDL-C 的水平升高了12%[261]。不同于他汀类或其他降脂药物，花色苷对于血脂的影响是双重的，在影响 LDL-C 水平的同时也调节 HDL-C 的水平。随后，刘静也在广州招募了60名年龄在40～65岁的高胆固醇血症患者进入试验，要求研究对象不服用任何影响血脂的药物。研究对象随机分为两组，分别给予黑加仑花色苷提取物胶囊和空白安慰剂胶囊。在干预三个月时，相比较安慰剂组，黑加仑花色苷提取物胶囊干预后可以有效纠正患者的异常血脂水平，患者的血清 TC 和 TG 水平明显降低[236]。Xu 等对高脂血症人群开展的一项为期12周的花色苷干预试验表明，每天摄入80mg以上的花色苷可以显著降低 LDL-C 水平，促进胆固醇外流，效应呈剂量依赖型[54]。这些研究充分表明，花色苷具有改善人体脂质代谢的能力。

在国外，一项关于葡萄冻干粉的交叉研究表明，葡萄中所含有的花色苷对于血脂有改善作用。用于研究的葡萄冻干粉中包括 92%的碳水化合物，并富含多酚类植物化学物。这些植物化学物的成分和含量为：黄酮（flavone）4.1g/kg、花色苷 0.77g/kg，以及微量的槲皮素（quercetin）、杨梅黄酮（myricetin）、山柰酚（kaempferol）和白藜芦醇（resveratrol）。24 名未绝经妇女和 20 名绝经后妇女随机分为两组后，每天服用 36g 富含花色苷在内的多酚类物质的葡萄冻干粉或者空白粉 4 周后，经过 3 周的洗脱期（washout period），原先服用葡萄冻干粉的妇女改为服用空白粉 4 周，而原先服用空白粉的妇女改为服用葡萄冻干粉 4 周。服用葡萄冻干粉后，未绝经和绝经后妇女的血浆 TG 水平分别降低了 15%和 6%，血浆中的 LDL-C、ApoB 和 ApoE 水平也有不同程度的降低，然而对 LDL 的氧化没有明显影响[262]。

对于血脂正常的人群而言，花色苷对于体内血脂水平的影响并不完全一致。38～75 岁的健康人饮用含有花色苷的红酒（男性和女性每日分别饮用 300mL 和 200mL）4 周后，研究对象血浆中 HDL-C 的水平升高了 11%～16%，而其他血脂成分没有明显变化[263]。健康人每日给予 750mL 富含花色苷的蔓越莓果汁 2 周后，受试者的血脂水平并没有明显变化[264]。出现这种现象原因可能与花色苷摄入剂量和干预时间不同有关。

6.4.2　花色苷对胆固醇逆向转运的影响

1）胆固醇逆向转运的生理作用

血脂异常是动脉粥样硬化的一个重要危险因素。大量的流行病学研究和临床资料显示，血浆 HDL-C 水平与动脉粥样硬化的发生呈明显负相关。基础研究发现，虽然 HDL-C 的抗动脉粥样硬化作用可涉及多种机制，如减轻脂蛋白的氧化等，但其最主要的作用机制在于参与胆固醇逆向转运（reverse cholesterol transport）过程。

体内肝外组织缺乏使类固醇激素降解为可排泄的胆酸形式的酶，除提供生理需要外，外周组织中多余的胆固醇均通过 HDL-C 运回肝脏代谢，这一生理过程即为胆固醇逆向转运（图 6-17）。胆固醇逆向转运的初始步骤是细胞内的游离胆固醇和磷脂经三磷酸腺苷结合盒转运体 A1（ATP binding cassette transporter A1，ABCA1）转运至细胞外，与肝脏和小肠分泌的载脂蛋白 A-I（ApoA-I）结合，组装成新生圆盘形的 HDL。新生 HDL 中的胆固醇经卵磷脂胆固醇酰基转移酶（lecithin cholesterol acyltransferase，LCAT）酯化为胆固醇酯（cholesteryl ester，CE），形成成熟球形的 HDL。胆固醇酯在胆固醇酯转运蛋白（cholesteryl ester transport protein，CETP）的作用下，由 HDL-C 转运至肝脏重新组成 LDL-C，通过 LDL-C 受体等相应受体进入肝脏代谢。HDL-C 内剩余的胆固醇酯被肝细胞表面存在的 B 类 I 型清道夫受体（scavenger receptor class B type I，SR-BI）选择性摄取，在肝脏内代谢后经胆汁排出体外。机体总胆固醇逆向转运池为各种外周细胞胆固醇外流的总和，包括动脉壁巨噬细胞胆固醇的外流。AS 病变处出现大量巨噬泡沫细胞，促进动脉壁巨噬泡沫细胞胆固醇的外流，有利于减少动脉壁胆固醇在巨噬细胞的积聚，抑制斑块的形成和促进已经形成的斑块消退。虽然动脉壁巨噬细胞胆固醇逆向转运仅占机体总胆固醇逆向转运池很小的一部分，但其效率决定了 HDL-C 抗动脉粥样硬化的作用，它与动脉粥样硬化发展和消退密切相关，因而巨噬细胞胆固醇逆向转运被认为是治疗动脉粥样硬化的重要靶点。

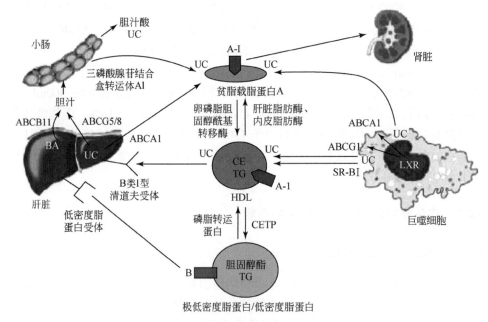

图 6-17　巨噬细胞胆固醇逆向转运的过程[265]

UC，未脂化胆固醇；ABCG1/G15/8，三磷酸腺苷结合盒转运体 B1/G15/8

2）花色苷促进巨噬细胞胆固醇外流的细胞研究

　　动脉粥样硬化发病早期典型的病理改变主要是血管内膜下大量巨噬泡沫细胞的聚积和条纹状脂质斑块的形成，而循环中的单核细胞在内膜聚集并黏附到血管内皮是 AS 脂质条纹形成的关键步骤。单核细胞黏附到内皮细胞后被激活转化为巨噬细胞。此时巨噬细胞上表达大量的清道夫受体（scavenger receptor，SR），并通过该类受体介导的胞吞作用吞噬脂质（包括胆固醇及脂质过氧化物），进而转变为巨噬泡沫细胞（macrophage-derived foam cell）。在体外，通过应用乙酰化低密度脂蛋白（acetylated low density lipoprotein，AcLDL）负载小鼠腹腔巨噬细胞，使细胞培养基中添加的胆固醇大量进入细胞内，以形成巨噬泡沫细胞模型。不同浓度的花色苷 Cy-3-G 和 Pn-3-G 与巨噬泡沫细胞孵育后，在加入 ApoA-I 后能引起巨噬泡沫细胞内胆固醇的大量外流，呈现剂量-效应关系和时间-效应关系（图 6-18）。花色苷主要是促进自由胆固醇的外流，并且增加调节胆固醇外流有关的基因——过氧化物酶体增殖物激活受体 γ（PPARγ）的基因的表达[241]。ABCA1在胆固醇逆向转运中发挥重要作用，其表达主要受控于数个核受体的介导——肝脏 X 受体（LXR）、类视黄醇 X 受体（retinoid X receptor，RXR）和过氧化物酶体增殖物激活受体（PPAR）等。这些核因子作为细胞内的转录因子，与配体结合后被激活，启动靶基因，增强核受体转录活性，发挥对多种靶基因的转录调控作用。

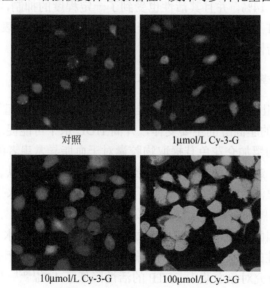

对照　　　　　　　1μmol/L Cy-3-G

10μmol/L Cy-3-G　　　100μmol/L Cy-3-G

图 6-18　花色苷 Cy-3-G 增加巨噬泡沫细胞表面 ABCA1 蛋白的表达，进而促进胆固醇外流

3）花色苷促进巨噬细胞胆固醇外流的动物实验研究

　　如上所述，巨噬细胞胆固醇逆向转运是机体排出巨噬细胞中过多胆固醇的唯

一途径，也是机体抗动脉粥样硬化最重要的机制之一。2003 年，Rader 实验室在小鼠体内建立了测定巨噬细胞胆固醇逆向转运效率的方法，该方法首先给小鼠腹腔注射氚（^{3}H)-胆固醇标记的巨噬细胞，然后在注射后不同时间点动态监测血清、肝脏及粪便中氚含量进行胆固醇定量分析，通过粪便中氚的含量来定量巨噬细胞胆固醇逆向转运的效率。Wang 等[266]利用该种技术研究了花色苷 Cy-3-G 对 *ApoE* 基因缺陷小鼠巨噬细胞胆固醇逆向转运的效率。结果发现 Cy-3-G（50mg/kg BW）干预 30 周龄雄性 *ApoE* 基因缺陷小鼠两周后，巨噬细胞胆固醇逆向转运效率得到显著提高，表明花色苷能够在体内水平促进巨噬细胞的胆固醇外流。这一发现加深了人们对花色苷抗 AS 机制的认识，也为花色苷抗 AS 的临床应用奠定了理论依据。

胆固醇酯转运蛋白（CETP）、卵磷脂胆固醇酰基转移酶（LCAT）、磷脂转运蛋白（phospholipid transfer protein，PLTP）以及肝脂酶等多种酶都参与了巨噬细胞胆固醇逆向转运过程，通过调节转运蛋白或代谢酶的表达或者活性，可以改变胆固醇逆向转运的效率。在秦玉所开展的"越橘和黑加仑花色苷提取物胶囊对于血脂异常患者的人群研究"中，越橘和黑加仑花色苷提取物胶囊干预后不仅可以显著降低 LDL-C 水平、升高 HDL-C 水平和增强血清在体外促进胆固醇外流的能力，还可以调节胆固醇逆向转运关键酶的含量和活性，从而影响胆固醇逆向转运的效率[261]。相比干预前，越橘和黑加仑花色苷提取物胶囊干预的患者血清中的 CETP 含量下降了 14%，并且其活性也受到了一定程度的抑制，减少了 5%；而患者血清中的 LCAT 含量和活性有一定程度的提高。该研究还表明，升高的 HDL 水平与 CETP 的活性呈负相关。

4）花色苷促进巨噬细胞胆固醇外流的人体试验依据

肝外器官或组织中的胆固醇外流是胆固醇逆向转运的起始步骤。HDL 和 ApoA-I 是外流出的胆固醇的主要受体，升高 HDL 水平可能促进这个过程。在前文所述的"越橘和黑加仑花色苷提取物胶囊对于血脂异常患者的人群研究"中，相比较安慰剂组，越橘和黑加仑花色苷提取物胶囊干预后可以显著改善患者的血脂水平，患者的血清 LDL-C 水平降低了 13%，而 HDL-C 的水平升高了 12%[261]。此外，服用越橘和黑加仑花色苷提取物胶囊的患者的血清在体外可以促进 J774 小鼠巨噬细胞的胆固醇外流，并且与患者血清中升高的 HDL-C 水平呈正相关。对葡萄冻干粉给予女性的交叉研究也表明，葡萄中所含有的花色苷不仅对血脂有改善作用，同时也使研究对象血浆中 CETP 的活性降低了 15%[262]。因此，花色苷很可能在体内降低胆固醇逆向转运的关键酶——CETP 的含量和活性，以及增加血清的促进胆固醇外流的能力来促进巨噬细胞胆固醇逆向转运。

需要注意的是，合理评价花色苷在体内的生物学活性的一个重要的前提是阐明其在体内发挥生物学效应的活性形式（或称物质基础）。以往来自不同课题组的动物或人体的花色苷生物利用实验发现花色苷的肠道吸收率非常低。不论摄入富含花色苷的食物或是膳食补充花色苷纯品后血浆中原型花色苷的最大浓度一般都不超过 0.1μmol/L[267]。然而大多细胞实验表明只有远高于该体内浓度的花色苷才具备抗 AS 作用[145]，如 10～100μmol/L 的 Cy-3-G 才能通过提高 ABCA1 的蛋白表达来促进巨噬泡沫细胞的胆固醇外流[241]。这种 Cy-3-G 血液浓度远远低于其在体外发挥抗 AS 作用的浓度的矛盾现象提示，Cy-3-G 在体内的抗 AS 的活性形式可能不仅仅限于 Cy-3-G 本身，还有可能包括 Cy-3-G 的代谢物。

近年来研究显示，肠道细菌能够代谢转化多种植物化学物，如大豆异黄酮被代谢成雌马酚[268]，芹菜素-3-葡萄糖苷转化成对羟基苯甲酸[269]。Aura 等[270]用人的粪便与 Cy-3-G 进行孵育，发现 Cy-3-G 大量转化成原儿茶酸（protocatechuic acid，PCA），提示肠道细菌将 Cy-3-G 代谢转化成 PCA。Wang 等[271]利用高效液相色谱-质谱法（HPLC-MS）发现，*ApoE* 基因敲除小鼠在经口途径摄入 Cy-3-G 后，血浆中能检测到 Cy-3-G 和 PCA，而且 PCA 的最大浓度是其原型 Cy-3-G 最大浓度的 3.7 倍，从而在体内水平上证实了 PCA 是 Cy-3-G 的代谢物。为了进一步明确 Cy-3-G 是如何代谢转化成 PCA 的，Wang 等[271]还利用正常肠道菌群和国际公认的通过口服非肠道吸收的广谱抗生素途径建立肠道菌群缺失的 *ApoE* 基因敲除小鼠模型，发现肠道菌群可以将 Cy-3-G 转化成 PCA，从而首次揭示了 PCA 为 Cy-3-G 的肠道细菌代谢物。

类似于 Cy-3-G，PCA 也是一种植物化学物，按结构其属于酚酸类化合物。PCA 在八角、菊苣、洋葱、茄子、葡萄、洛神花、茶叶、咖啡、红酒等食物中富含。现有研究显示，PCA 具有抗氧化、抗炎症、抑制癌症、抑制糖尿病等生物活性。至此，一个显而易见的科学问题是：Cy-3-G 的生物活性包括抗动脉粥样硬化效应是否有其肠道细菌代谢物 PCA 的贡献呢？

为此，凌文华研究团队开展了三个系列的研究来回答上面这个问题：①PCA 是否具备抗动脉粥样硬化效应？以 *ApoE* 基因敲除小鼠为模型，研究发现膳食补充 PCA 可显著抑制脉粥样硬化斑块的形成，也可促进动脉粥样硬化斑块的消退[266]，还可提高晚期动脉粥样硬化斑块的稳定性（图 6-19）。②PCA 能否被机体吸收？以健康成人志愿者和 *ApoE* 基因敲除小鼠为研究对象，发现 PCA 在成人肠道的吸收利用率高达～20%，小鼠灌胃 25mg/kg 体重的 PCA 后其血浆浓度达 4.3μmol/L[271]，而美国俄亥俄州州立大学的科学家曾发现小鼠灌胃 50mg/kg 体重的 PCA 后血浆最大浓度达 73.6μmol/L。③利用正常肠道菌群和肠道菌群缺失的 *ApoE* 基因敲除小鼠为模型，发现 Cy-3-G 促进斑块消退的效应和巨噬细胞胆固醇逆向转运的生物活性主要是通过其肠道细菌代谢物 PCA 来实现的，其机制与下调巨噬细胞 miRNA-10b 表达，进而提高 miRNA-10b 下游靶蛋白 ABCA1 和 ABCG1 介导的巨噬细胞胆固醇外流有关[266]，还发现 Cy-3-G 和 PCA

共同作用以抑制单核细胞趋化。综上所述，花色苷与其肠道细菌代谢物 PCA 共同作用以发挥抗动脉粥样硬化效应。

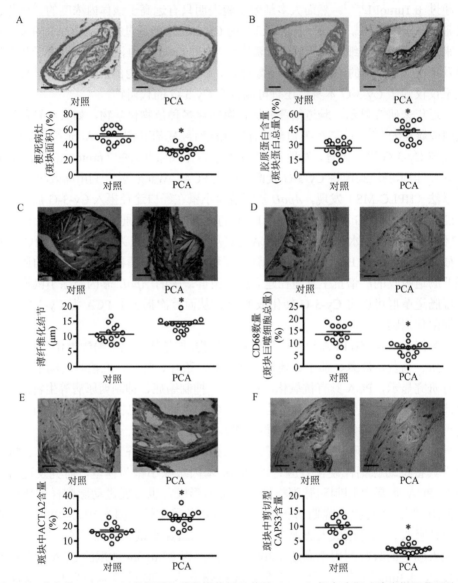

图 6-19　花色苷（Cy-3-G）的肠道细菌代谢物原儿茶酸（PCA）提高晚期动脉粥样硬化斑块的稳定性

ACTA2，肌动蛋白 2；CAPS3，半胱氨酸蛋白酶 3

（王冬亮）

第7章 花色苷对胰岛素抵抗的改善作用

20 世纪 60 年代以后，越来越多的基础和临床研究显示，高血压、血脂紊乱、糖耐量降低、肥胖和糖尿病之间可能存在着重要的联系。1988 年，Reaven 提出了 X 综合征的概念[272]，将以上这些以往认为是相互独立的危险因素置于同一病名之下，反映出它们之间的内在联系，并认为胰岛素抵抗（insulin resistance）是最根本的特征。Fletcher 等提出胰岛素抵抗及其继发的代谢紊乱是产生冠心病、糖尿病及高血压的共同土壤，即所谓的"共同土壤学说"[273,274]。胰岛素抵抗是 2 型糖尿病的关键病理过程及主要特征。流行病学证据表明，胰岛素抵抗是预测 2 型糖尿病发病的最优指标。因此，改善胰岛素抵抗对 2 型糖尿病的预防意义重大。

流行病学研究表明，摄取富含花色苷类植物化学物的植物性食物能降低肥胖、2 型糖尿病和其他胰岛素抵抗相关疾病的发病风险[275]。在自然界中广泛存在的花色苷，作为蔬菜和水果中多酚类化合物家族的重要成员，越来越多地被研究报道具有改善胰岛素抵抗的作用[276-279]。

7.1 胰岛素抵抗的定义

胰岛素抵抗指的是胰岛素靶器官（包括骨骼肌、肝脏、脂肪组织和心脏等）对胰岛素的敏感性下降，从而导致在正常胰岛素水平的作用下，机体调控糖代谢（包括内源性葡萄糖生成、细胞摄取血糖及糖原合成等）的能力下降，迫使胰岛分泌更高水平的胰岛素方能起到较好的调控血糖的作用[280]。

胰岛素抵抗多为遗传因素和环境因素所致胰岛素受体表达及其信号转导缺陷，包括细胞内酪氨酸残基磷酸化、蛋白激酶激活及一系列细胞信号转导的障碍。虽然目前胰岛素抵抗形成的具体原因和机制尚未被完全阐明，但研究发现胰岛素抵抗可发生于胰岛素产生到发挥作用的任何一个环节：从胰岛素的合成、与细胞表面胰岛素受体结合、胰岛素信号转导到最终生理效应的实现都有可能发生异常而导致胰岛素抵抗。此外，由于胰岛素具有广泛的生物学作用，在胰岛素抵抗状态下，胰岛会增加胰岛素分泌量以维持正常的血糖水平，而这种继发的高胰岛素状态又会使胰岛素在其他生物学途径的效应增强，进一步增加代谢综合征和 2 型糖尿病的发病风险（图 7-1）。

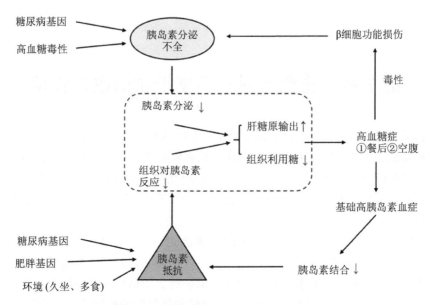

图 7-1　胰岛素抵抗的发病原因及防治胰岛素抵抗的策略

　　胰岛素的生物效应分为两大类：在细胞质内的快速作用，主要通过激活或抑制已存在的蛋白质，如受体、酶、转录因子、信号蛋白等；在细胞核内的缓慢作用，通过调控基因转录及相应蛋白质的表达。胰岛素的信号传递较为复杂，主要通过两条通路，即胰岛素受体（IRS-1）-磷脂酰肌醇-3-激酶（phosphoinositide 3-kinase，PI3K）途径和 Ras 蛋白-丝裂原激活蛋白激酶（MAPK）途径，其中 IRS-1-PI3K 途径是介导胰岛素刺激细胞摄取利用葡萄糖的主要途径（图 7-2）[281,282]。胰岛素通过与受体结合发挥作用，胰岛素受体具有内在的酪氨酸蛋白激酶活性，通过使其自身 IRS-1 磷酸化而介导细胞对胰岛素的反应。磷酸化的 IRS-1 相当于第二信使，它与富含 SH_2 的蛋白质 PI3K 结合，使之激活，促进葡萄糖转运体-4（glucose transporter 4，GLUT-4）的合成及由细胞内池迁移至细胞膜，启动细胞对葡萄糖的摄取[282]。胰岛素作用于受体以后，PI3K 与酪氨酸磷酸化的 IRS-1 结合，刺激其 P110 亚基的催化活性，P85 亚基的 2 个 SH_2 结构域均被磷酸化，PI3K 的活性达到最大，即可催化生成 4,5-二磷酸-磷脂酰肌醇（PIP2），启动肌醇磷脂信号系统，引发包括 Ca^{2+} 动员、蛋白激酶 C（protein kinase C，PKC）及 PKB 的活化等反应。研究表明，PI3K 的特异性抑制剂渥曼青霉素（wortmannin）或者 P85 亚基变异失去与 P110 亚基结合的能力，能够完全抑制脂肪细胞和肌肉组织中胰岛素刺激的 GLUT-4 易位与葡萄糖摄取[283]。而活化的 PKB 可直接作用于糖代谢的一些关键酶，如磷酸果糖激酶-2、糖原合成激酶-3，导致糖原合成增加[284]，从而发挥胰岛素对血糖和血脂的调控作用。胰岛素信号转导通过这些激酶级联调控细胞代谢和增殖，如刺激糖原和蛋白质合成，以及启动特定基因转录。

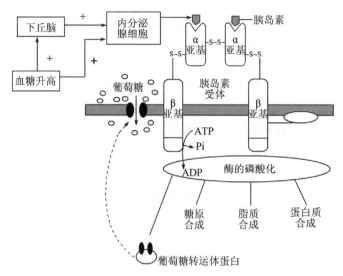

图 7-2　胰岛素信号转导机制[285]

　　胰岛素信号转导障碍是指胰岛素靶器官中存在胰岛素信号通路受损，主要有以下三种情形：①PKC 的过表达，PKC 是一类丝氨酸/苏氨酸蛋白激酶，负调控胰岛素信号，PKC 的过表达会诱导 IRS-1 丝氨酸残基的磷酸化，负反馈调节 IRS-1 酪氨酸磷酸化，使 IRS-1 表达减少，进而减弱胰岛素 PI3K 通路的信号转导[286,287]；②吞蛋白 2（endophilin 2）数量不足，吞蛋白 2 主要参与囊泡的吞吐过程[288]。吞蛋白 2 数量不足时，GLUT-4 向细胞膜上转移受阻，从而出现葡萄糖转运障碍的生物效应，导致机体出现胰岛素抵抗；③非受体型蛋白酪氨酸磷酸酶 1（protein tyrosine phosphatasenon-receptor type 1，PTPN1）过度活化，PTPN1 是一种蛋白质酪氨酸酶，主要作用是使胰岛素受体的酪氨酸残基磷酸化，磷酸化后的胰岛素受体的活性降低，信号转导减弱，胰岛素的生物效应也随之下降，从而出现胰岛素抵抗[289]。

　　常用的胰岛素抵抗评价方法包括：葡萄糖刺激试验（葡萄糖耐量试验、C 肽和胰岛素释放试验、标准馒头餐试验与高葡萄糖钳夹技术）、非葡萄糖刺激试验（精氨酸刺激试验和胰高血糖素刺激试验）及根据这些试验衍生出的数学模型（稳态评估模型、修正的胰岛 β 细胞功能指数和葡萄糖处置指数）。也可以通过特定的糖代谢状态（糖尿病前期或者糖尿病）反映患者目前处于高胰岛素抵抗状态，世界卫生组织公布的糖代谢状态分类标准见表 7-1。胰岛素抵抗是 2 型糖尿病（T2DM）和代谢综合征的发病基础。全球糖尿病患病率正在迅速上升，1980 年我国成年人 T2DM 患病率仅为 0.67%，2008 年飙升至 9.7%[290]，2013 年全国 17 万人抽样调查的标化患病率为 10.9%[291]，2020 年公布的调查数据显示患病率为 12.8%，全国患者总人数约为 1.14 亿人[292]。糖尿病已经成为严重的公共卫生问题。更值得注意的是,处于空腹血糖受损(impaired fasting glucose,IFG)和/或糖耐量减低(impaired glucose tolerance,IGT)的糖尿病前期（prediabetes,PDM）人群比例高达 15.5%,预估有 1.48 亿人,较 T2DM 患者数量更为庞大,如果不加以控制,5 年内这些人群当中将有超过 1/3 的个体进展为 T2DM,而老年 PDM 人群由于糖脂代谢代偿能力减退,病程进展会更为迅速[291]。并且患病率随着老龄人口比例的增加有不断增大的趋势,这与世界总体患病率的变化相一致,在校正各风险因素后,与胰岛素抵抗密切相关的代谢综合征仍然与 10 年冠心病发生风险有关。由此可见,以胰岛素抵抗为基础的一系列代谢性疾病已成为一个日益严重的公共卫生问题。

表 7-1　世界卫生组织糖代谢状态分类[293]

糖代谢分类	静脉血浆葡萄糖浓度（mmol/L）	
	空腹血糖	糖负荷后 2h 血糖
正常血糖	<6.1	<7.8
空腹血糖受损（IFG）	≥6.1，<7.0	<7.8
糖耐量减低（IGT）	<7.0	≥7.8，<11.1
糖尿病	≥7.0	≥11.1

注：IFG 和 IGT 统称为糖调节受损,也称糖尿病前期

7.2　胰岛素抵抗的主要危险因素

由于胰岛素具有广泛的生物学作用,在胰岛素抵抗状态下,胰岛 β 细胞会代偿性地分泌过量胰岛素以维持正常的血糖水平,而这种继发的高胰岛素状态又会使胰岛素在其他生物学途径的效应增强,对一些组织器官造成不利影响,进一步增加胰岛素抵抗综合征的发生风险。

7.2.1　不健康的饮食习惯

《中国 2 型糖尿病防治指南（2020 年版）》明确提出,通过改善生活方式、合理饮食、规律运动可以预防 PDM/T2DM 的发生和发展,尤其是通过限制饮食,可以有效控制患者的体重和血糖[294]。近年来我国居民的膳食结构改变明显,以肉类食物摄入增加而植物类食物减少为特征。膳食相关的代谢性疾病发病率也显著增高,其病理基础和中心环节是胰岛素抵抗。能量失衡（摄入增多与消耗减少）及由此引发的肥胖和脂质异位沉积是导致胰岛素抵抗的重要原因[295]。膳食结构不合理导致的营养过剩被认为是引起胰岛素抵抗发生最为重要的因素之一。单糖或

饱和脂肪摄入过多会引起炎症反应与氧化应激，直接或间接干扰胰岛素的信号传递，从而导致胰岛素抵抗及代谢综合征的发生[296,297]。

膳食中的碳水化合物分为单糖和多糖两大类。由于食物中的碳水化合物是机体能量的主要来源和影响血糖水平的主要因素，许多临床研究在限制碳水化合物的摄入以减少食物供应的总热量的条件下，观察到低碳水化合物饮食可达到减轻体重、控制血糖在适宜水平。然而，也有研究发现，高碳水化合物低脂饮食可增强胰岛素的作用，提高对葡萄糖的摄取和利用能力；还能提高糖耐量，延缓糖耐量受损人群发展为糖尿病。这些研究结果之间的矛盾，提示膳食碳水化合物对胰岛素抵抗的影响不仅与摄入碳水化合物总量有关，还与碳水化合物的种类有关。

脂肪摄入过量是造成营养过剩和胰岛素抵抗的重要原因之一。研究表明，当脂肪摄入量占总能量的 50%时，观察到胰岛素敏感性降低。膳食脂肪摄入过多可使血浆游离脂肪酸水平增高；持续高水平的血浆游离脂肪酸不仅可抑制胰岛 β 细胞分泌胰岛素和诱导 β 细胞的凋亡，还可引起外周组织的胰岛素抵抗，即"脂毒性"作用。Dresner 等的研究发现，给正常人群高浓度游离脂肪酸输注，5h 后发现肌肉中肌糖原的合成速度比对照人群下降了 50%~60%[298]。

高蛋白饮食是指食物中蛋白质提供的热量超过总热量 20%的一种饮食方式。动物实验和临床研究显示：短期高蛋白饮食可刺激胰岛素分泌，增加胰岛素敏感性，有助于控制血糖，对肥胖、2 型糖尿病患者具有一定的减肥、降糖作用；研究认为高蛋白饮食可能会减少 T2DM 的发病风险，可作为一种有效的血糖控制饮食干预疗法，也可用于代谢综合征的防治[295]。

7.2.2　不合理的生活方式

不良生活方式如饮酒、吸烟会引起胰岛素抵抗，健康生活方式如适量运动可减轻胰岛素抵抗。

1）饮酒

饮酒对糖尿病的发生与糖尿病患者血糖、胰岛素水平及胰岛素敏感性有重要的影响。目前研究表示饮酒的剂量与糖尿病的发生及胰岛素抵抗呈"U"形或"J"形相关，即适量饮酒（酒精摄入量：男性≤25g/d，女性≤15g/d）可增加胰岛素敏感性，降低 2 型糖尿病的发生率，大剂量饮酒可增加胰岛素抵抗，增加 2 型糖尿病的发生率。目前研究发现，改善胰岛素抵抗的机制可能与下调胎球蛋白 A 水平、抑制肝脏糖异生、上调脂联素水平、增加胰岛素 mRNA 表达、改变炎症介质表达水平及炎症通路、降低血浆同型半胱氨酸水平等有关[299]。

2）吸烟

普通香烟与雪茄、烟斗烟草和无烟烟草等烟草产品燃烧后含有 5000 种化学物质，包括 50 种致癌物、刺激性和有毒物质，会损害不同的器官系统和生理过程的组织特异性[300]。有研究表明，吸烟会导致血糖、血清胰岛素水平及胰岛素抵抗指数明显升高，从而导致胰岛素抵抗发生风险较高。Bergman 等的研究观察到吸烟人群的胰岛素敏感性明显低于非吸烟人群（P=0.03），而在经历 2 周戒烟后的吸烟人群中胰岛素敏感性明显提高（P=0.006）[301]。针对儿童的研究也发现，在怀孕或哺乳时母亲的烟草烟雾暴露也会导致儿童胰岛素抵抗的发生[302]。

3）缺乏运动

无论是健康人群还是慢性病（心血管病、代谢性疾病等）人群，经常进行体育活动都能促进健康。王正珍和王艳发现，"健步走" 12 周可有效改善糖尿病前期患者血糖升高、胰岛素抵抗等代谢异常状态，调节胰岛 β 细胞分泌功能，减少 CVD 危险因素[303]。6 周有氧运动对糖负荷后血糖的作用优于空腹血糖，对空腹胰岛素的作用优于糖负荷后胰岛素。Rowan 等研究报道，每周 3 次高强度间隔训练，12 周后糖尿病前期患者的胰岛 β 细胞功能改善[304]。Jelleyman 等的 Meta 分析显示，周期性高强度阻抗运动训练 2 周以上可以有效改善胰岛素抵抗，特别是对那些有 2 型糖尿病风险或患有 2 型糖尿病的人，与对照组和连续训练组相比，阻抗运动训练后空腹血糖水平降低，胰岛素抵抗指数降低[305]。Madsen 等研究报道，每周 3 次高强度阻抗运动训练，共 8 周，可改善老年 2 型糖尿病患者的空腹血糖、糖耐量和糖化血红蛋白（HbA1c），胰岛素抵抗和 β 细胞功能确定的胰腺稳态也得到明显改善，胰岛素敏感性提高，腹部脂肪减少[306]。

7.2.3 代谢性炎症反应

由不良饮食习惯和环境的变化产生代谢紊乱，造成游离脂肪酸、糖基化产物和内毒素等代谢产物极化巨噬细胞并诱发慢性炎症的反应，称为代谢性炎症反应。代谢性炎症反应在胰岛素抵抗过程中起到重要的介导作用[307]。炎症因子包括白细胞介素、肿瘤坏死因子-α、MCP-1、CRP、NO 及 NF-κB 相关炎症因子等，可以通过血液和/或旁分泌的作用影响胰岛素的敏感性与胰岛 β 细胞功能，进而引起胰岛素抵抗。2 型糖尿病患者应用 IL-1 受体拮抗剂治疗能够明显增加 β 细胞功能，降低 HbA1c 水平，显著增加 C 肽分泌水平，而炎性因子如 IL-6、CRP 水平明显下降[308]。Bakhtiyari 等的研究指出，在降低肿瘤坏死因子-α（tumor necrosis factor-α，TNF-α）基因表达水平后，胰岛素抵抗的骨骼肌细胞在胰岛素的刺激下摄取葡萄糖的能力显著高于对照组[309]。

目前普遍认为，炎症反应是肥胖、胰岛素抵抗、糖尿病和心血管疾病的一个重要联系机制。炎症因子与脂肪组织内分泌、免疫系统相互作用，引起信号转导障碍、胰岛素抵抗和 β 细胞结构功能障碍，最终导致 2 型糖尿病的发生[310,311]。脂肪细胞是产生促炎细胞因子的重要场所。在"炎症-胰岛素抵抗-糖尿病"这一生理病理过程中，脂肪细胞的内分泌调节功能扮演了重要角色。免疫系统激活产生的各种炎症因子，如 TNF-α、内皮素-1（endothelin-1）、白细胞介素-1（interleukin-1，IL-1）、IL-6、巨噬细胞移动抑制因子、CRP、血管紧张素 II（Ang II）等，均能促进 IRS-1 丝氨酸/苏氨酸磷酸化，进而诱导胰岛素抵抗的发生（图 7-3）；而减轻体重，使用噻唑烷二酮类、他汀类及血管紧张素转换酶抑制剂药物等在改善胰岛素抵抗的同时均有明显降低炎症水平的作用[311]。研究发现，脂肪细胞分泌的游离脂肪酸、甘油三酯（triglyceride，TG）、瘦素（leptin）、TNF-α、抵抗素（resistin）等与胰岛素抵抗关系密切，而过氧化物酶体增殖物激活受体 γ（PPARγ）除了能调控脂肪代谢及糖代谢的基因编码蛋白，如脂蛋白酯酶、脂肪酸结合蛋白、脂肪酸合成酶及 GLUT-4 等[312]，更重要的是它还能调控 TNF-α、瘦素及 PI3K 的基因表达，而这些都是影响胰岛素抵抗的重要因素[311]。

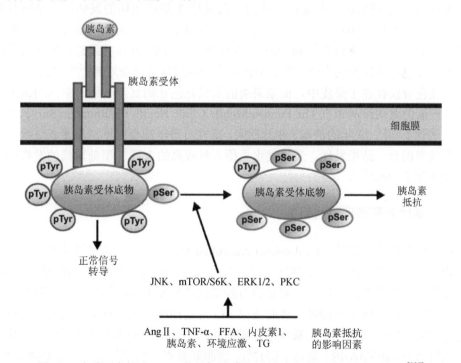

图 7-3　多种因素促进 IRS-1 的丝氨酸/苏氨酸磷酸化进而诱导胰岛素抵抗[285]

pTyr：酪氨酸磷酸化；pSer：丝氨酸磷酸化

7.3 花色苷改善胰岛素抵抗的流行病学研究

7.3.1 观察性流行病学研究

大量的观察性流行病学研究证据已证实了膳食花色苷改善胰岛素抵抗乃至糖尿病的功效。一项基于 1997 名英国健康女性开展的现况调查研究显示，相对于不摄入花色苷或花色苷摄入量较低的人群而言，花色苷摄入量较高人群的外周胰岛素抵抗程度较低；脂联素（adiponectin）作为一种增加胰岛素敏感性的脂质因子，在膳食花色苷摄入量较高的人群中则呈现出较高水平[313]。除此之外，该调查还发现膳食花色苷的摄入量与炎症水平呈现负相关关系[313]。Oh 等对 2014~2016 年韩国国民健康与营养检查调查（KNHANES）中抽取的 7963 名女性进行 2 型糖尿病病例对照研究[314]，结果发现，2 型糖尿病人群的膳食花色苷摄入量显著低于健康人群。

队列研究是一种通过长时间随访而观察某种因素是否与疾病存在关联的研究手段。Bondonno 等对参加"丹麦膳食、肿瘤与健康研究"（Danish Diet, Cancer, and Health Study）项目的 54 787 调查对象进行了为期 23 年的随访，其中 6700 人被确诊为 2 型糖尿病，发现花色苷的摄入量与 2 型糖尿病的发病风险呈明显负相关[315]。1993~2004 年，Laouali 曾于法国开展了一项名为妇女流行病学研究的队列研究，并对纳入研究的 60 586 名女性开展了为期 20 年的跟踪，发现日常摄入膳食花色苷量较少的女性，其 2 型糖尿病的发病风险显著增高[316]。大部分水果中的花色苷仅存于果皮中，而浆果类的水果花色苷则富含于果肉中[7]。Knet 于芬兰开展的流动诊所调查 The Finnish Mobile Clinic Health Examination Survey 对 1 万人进行了长达 26 年的追踪，在此期间，研究员每年都会定期对志愿者进行一次膳食频率调查。结果发现，浆果类水果摄入量较高的人群 2 型糖尿病的发病风险显著下降了 26%[317]。

7.3.2 随机对照临床试验研究

随机对照临床试验（randomized controlled trial，RCT）通常被认为是评价干预物有效性的金标准。RCT 通常会将招募的受试者随机分为对照组和试验组，在控制其他条件不变的情况下，对试验组的受试者施加干预，并通过与对照组人群进行对比，以了解干预物对人体的效应。Li 等运用纯化花色苷对58名糖尿病患者进行了为期24周的干预，结果发现，糖尿病患者的空腹血糖显著下降85%、胰岛素抵抗指数（HOMA-IR）显著下降13%，而脂联素水平则呈显著上升了23.4%[318]。与此同时，受试者的 β-羟基丁酸酯水平在正常范围内出现显著的上升，这意味着花色苷的摄入可使糖尿病患者在不出现酮症酸中毒的情况下增加人体能量的消耗，从而改善体重[318]。美国马里兰大学 Stull 等曾针对胰岛素抵抗人群开展了一项双盲 RCT，该试验要求受试者连续6周每天摄入45g 富含花色苷的蓝莓提取物，而后运用高胰岛素正常血糖钳夹试验来检测受试者的胰岛素敏感性，该方法为目前公认的胰岛素敏感性检测的"金标准"[319]。检测结果表明，67%胰岛素抵抗患者的胰岛素敏感性增加了10%以上[319]。有趣的是，Stull 等此后又开展了一项以蓝莓提取物作为干预物的 RCT，而此次试验采用了灵敏度相对低的连续取样静脉葡萄糖耐量试验（frequently sampled intravenous glucose tolerance test）来对受试者的胰岛素敏感性进行检测，结果未发现蓝莓提取物对受试者的胰岛素敏感性产生显著的改善作用[320]。蔓越莓及黑加仑作为北美两种传统食用习惯的浆果，二者的花色苷含量亦是在众多水果中居于前列。有两项随机对照双盲试验均报道了蔓越莓汁在降低空腹血糖方面的显著功效[321,322]。同时，Novotny 等还发现，对于 HOMA-IR 较高的人群，8周的蔓越莓汁干预可显著降低其 HOMA-IR，改善该人群的胰岛素抵抗症状[322]。2021年，Nolan 等[323]发表了一篇黑加仑改善肥胖患者血糖指标的 RCT 研究。该试验首先要求受试者食用高碳水高脂肪的餐饮，而后再服用600mg 的富含花色苷的黑加仑提取物，在3h 内获取受试者的血样并检验，结果发现，受试者的餐后血糖显著下降9%，而胰岛素敏感性则显著增加22%。

　　除改善胰岛素敏感性外，尚有不少 RCT 研究还证实了膳食花色苷对人体糖代谢及胰岛素浓度的改善功效[324]。Castro-Acosta 等[325]招募了 9 名绝经后女性及 14 名男性作为受试者，要求受试者在服用低糖黑加仑汁后用餐，并在用餐后的 2h 内对受试者的糖代谢水平进行了多次测量，以观测黑加仑汁对餐后糖代谢的影响。结果发现，受试者的餐后血糖及胰岛素浓度显著降低。此外，肠促胰岛素作为维持血糖的重要物质，主要包括葡萄糖依赖性胰岛素多肽（glucose-dependent insulinotropic polypeptide）及胰高血糖素样肽-1（glucagon-like peptide-1）两类，其水平亦在黑加仑汁的干预下出现了显著下降[325]。在 Hoggard 等[326]开展的一项双盲交叉试验中，患有 2 型糖尿病的受试者首先服用 0.47g 的越橘提取物（相当于 50g 新鲜越橘），而后再饮用多糖饮品（相当于 75g 葡萄糖）以模仿餐后血糖的变化。试验结果发现，在富含花色苷的越橘提取物的干预作用下，受试者的餐后血糖和胰岛素水平显著下降。Hoggard 等认为，出现该种效应可能是由越橘提取物降低了人体对碳水化合物的消化率及吸收率所致[326]。2009 年，Törrönen 等[327]招募了 20 名健康女性作为受试者，并要求受试者在服用 35g 蔗糖的同时服用黑加仑汁及越橘汁。同样地，蔗糖的摄入是为了模拟人体餐后血糖的变化。试验发现，相比仅摄入蔗糖的女性，同时摄入蔗糖及果汁的女性血糖显著降低，由此认为，黑加仑汁及越橘汁可有效地缓解餐后血糖的骤升，减缓人体对糖分的消化吸收[327]。除了上述短期急性的花色苷摄入试验，长期试验同样证实了膳食花色苷对血糖代谢指标改善大有裨益。De Mello 等研究员对 47 名代谢综合征患者开展了为期 8

周的干预试验，并以富含花色苷的浆果作为干预物[328]。8 周后对志愿者的血样进行采集，并发现受试者的空腹血糖浓度及胰岛素分泌水平显著下降。此外，多项于中国开展的纯化花色苷干预随机对照试验均已证实，长期（2 周及以上）摄入膳食花色苷对人体空腹血糖及糖化血红蛋白水平有改善作用，且该效应无论是在健康人群还是在糖尿病人群中均存在显著性[55,329,330]。

Meta 分析作为循证医学的最重要的研究方法，通常被认为是最佳证据的来源。Meta 分析通过运用定量综合分析的方式来对多个同类型研究进行整合，最终得出综合性结论。曾有不少研究人员对膳食花色苷与 2 型糖尿病之间的关系开展过 Meta 分析。Li 等对 4 项大型前瞻性队列研究进行了花色苷摄入量与 2 型糖尿病发病风险的 Meta 分析，共纳入 200 894 名受试者，其中包括 12 611 名病例，发现每日增加 7.5mg 的膳食花色苷摄入，或每日增加 17g 的浆果类摄入可使 2 型糖尿病的发病风险降低 5%（图 7-4）[331]。相似的效应在同类研究中得到了证实[332, 333]。有关膳食花色苷与胰岛素抵抗、糖代谢相关指标的 Meta 分析亦不在少数。Daneshzad 等[334]于 2017 年开展了一项 Meta 分析，共纳入 19 篇运用纯化花色苷对人群进行干预的RCT，其结果表明，花色苷可显著改善成年人的HOMA-IR。2020 年，Fallah 等[335]对 37 篇 RCT 进行了 Meta 分析，评估了膳食花色苷对糖代谢相关生物标志物的作用。结果发现，膳食花色苷的摄入可使得受试者的空腹血糖、餐后血糖及糖化血红蛋白（HbA1c）水平均有所改善；与此同时，胰岛素抵抗相关指标如 HOMA-IR 及抵抗素（resistin）水平均出现显著下降，而上述指标的变化均提示了花色苷对胰岛素抵抗的改善作用。有趣的是，相较于健康人，以上效应在糖尿病患者中的效果更具显著性[335]。对于糖代谢相关生物标志物，Yang 及其同事对相关 RCT 进行了一项 Meta 分析，该篇文献纳入的 RCT 均以纯化花色苷及富含花色苷的食物如黑豆等作为干预物[336]。研究发现，花色苷及富含花色苷的食物可显著改善成年人的空腹血糖、餐后血糖及糖化血红蛋白水平。

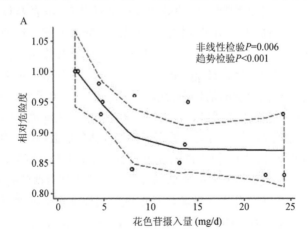

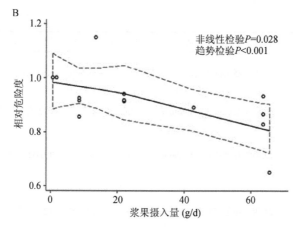

图 7-4　增加花色苷摄入量可以降低 2 型糖尿病发病风险
A. 花色苷摄入量与 2 型糖尿病发病风险的相关性；B. 浆果摄入量与 2 型糖尿病发病风险的相关性

除了上述已经发表的 Meta 分析研究报道，我们更新了膳食花色苷对胰岛素抵抗相关指标影响的 Meta 分析证据。本次分析拟纳入以纯化花色苷或富含花色苷的水果作为干预物，以胰岛素抵抗及糖代谢相关指标作为结局指标的 RCT，共 23 项，纳入文献详见表 7-2。分析结果表明，膳食补充花色苷可显著降低受试者空腹血糖及糖化血红蛋白水平。此外，富含花色苷的水果如蔓越莓能显著改善胰岛素抵抗指数。以上结果提示，膳食花色苷的摄入对改善人体糖代谢指标有良好的效应，并进一步证实了花色苷可对胰岛素抵抗及 2 型糖尿病起到有效的防控作用。

表 7-2　纳入 Meta 分析的随机对照临床试验的研究特征

研究者及所在国家	干预时长	干预情况	样本量	对照组	干预人群健康状况	改善指标
Basu 等 2010[337] 美国	8 周	蓝莓粉，50g/d	48 人	空白对照	MetS 患者	HbA1c
Basu 等 2011[338] 美国	8 周	蔓越莓汁，480mg/d	31 人	安慰剂	MetS 患者	空腹血糖
Chew 等 2019[339] 美国	8 周	蔓越莓汁，450mg/d	78 人	安慰剂	超重及肥胖患者	空腹胰岛素
Curtis 等 2009[340] 英国	12 周	花色苷胶囊，500mg/d	52 人	安慰剂	绝经后女性	空腹血糖
Curtis 等 2019[341] 英国	6 月	蓝莓粉，13/26g/d	115 人	安慰剂	MetS 患者	HbA1c、 空腹血糖、 空腹胰岛素、 HOMA-IR
Dohadwala 等 2011[342] 美国	4 周	蔓越莓汁，480mL/d	44 人	安慰剂	冠心病患者	空腹血糖、 空腹胰岛素、 HOMA-IR
Guo 等 2020[55] 中国	14d	花色苷胶囊， 20/40/80/160/320mg/d	107 人	安慰剂	健康人群	空腹血糖

续表

研究名称及国家	干预时长	干预情况	样本量	对照组	干预人群健康状况	改善指标
Hormoznejad 等 2020 [343] 伊朗	12 周	蔓越莓片剂，288mg/d	41 人	安慰剂	NAFLD 患者	空腹血糖、空腹胰岛素、HOMA-IR
Hsia 等 2020 [344] 美国	8 周	蔓越莓汁，450mg/d	35 人	安慰剂	超重及肥胖患者	空腹血糖
Lee 等 2008 [345] 中国	12 周	蔓越莓粉，1500mg/d	30 人	安慰剂	T2DM 患者	HbA1c、空腹血糖空腹胰岛素HOMA-IR
Li 等 2015 [318] 中国	24 周	花色苷胶囊，320mg/d	58 人	安慰剂	T2DM 患者	HbA1c、空腹血糖、空腹胰岛素、HOMA-IR
Novotny 等 2015 [322] 美国	8 周	蔓越莓汁，480mL/d	56 人	安慰剂	健康人群	空腹血糖、空腹胰岛素、HOMA-IR
Nyberg 等 2013 [346] 瑞典	4 周	新鲜蓝莓，150mg/d	26 人	空白对照	健康人群	空腹血糖、空腹胰岛素
Qin 等 2009 [161] 中国	12 周	花色苷胶囊，320mg/d	120 人	安慰剂	高脂血症患者	空腹血糖
Riso 等 2013 [347] 意大利	6 周	蓝莓粉，25g/d	18 人	安慰剂	心血管疾病高危人群	空腹血糖
Shidfar 等 2012 [321] 伊朗	12 周	蔓越莓汁，240mL/d	58 人	空白对照	MetS 患者	空腹血糖
Stote 等 2020 [348] 美国	8 周	蓝莓粉，22g/d	52 人	空白对照	T2DM 患者	空腹血糖、空腹胰岛素、HbA1c
Stull 等 2010 [319] 美国	6 周	蓝莓粉，45g/d	32 人	空白对照	肥胖伴胰岛素抵抗患者	空腹血糖、空腹胰岛素
Stull 等 2015 [320] 美国	6 周	蓝莓粉，45g/d	44 人	安慰剂	MetS 患者	空腹血糖、空腹胰岛素
Yang 等 2017 [329] 中国	12 周	花色苷胶囊，320mg/d	160 人	安慰剂	糖尿病患者	HbA1c、空腹血糖、空腹胰岛素、HOMA-IR
Javid 等 2018 [349] 伊朗	8 周	蔓越莓汁，400mL/d	21 人	空白对照	T2DM 伴牙周疾病患者	HbA1c、空腹血糖
Zhang 等 2015 [330] 中国	12 周	花色苷胶囊，320mg/d	74 人	安慰剂	NAFLD 患者	HbA1c、空腹血糖、空腹胰岛素
Zhu 等 2011 [237] 中国	12 周	花色苷胶囊，320mg/d	146 人	安慰剂	高胆固醇患者	HbA1c、空腹血糖、空腹胰岛素

注：MetS，代谢综合征；NAFLD，非酒精性脂肪性肝病；T2DM，2 型糖尿病；HOMA-IR，胰岛素抵抗指数；HbA1c，糖化血红蛋白

7.4　花色苷改善胰岛素抵抗的作用机制

7.4.1　改善胰岛素信号转导

从胰岛素作用的环节上分析，胰岛素抵抗的发生可分为受体前、受体和受体后三个层次。受体前层次主要是胰岛 β 细胞分泌胰岛素异常、胰岛素降解加速或血循环中存在胰岛素拮抗物；胰岛素受体水平的抵抗是由胰岛素受体基因点突变或片段缺失，导致受体功能和结构的异常、受体数目减少或自身免疫紊乱产生的胰岛素受体自身抗体造成受体对胰岛素敏感性降低；而受体后缺陷主要指胰岛素受体自身磷酸化缺陷，使靶器官对胰岛素的反应性下降。其中以受体后缺陷最为重要，如肥胖与 2 型糖尿病患者均存在胰岛素受体数目减少、亲和力下降及活性减弱，主要是由受体和受体后缺陷导致。受体后水平的胰岛素抵抗表现为葡萄糖转运体尤其是 GLUT-4 的基因表达降低，葡萄糖激酶/己糖激酶、丙酮酸脱氢酶及磷酸果糖激酶等许多关键酶基因突变、活性减低所造成的不平衡连锁，肌糖原合成障碍，胰岛素第二信使障碍等。包括葡萄糖转运蛋白和葡萄糖激酶功能或结构改变在内，胰岛素受体下游任何一个环节的缺陷均可导致胰岛素敏感性降低，引起胰岛素抵抗。而花色苷对胰岛素抵抗的改善作用可能是通过作用于胰岛素的分泌及调节、受体后功能等多个环节或靶点实现的。

胰岛素调控葡萄糖代谢是胰岛素依赖性 GLUT-4 及许多关键酶活化的结果，胰岛素受体下游任何环节的缺陷均可引起胰岛素抵抗。研究显示，花色苷能够改善肌肉细胞中的葡萄糖摄取，上调肌肉细胞中 PI3K-p85α 蛋白表达及蛋白激酶 B 和 GLUT-4 的磷酸化水平[341]。Nizamutdinova 等给予糖尿病大鼠黑豆花色苷，可显著增强大鼠心脏和骨骼肌组织中 GLUT-4 易位至细胞膜，降低空腹血糖水平[350]。总之，花色苷可以通过多种细胞内信号途径来改善胰岛素信号转导。

7.4.2　调节脂肪细胞因子分泌

近年来的研究证明，脂肪组织不仅是能量的储存器官，还是影响全身代谢的内分泌器官。脂肪组织可分泌脂联素（adiponectin）、抵抗素（resistin）、瘦素（leptin）等。这些脂肪细胞因子与胰岛素抵抗的发生有密切的相关性。脂肪组织通过自分泌、内分泌或旁分泌途径调节机体的能量代谢，参与调节胰岛素在靶组织的生物学效应和调节机体内环境，在胰岛素抵抗的发生、发展过程中发挥重要作用。近年来的研究发现，花色苷可通过调节脂肪细胞因子的分泌而改善肥胖和胰岛素的敏感性。

1）脂联素

脂联素是一种仅由脂肪细胞分泌的蛋白质，现已证实它具有胰岛素增敏作用，是糖类和脂质代谢的重要调节因子。脂联素参与炎症反应的终末作用，其机制可能与它能降低血浆游离脂肪酸水平和肝脏、骨骼肌甘油三酯含量，增加脂肪酸氧化和能量消耗，抑制肝糖异生有关。最近，在动物模型及患者中均已经证实低脂联素血症与胰岛素抵抗存在相关性。Li 等研究发现，脂联素能降低小鼠餐后血清游离脂肪酸水平，增强肝细胞对胰岛素的敏感性，从而抑制肝葡萄糖输出[351]。而对高糖高脂饮食后或静脉给予脂肪乳的小鼠给予单次脂联素注射能够明显降低血中游离脂肪酸和甘油三酯水平，持续小剂量的脂联素可阻止高糖高脂饮食引起的体重增加，大剂量则可使小鼠的体重下降[352]。有研究者对 22 例肥胖者实施胃减容手术后，发现其体重指数（BMI）减少 21%，脂联素水平升高 46%，认为肥胖能反馈抑制脂联素表达，减轻体重能增加血浆脂联素水平，改善胰岛素抵抗。脂联素参与胰岛素抵抗的发生发展，提示补充脂联素可能成为治疗胰岛素抵抗和 2型糖尿病的全新手段。Tsuda 等[353]第一次证明花色苷能够增强大鼠脂肪细胞中脂联素的 mRNA 表达。花色苷干预后的人类皮下脂肪细胞和 3T3-L1 脂肪细胞内脂联素表达水平也有类似的结果[354,355]。新诊断的糖尿病和糖尿病前期的受试者补充花色苷 12 周，与安慰剂组相比，花色苷使糖尿病患者血清脂联素水平平均增加 0.46μg/mL（$P = 0.038$），但是在糖尿病前期人群中，两组之间的脂联素水平变化没有显著差异[356]。

2）抵抗素

在外周血中存在的抵抗素是由两段92个氨基酸组成的多肽二聚体，通过Cys26进行二硫键的连接。抵抗素可能是肥胖和胰岛素抵抗之间的重要连接。抵抗素能够拮抗胰岛素，使血糖水平升高和脂肪细胞增生，进而导致胰岛素抵抗。动物实验发现，抵抗素在高脂喂养的肥胖鼠和遗传性肥胖鼠的脂肪组织中高度表达，血清水平也显著升高。给予外源性重组抵抗素刺激时，可使正常鼠发生葡萄糖耐量异常和胰岛素抵抗，胰岛素信号转导障碍[357]；反之，给予特异性的抵抗素抗体刺激时，可以改善肥胖鼠的高血糖状态和胰岛素敏感性[357]。正常小鼠连续4周高脂饮食后血浆的抵抗素水平上升并伴有胰岛素抵抗和肥胖产生。有些文献显示肥胖人群的抵抗素水平显著高于健康对照组[358]，且血液抵抗素水平与 BMI、稳态模型评估（homeostasis model assessment，HOMA）指数、脂肪含量及体脂百分比呈正相关[359, 360]。随机对照试验的 Meta 分析显示，膳食花色苷可以显著降低受试者血液的抵抗素水平[335]。

3）瘦素

　　近年来的研究发现，高瘦素水平是胰岛素抵抗的独立危险因素。正常情况下，瘦素不仅是一种抗糖尿病激素，还能激活交感神经系统，参与血压的调节和内环境的稳定。瘦素可以抑制啮齿动物和人胰岛 β 细胞的胰岛素分泌，改善糖脂代谢，可以延迟葡萄糖耐量减低。动物实验发现瘦素基因突变引起的瘦素缺乏会导致肥胖、糖耐量异常和胰岛素抵抗，而糖尿病前期的肥胖患者则伴有高瘦素血症和高胰岛素血症。当出现瘦素抵抗时，瘦素对胰岛素的抑制作用减弱，胰岛素大量分泌，血浆游离脂肪酸水平升高，导致高胰岛素血症及肝脏和肌肉胰岛素抵抗的发生。瘦素参与胰岛素抵抗形成和维持的可能分子机制是通过降低胰岛素受体的表达水平，抑制胰岛素转导通路中 IRS-1 的磷酸化和减少糖异生途径中限速酶即磷酸烯醇式丙酮酸羧化激酶（phosphoenolpyruvate carboxykinase，PEPCK）的 mRNA 表达，从而抑制组织细胞胰岛素信号转导。

　　Tsuda 等[353]发现用花色苷干预大鼠脂肪细胞后，脂联素和瘦素的基因表达水平明显上升，另外 AMP 活化蛋白激酶（AMPK）的磷酸化水平也明显升高，此研究认为花色苷可通过两种途径来改善葡萄糖代谢和胰岛素抵抗，一是对 AMPK 的直接激活作用，二是通过升高的脂联素和瘦素的基因表达水平与蛋白分泌水平而间接激活 AMPK。Nemes 等[361]采用富含花色苷的酸樱桃提取物喂养高脂饲料诱导的胰岛素抵抗 C57BL/6J 小鼠，发现富含花色苷的酸樱桃提取物治疗未能逆转高脂饮食对体重和葡萄糖耐量的影响，但显著降低血液中瘦素和 IL-6 水平，还显著增强了抗氧化能力和超氧化物歧化酶（SOD）活性。然而，在 2020 年 Tian 等的研究中发现 Cy-3-G 减弱了高脂饮食诱导的小鼠体重增加，并有助于改善胰岛素抵抗，但与瘦素水平变化无关。因此，花色苷对瘦素水平的调节作用还需要进一步的研究。

7.4.3　调节过氧化物酶体增殖物激活受体活性

　　过氧化物酶体增殖物激活受体（PPAR）是核受体家族中的配体激活受体，控制许多细胞内的代谢过程，在不同的物种中已经发现了它的 α、β、γ 三种亚型。现在临床常用的噻唑烷二酮类抗糖尿病药物，如吡格列酮、罗格列酮等，其作用机制是特异性地激动 PPARγ，来调节许多控制葡萄糖及脂类代谢的胰岛素相关基因的转录。2001 年，里厄塞（Rieusset）等认为 PPARγ 能够促进脂肪细胞分化，使脂肪细胞数量增多但细胞体积减小，增加脂肪细胞膜上胰岛素受体的数目，抑制脂肪细胞的肥大，减少游离脂肪酸分泌及上调脂联素的表达水平，在引起与治疗肥胖和胰岛素抵抗的过程中起关键作用。研究发现翠雀素-3-

葡萄糖苷能以剂量依赖性方式下调 3T3-L1 脂肪细胞中 PPARγ 的表达水平,进而显著抑制脂质的积累。此外,研究表明棕榈酸通过 IRS-1Ser[307] 磷酸化干扰了胰岛素信号转导,而 Cy-3-G 剂量依赖性地改善了胰岛素敏感性,从而恢复了 IRS-1-PI3K- Akt 途径[355]。从紫玉米中提取的花色苷可阻止脂肪细胞分化、脂质蓄积并降低脂肪细胞中 PPARγ 的转录活性,并且通过激活胰岛素信号转导和增强 GLUT-4 易位,改善脂肪细胞中 TNF-α 引起的炎症和胰岛素抵抗,这提示紫玉米中的花色苷可降低与代谢综合征相关的高血糖[362]。RCT 研究发现,花色苷可抑制代谢综合征患者的 NF-κB 活化并增加 PPARγ 的基因表达水平,从而减少炎症并改善葡萄糖和脂质代谢[363]。

7.4.4 调节胰岛素分泌

在进食后,小肠释放降血糖素,如胰高血糖素样肽-1(GLP-1),以增强葡萄糖诱导的胰岛素分泌并抑制胰高血糖素分泌,从而降低餐后血糖。二肽基肽酶-4(dipeptidyl peptidase-4, DPP-4)可以将 GLP-1 转变为非活性形式。一方面,花色苷具有刺激胰岛 β 细胞分泌胰岛素的作用。体外试验和人群干预研究表明,浆果花色苷可有效抑制 DPP-4 活性。另一方面,花色苷能够保护胰岛 β 细胞并刺激胰岛素分泌。使用从紫甘蓝中纯化的花色苷喂养链脲佐菌素诱导的糖尿病大鼠,与对照组相比,花色苷干预组大鼠胰岛结构更加稳定,胰岛素水平显著升高,并且红细胞的氧化应激状况有明显改善(图 7-5)[364]。研究表明,在不同类型的花色苷中,Cy-3-G 和翠雀素-3-葡萄糖苷最有效地促进胰岛素分泌[365]。浆果和樱桃中的花色苷可以通过保护胰岛 β 细胞并刺激胰岛素分泌来

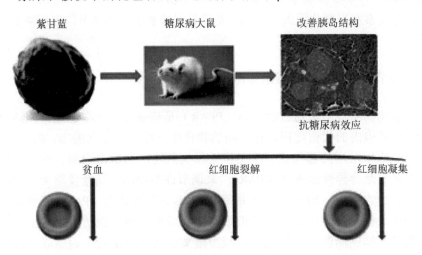

图 7-5 紫甘蓝花色苷改善糖尿病大鼠胰岛结构和胰岛素分泌功能

控制高血糖，其可能的机制是抗氧化应激、调节凋亡相关蛋白、通过 AMPK
途径调节自噬等[366]。

7.4.5 抑制代谢性炎症反应

代谢性炎症反应是肥胖和胰岛素抵抗之间的一个重要联系机制。在胰岛素
抵抗动物模型体内都检测到了炎症因子水平的升高，包括 TNF-α、IL-1 和 IL-6
等细胞因子。研究发现，脂肪组织能够积聚更多的巨噬细胞并分泌更多的促炎
细胞因子。炎症因子水平的升高会激活一系列丝氨酸/苏氨酸蛋白激酶，如 JNK
和蛋白激酶 C，使 IRS 的丝氨酸位点发生磷酸化，从而阻碍其酪氨酸位点的磷
酸化，导致 IRS 和胰岛素受体的结合松散及激活下游底物的能力下降，引起胰
岛素抵抗[367]。

运用营养膳食及相关生物活性成分代替传统药物来改善代谢性炎症反应是
一种新型的治疗策略。人群研究结果表明，膳食花色苷具有改善代谢性炎症反
应的作用。在广州地区利用黑米花色苷提取物胶囊开展的人群研究表明，经过
12 周的干预试验后，与对照组相比，花色苷组患者血清 TNF-α 浓度明显低于干
预前水平[164]。Bhaswant 等用主要活性成分为 Cy-3-G 的李子汁和安慰剂干预超
重与肥胖人群 12 周，发现与安慰剂组相比，李子汁干预可显著降低血清中 IL-2、
IL-6 和 TNF-α 水平[368]。

研究表明，花色苷可以通过多种细胞和分子机制降低代谢性炎症标志物水平
并改善胰岛素敏感性[369,370]。Guo 等分别给高脂喂饲的雄性小鼠和 *db/db* 糖尿病小
鼠使用添加含 0.2% Cy-3-G 的饲料干预 5 周后，发现 Cy-3-G 不仅可降低高脂喂饲
的雄性小鼠和 *db/db* 糖尿病小鼠体内的血糖水平，改善胰岛素抵抗，还可显著降
低脂肪组织中 IL-6、TNF-α 和 MCP-1 等炎症因子的 mRNA 表达水平，相应地，
血清中这些炎症因子水平也显著降低（图 7-6）[172]。Wu 等建立了低脂饲料喂饲
和高脂饲料喂养小鼠模型并给予花色苷干预，发现樱桃花色苷和桑树花色苷明显
降低了 HFD 小鼠 IL-6、TNFα、iNOS 及 NF-κB 的 mRNA 表达水平[371]，说明花色
苷可以有效抑制代谢性炎症反应。近年来研究发现，花色苷改善炎症反应的机制
可能与肠道菌群有关。摄入体内的花色苷在进入肠道后，大部分被肠道内的细菌
（如双歧杆菌、乳酸杆菌）分解转换为代谢物形式[372]，而这些代谢物具有调节肠
道菌群组成的能力[373]：促进有益菌如乳酸杆菌、双歧杆菌和阿克曼氏菌的定植，
并减少有害菌如溶组织梭状芽孢杆菌的定植。花色苷及其微生物代谢产物均具有
对抗脂肪积累的保护作用，通过减弱 LPS 诱导的 NF-κB 易位而有效抑制炎症可能
是相关机制之一[374]。

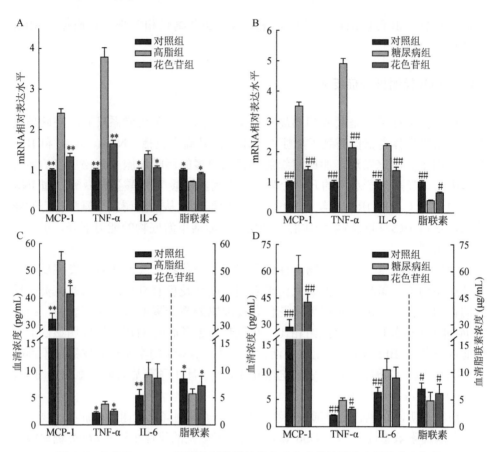

图 7-6　花色苷 Cy-3-G 通过抑制代谢性炎症反应改善糖尿病小鼠胰岛素抵抗

Cy-3-G 可以抑制高脂喂饲小鼠（A）和 *db/db* 糖尿病小鼠（B）脂肪组织 IL-6、TNF-α 及 MCP-1 等炎症因子的 mRNA
表达水平，降低血清中这些炎症因子水平（C、D）

7.4.6　调节脂质代谢

　　脂质代谢紊乱引起的脂毒性是指由循环中脂类水平升高引起的细胞内信号转导变化和脂肪酸代谢改变，以及由此导致的功能损伤，是组织中脂肪积累对葡萄糖代谢的有害作用[375]。研究显示脂毒性与胰岛素抵抗及 2 型糖尿病的发生和发展密切相关[376]。

　　许多研究证实花色苷能够有效改善脂质代谢紊乱。人群研究多采用富含花色苷的食物或加工食品进行试验。在 Istek 和 Gurbuz 的随机对照人群研究中，连续 12 周每天服用 50g 富含花色苷的蓝莓，能够有效降低肥胖人群的体重，降低血清总胆固醇和低密度脂蛋白胆固醇水平[377]。Peng 等在高脂饲料中添加富含花色苷的桑葚水溶性提取物对仓鼠干预 12 周后发现，桑葚水溶性提取物显著降低高脂饲料引起的体重增长和内脏脂肪增加，并通过降低血清甘油三酯、胆固醇、游离脂肪酸水平发挥降血脂作用[378]。将紫薯中提取的花色苷添加至高脂饲料中，结果发现紫薯花色苷干预显著改善小鼠的体重增长，降低脂肪组织重量及血清甘油三酯和总胆固醇水平[379]。Wu 等使用不同剂量（50mg/kg、100mg/kg、200mg/kg）蓝莓花色苷干预胰岛素抵抗小鼠8周，发现200mg/kg的蓝莓花色苷能有效降低体重，下调血清葡萄糖、甘油三酯和总胆固醇水平[380]。Danielewski 等利用高胆固醇饮食喂养新西兰兔作为代谢综合征模型，观察了为期60d的欧亚山茱萸（Cornus mas）花色苷提取物对兔子血脂和动脉粥样硬化危险因素的影响，发现花色苷提取物可以显著降低血浆甘油三酯、瘦素和抵抗素的水平，而脂联素水平显著升高，并且减小胸部主动脉和腹部主动脉粥样硬化斑块的面积[381]。

　　游离脂肪酸（FFA）通常指血液中 10 个碳原子以上的非酯化脂肪酸。血液中的游离脂肪酸主要由皮下和内脏脂肪脂解产生，是脂肪代谢的中间产物，是细胞膜脂质结构和前列腺素合成的供体，也是人体重要的能源物质之一。但是，血液循环中过多的游离脂肪酸到达胰岛素的敏感组织后，通过多余的可利用底物和修饰下游信号，易导致胰岛素抵抗和随之发生的多种代谢性疾病。在血脂异常人群的血液中，胰岛素敏感性下降，脂肪组织向外释放游离脂肪酸增多而导致血液当中游离脂肪酸水平往往也高于正常水平。凌文华和刘静在广州地区开展的黑米花色苷提取物胶囊对血脂异常患者的干预研究结果表明，花色苷可以有效降低患者血液中的游离脂肪酸含量。给予黑米花色苷提取物胶囊干预的患者在研究结束时，相比较服用安慰剂胶囊的患者，其血清游离脂肪酸水平明显降低，而患者血浆中的脂肪酶活性没有明显变化[382]。但由于人体内游离脂肪酸水平受多种因素的影响，如近期膳食因素、腹内脂肪因素和胰岛素敏感性等，且因人而异，因此关于花色苷对人体游离脂肪酸水平和代谢影响的研究受到限制。尽管体外研究和动物体内研究深入探讨了花色苷调节脂质代谢的机制，但是其对人体内 FFA 代谢的影响还需要进一步研究。

　　动物实验显示，花色苷可以降低异常升高的游离脂肪酸水平，调节脂肪酸代谢相关酶的活性和表达水平。富含花色苷的桑葚水溶性提取物干预 12 周，降低了高脂饲料诱导的肥胖仓鼠的血清游离脂肪酸水平，且降低了脂肪酸合酶和 3-羟基-3-甲基戊二酰辅酶 A（HMG-CoA）还原酶的表达量，表明桑葚水溶性提取物调节了脂肪生成和脂解作用[378]。Wu 等在高脂饲料喂养的小鼠中研究了黑莓花色苷和蓝莓花色苷抗肥胖作用的分子机制，结果显示黑莓花色苷和蓝莓花色苷干预 12 周可显著降低血清与肝脏脂质水平，并显著增加肝超氧化物歧化酶和谷胱甘肽过氧化物酶的活性[383]。此外，黑莓花色苷和蓝莓花色苷显著影响肝脂质和葡萄糖的代谢途径，包括甘油磷脂代谢、谷胱甘肽代谢和胰岛素信号转导途径，证实花色苷可通过减轻氧化应激和调节能量代谢来改善饮食引起的肥胖[383]。每天

200mg/kg 花色苷显著增加了小鼠肝脏和 HepG2 肝细胞中腺苷磷酸活化蛋白激酶（AMPK）和乙酰辅酶 A 羧化酶（acetyl-CoA carboxylase，ACC）的磷酸化，且下调固醇调节元件结合蛋白-1c（sterol regulatory element binding protein 1c，SREBP-1c）及其靶基因 *ACC* 和脂肪酸合酶的水平，表明花色苷对抑制肝脂质蓄积发挥有益作用[379]。

体外研究进一步揭示了花色苷调节脂质代谢的机制。使用 Cy-3-G 处理 3T3-L1 脂肪细胞，发现其以时间和剂量依赖性方式抑制细胞甘油三酯与游离脂肪酸的分泌，并抑制了脂肪甘油三酯脂肪酶的表达，表明 Cy-3-G 通过叉头框蛋白 O1（forkhead box protein O1，FoxO1）介导的甘油三酯脂肪酶表达抑制脂肪细胞的脂解可能是其调节脂质代谢的机制之一[384]。在葡萄花色苷处理的脂肪细胞中，合成相关转录因子的表达如 LXRα（liver X receptor α）、SREBP-1c、PPARγ 和 ACC 被抑制，表明葡萄花色苷通过调节与脂肪形成有关的基因来减少脂质积累[385]。在 250~1000μg/mL 的浓度下，富含花青素的紫色玉米丝提取物能够有效抑制前脂肪细胞的增殖和降低总脂质积累，紫色玉米丝提取物处理的 3T3-L1 细胞系中的凋亡小体和细胞核浓缩，表明其诱导脂肪细胞凋亡[386]。

7.4.7 改善葡萄糖代谢

一方面，糖代谢紊乱可以促进胰岛素抵抗，诱发和加重胰岛素分泌缺陷，即所谓的胰岛 β 细胞"葡萄糖中毒"；另一方面，由于胰岛素抵抗，胰岛素对肝葡萄糖输出的抑制和刺激外周肌肉组织摄取葡萄糖存在缺陷，导致糖异生和肝糖原输出而促使血糖进一步升高[387]。高血糖可以通过胰岛素受体后缺陷导致胰岛素抵抗：包括干扰胰岛素信号转导，如抑制胰岛素受体与 IRS-1 的酪氨酸磷酸化及磷酸肌醇 3-激酶（PI-3K）活性、抑制 GLUT-4 的转位、抑制葡萄糖的摄取及其磷酸化、降低细胞内的 ATP 水平、减少糖原合成等[388]。

花色苷对糖代谢的改善作用在细胞、动物和人体研究层面均已被证实。花色苷可调节肝细胞中的葡萄糖代谢，并改善氧化应激状态[389-391]。C57BL/6 小鼠喂养实验表明，Cy-3-G 及其次级代谢产物原儿茶酸可改善葡萄糖稳态[392]。从樱桃中纯化的花色苷与高脂饮食混合，可减轻小鼠由高脂饮食引起的葡萄糖耐受不良和胰岛素水平升高[393]。

花色苷是碳水化合物代谢酶的抑制剂，可通过调节碳水化合物代谢酶和肠道葡萄糖转运来调控糖代谢，在人和动物实验中具有降低餐后血糖的功效[394,395]。关于人群研究的一项 Meta 分析显示，花色苷以>300mg/d 的剂量干预8周以上可显著降低空腹血糖、2h 餐后血糖、糖化血红蛋白和胰岛素抵抗的水平[335]。富含花色苷的越橘提取物能够抑制结直肠腺癌细胞 CaCo-2模型的葡萄糖吸收，并且减弱超重人群的血糖反应[394]。体外试验发现,从樱桃和紫薯中提取的花色苷可通过抑制人类 α-淀粉酶和 α-葡萄糖苷酶活性,减少淀粉水解为葡萄糖[396, 397]。富含花色苷的浆果提取物通过与转运蛋白 SGLT1和 GLUT2相互作用来抑制 α-淀粉酶与 α-葡萄糖苷酶的活性,并降低肠道葡萄糖的吸收,从而减弱血糖反应[398]。

　　肝是维持正常糖代谢的关键器官。桑葚花色苷能够增加葡萄糖的摄取和消耗,提高糖原含量,并抑制 HepG2 细胞的糖异生[389]。桑葚花色苷提取物可保护 HepG2 细胞免受高葡萄糖和棕榈酸诱导的氧化应激影响,并通过调节 AMPK-ACC-mTOR 途径改善体内外的胰岛素抵抗状况[399]。在高脂喂养的小鼠中花色苷通过抑制肝细胞的 Jun 激酶(Jun kinase, JNK)和 IκB 激酶 β(IκB kinase β)的激活与 NF-κB p65 的核易位有关,并激活 PI-3K-Akt 途径[400]。紫薯花色苷可以通过诱导 HepG2 细胞中的 Nrf2 途径表现出抗氧化活性,同时增加细胞内的谷胱甘肽浓度和降低脂质过氧化作用[401]。紫薯花色苷还显示出对 HepG2 细胞糖异生的抑制作用,并降低了 C57BL/6J 小鼠餐后血糖水平[402]。总之,花色苷可以通过多种途径来改善糖代谢状况并改善胰岛素抵抗。

(杨　燕)

第 8 章　花色苷的肿瘤防治作用

21 世纪以来，恶性肿瘤（癌症）已成为人类第二大死因，是重大的公共卫生问题。据 GLOBOCAN 2020（https://gco.iarc.fr/）的数据显示，乳腺癌、前列腺癌、肺癌及结直肠癌发病率分别为 47.8%、30.7%、22.4%、19.5%。世界卫生组织（WHO，https://www.who.int/）指出，1/3 甚至一半以上的肿瘤是可以预防的。健康的生活习惯尤其是合理的营养膳食有助于预防肿瘤的发生，如蔬菜、水果的摄入量与结直肠癌发病率呈显著负相关；此外大量研究还发现富含花色苷的植物性食物具有预防癌症发生发展的作用。目前，花色苷的抗肿瘤活性在多种肿瘤细胞模型和部分癌症动物模型上已积累了较多的研究证据，且初步明确了花色苷的抗肿瘤作用机制。花色苷既可通过抗基因突变来预防癌症的发生，也可通过减缓癌细胞增殖、抗血管新生、抗侵袭、促分化及抗炎等多方面的作用来抑制癌症的发展。但是，花色苷抗肿瘤的人群研究证据较为有限，因此花色苷应用于预防和治疗人类恶性肿瘤的科学依据与具体措施等仍需进一步探索。

8.1　肿瘤形成的原因和机制

8.1.1　肿瘤的最新定义

肿瘤（neoplasia，tumor）一般指机体的局部细胞在各种致瘤因素的作用下，在基因水平上失去对其生长的正常调控，导致异常增殖而形成的新生物。肿瘤根据其生物学行为及其对机体的危害程度，分为良性肿瘤和恶性肿瘤。良性肿瘤为原位生长，危害程度小，手术切除即可，一般不影响患者的生存；恶性肿瘤亦称癌症（cancer），可快速生长，侵犯破坏相邻组织并能扩散。根据起源的组织类型，肿瘤可分为六大类：癌症（malignant neoplasm）、肉瘤（sarcoma）、骨髓瘤（myeloma）、白血病（leukemia）、淋巴瘤（lymphoma）和混合型（mixed type）肿瘤。其中癌症为起源于上皮组织的恶性肿瘤，占所有肿瘤病例的 80%～90%。

8.1.2　肿瘤发生发展的进程特点

正常细胞发展成为肿瘤的过程称为肿瘤发生。恶性肿瘤的发生发展过程通常包括基因突变、异常增殖、侵袭和转移等过程。通常，单一的突变不足以将正常细胞转化为癌细胞，细胞的恶性转化需要发生多种遗传改变。因此，肿瘤发生是一个渐进式的过程，涉及多步骤和多种遗传改变的积累（图 8-1）。

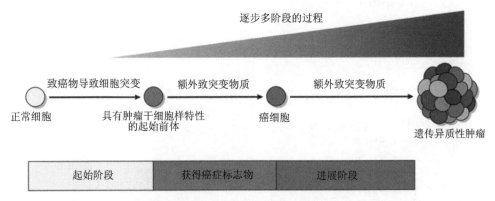

图 8-1　逐步积累突变导致肿瘤发生的过程[403]

癌症是由 DNA 突变引起的遗传性疾病。除突变外，癌症细胞经常会出现表观遗传的改变，如 DNA 甲基化或组蛋白修饰的改变。这些遗传改变或表观遗传学改变调节细胞基本生理过程中（如生长、存活和衰老）的关键基因的表达或功能，进一步影响肿瘤细胞的表型及相关的生物标志。

肿瘤的异常增殖往往伴随着对周围组织的浸润、侵袭和破坏。大多数良性肿瘤始终局限于其起源部位，以扩张性肿块的形式生长，而恶性肿瘤往往伴随着组织的侵袭（invasion）和转移（metastasis）。由于癌细胞、基质细胞和细胞外基质（ECM）之间的复杂相互作用，肿瘤侵袭的发生大致分为以下三个步骤：细胞间连接松动、ECM 降解及迁移与侵袭（图 8-2）。随后，恶性肿瘤细胞从原发部位侵入体液循环，被带到远处继续生长，形成与原发肿瘤性质相似的肿瘤的过程称为转移，所形成的肿瘤成为转移瘤。

8.1.3　肿瘤发生的原因

一般认为，肿瘤是遗传因素和环境致癌物质共同作用的结果。前面提到，肿瘤是一种因基因改变所形成的疾病，其中，原癌基因（oncogene）和抑癌基因（tumor suppressor gene）是最主要的两类调控基因。原癌基因是通过促进细胞生长而改变细胞表型的基因。多数情况下，该种基因处于不表达或低表达状态，不引起正常细胞的恶性改变。抑癌基因作用与原癌基因相反，可以控制细胞的恶性增殖，如果这类基因缺失或功能丧失则会引起肿瘤的发生。发生基因突变的肿瘤细胞常会表现出以下经典的生物学特征：持续增殖、抵抗细胞死亡、逃避生长抑制、细胞永生化、细胞能量异常、血管生成、侵袭和转移[404]（图 8-3）。

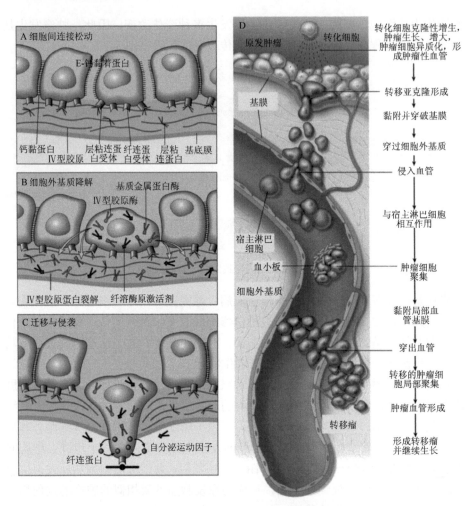

图 8-2 癌细胞侵袭和转移的过程[403]

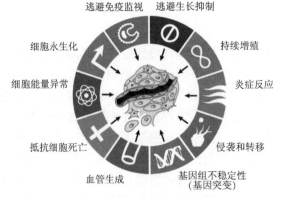

图 8-3 癌症生物学标志与促成因素（基因组不稳定性和肿瘤炎症反应）[404]

环境因素包括：①化学致癌物，如烷化剂类、多环芳烃类和亚硝基类等，多数化学致癌物自身没有直接致癌作用，经过体内生物转化酶代谢后能形成与 DNA 共价结合的终致癌物；②物理致癌物，其中危害较大的是电离辐射致癌和紫外线致癌，因其会产生高度活跃的游离基，与 DNA、RNA 等物质共价结合，造成遗传物质损伤；③生物致癌物，该类致癌物包括 DNA 病毒和 RNA 病毒，可通过直接或间接作用将病毒基因直接或间接地整合到宿主的基因组中，如 EB 病毒、人乳头瘤病毒和 T 细胞白血病病毒等。

此外，大量研究表明，不良饮食习惯可以影响肿瘤的发生发展。例如，经常食用可导致血糖水平激增的食物与多种癌症的发生相关，包括胃癌、乳腺癌和大肠癌[405, 406]，一项包含 47 000 名成年人的前瞻性队列研究结果显示，高碳水化合物饮食的人死于结肠癌的概率是低碳水化合物饮食的人的两倍左右[407]。加工的肉类食物特别是经过腌制后产生致癌物质，可增加癌症尤其是大肠癌[408]的发生风险，与那些很少食用或根本不食用这类食物的人相比，食用大量加工肉类的人患大肠癌的风险增加 20%～50%。另有两项涵盖 800 多篇研究报道的系统综述显示，每天仅食用 50g 加工肉（大约 4 片培根或一个热狗）就会使大肠癌的风险增加 18%[409,410]。

相反，另一些食物则可预防或者减少肿瘤的发生。流行病学观察性研究结果显示，新鲜水果、蔬菜的高消耗量与较低的癌症发生风险相关[411, 412]。例如，西红柿和胡萝卜可降低患前列腺癌、胃癌与肺癌的发生风险[413, 414]，浆果类水果由于富含多酚和花色苷等抗氧化物质，除具有抗血管生成的作用，还可以通过抗炎、抑制细胞侵袭等作用预防人类恶性肿瘤的发生、延缓疾病进展并改善患者的预后[415]。水果和蔬菜的这些抗肿瘤作用与其富含抗氧化营养素和植物化学物密切相关。例如，大多数深色水果和蔬菜中含有的花色苷，就有很好的抗肿瘤作用。

8.2 花色苷抑制实验动物肿瘤的形成

为了探讨花色苷在肿瘤发生发展过程中发挥怎样的作用，许多实验室以化学致癌物诱导型、基因敲除自发型和肿瘤细胞异体接种型癌症模型为对象，深入研究了花色苷在动物模型中对一些发病率较高的癌症如食管癌、结直肠癌、皮肤癌、肺癌和乳腺癌等的预防作用[416]。

8.2.1 食管癌

长时间低剂量 N-甲基苄基亚硝胺（N-nitrosomethyl benzylamine，NMBA）可以诱发啮齿动物食管癌。利用 NMBA 诱导的 Fischer-344 大鼠食管癌模型，Stoner

研究团队对比了黑树莓果实冻干粉、黑树莓果实冻干粉花色苷提取物（如矢车菊素-3-葡萄糖苷）及其代谢产物原儿茶酸对食管癌的预防作用，结果发现同等花色苷浓度条件下，5%和10%黑树莓果实冻干粉对 Fischer-344 大鼠食管癌的抑制率非常接近，介于42%至47%之间[417, 418]。后期加入黑树莓果实冻干粉与原儿茶酸对比，发现 6.1%黑树莓果实冻干粉、3.8mmol/g 花色苷提取物比 500ppm（1ppm=10^{-6}）原儿茶酸对 Fischer-344 大鼠食管癌发生的抑制率高，说明花色苷是黑树莓抗肿瘤的主要活性成分[419,420]。

8.2.2 结直肠癌

结直肠癌是另一种常见的消化道肿瘤。小鼠结直肠癌模型最常见的有自发型和诱导型两种，APC-Min/+结直肠癌癌前病变小鼠是常用来研究自发型结直肠癌的模型，乙氧基甲烷/右旋糖酐硫酸钠（AMO/DSS）诱导的 C57BL/6 小鼠是常用来研究化学物诱导型结直肠癌的模型。Kang 等利用 APC-Min/+杂交小鼠模型研究了花色苷对结直肠癌形成的影响，发现饮水中添加矢车菊素糖苷（800mg/L）、矢车菊素（200mg/L）和饲料添加樱桃花色苷提取物（200g/kg）均能有效抑制结直肠肿瘤的形成，肿瘤的数量和体积显著小于对照组，但对结肠肿瘤的数量和体积没有显著影响[421]。更高剂量的花色苷如矢车菊素-3-葡萄糖苷（1g/kg 饲料）被证明可以抑制 APC-Min/+小鼠结直肠癌的形成[422]。富含花色苷的黑大豆皮提取物可减轻炎症反应并减少了 APC-Min/+小鼠结直肠癌的发生[423]。黑树莓花色苷可对AMO/DSS 诱导的小鼠结直肠癌发挥预防作用[424]，含有多种花色苷的草莓同样降低了小鼠结肠癌肿瘤的发生率[425]。以上一系列的实验研究显示，花色苷在自发型和诱导型小鼠结直肠癌的发生发展过程中均有一定的抑制作用。

8.2.3 皮肤癌

花色苷还被证明能够预防啮齿动物皮肤癌的发生。紫外线辐射被认为是人类皮肤癌发生的主要原因。给每只无毛 SKH-1 小鼠注射石榴果实提取物中含量最高的一种花色苷花翠素 1mg，然后接受长时间高强度紫外光（紫外线）辐照，观察花色苷对小鼠皮肤的保护作用，发现花色苷可以有效减少紫外光引起的 DNA 破坏和表皮细胞凋亡[426]。既然花色苷对高强度紫外光辐照的小鼠有保护作用，那么对小鼠皮肤癌是不是也会有作用呢？二甲苯和佛波酯（12-O-tetradecanoylphorbol-13-acetate，TPA）化学诱导方式是构建小鼠皮肤癌模型最常用的手段，研究人员利用 TPA 诱发 CD-1 小鼠皮肤癌变，在对小鼠背部剃毛皮肤给予每只小鼠 2mg 石榴果实花色苷提取物进行皮肤涂抹预处理，之后再进行 TPA 涂抹以进行肿瘤诱导，结果发现花色苷提取物可以显著减少小鼠皮肤肿瘤的数量和体积[427]。另一研究还报道了黑莓主要花色苷提取物如矢车菊素-3-葡萄糖苷（3.5μmol/L）进行皮肤涂抹预处理 30min，可以抑制 TPA 诱导的小鼠皮肤癌的形成[428]。

8.2.4　肺癌

吸烟是肺癌发生、发展和患病的主要危险因素。在与肺癌相关的致癌物中，烟草特有的亚硝胺 4-(甲基亚硝胺基)-1-(3-吡啶基)-1-丁酮（NNK）是最有效的致癌剂之一，也是小鼠化学诱导肺癌模型常用的试剂[429]。浆果中富含的花色苷如矢车菊素-3-葡萄糖苷（6mg/d）可以抑制 NNK 诱导的小鼠肺部肿瘤形成[430]。皮下注射肺肿瘤细胞可用于诱发小鼠肿瘤异位种植。从越橘中分离出的翠雀素（1.5mg/d）和天然花色苷混合物（0.5mg/d）对非小细胞肺癌 H1299 细胞肿瘤异位移植物的生长有抑制作用（图 8-4）[431]。提纯的黑米花色苷提取物（0.5%，m/m）灌胃给小鼠，发现其可以有效抑制肺癌细胞在小鼠皮下的生长[432]。

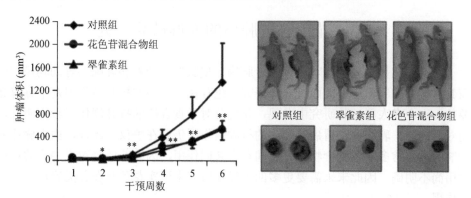

图 8-4　从越橘中分离出的翠雀素和花色苷混合物抑制裸鼠非小细胞肺癌 H1299 细胞肿瘤异位移植物生长[431]

*为 $p<0.05$，**为 $p<0.01$

8.2.5　乳腺癌

乳腺癌是乳腺上皮细胞在多种致癌因子的作用下，发生增殖失控的现象，其发病率位居女性恶性肿瘤的首位[433]。异位种植乳腺癌细胞是研究小鼠乳腺癌最常见的造模方法，深色樱桃花色苷提取物（150mg/kg）可以抑制异位种植乳腺癌细胞的无胸腺小鼠的肿瘤生长[434]。Hui 等在对体外细胞模型研究中发现，黑米花色苷提取物（花色苷含量约为 35%）可以有效抑制多种乳腺癌肿瘤细胞的增殖，半数抑制浓度为 180～370mg/L[20]。该课题组进一步对裸鼠接种乳腺癌细胞，给予腹腔注射黑米花色苷提取物（100mg/kg）干预 28d 后发现，花色苷抑制了肿瘤生长

（图 8-5），表明花色苷对乳腺癌有明显的抑制作用[435]。

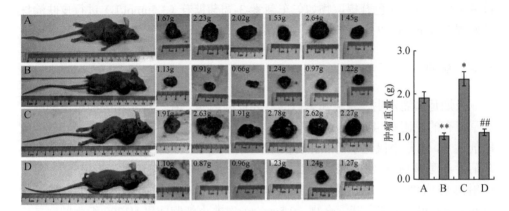

图 8-5 黑米花色苷有助于抑制裸鼠乳腺肿瘤生长

A. 正常对照组；B. 黑米花色苷干预组；C. 促癌剂血管内皮生长因子干预组；D. 促癌剂血管内皮生长因子+黑米花色苷干预组[435]；与 A 组相比，*为 p<0.05，**为 p<0.01；与 C 组相比，##为 p<0.01

8.3 花色苷抗肿瘤的人群试验研究

现有研究显示花色苷对食管癌、肠癌、皮肤癌、肺癌和乳腺癌等动物模型肿瘤具有显著抑制作用，因而进一步研究花色苷在人群中的抗肿瘤作用是十分有必要的。迄今在人群试验研究中发现，花色苷对于食管癌的抗肿瘤作用较为明确，而对于肠癌、乳腺癌、胃癌等癌症的抗肿瘤作用仍存在争议。此外，由于癌症的影响因素非常多，各种食物成分之间存在共同作用，因此花色苷对于癌症的单独作用尚不明确。因此未来需要更多的大样本研究来证实花色苷在各类癌症发展中的作用。

8.3.1 食管癌

人群试验研究显示，膳食中增加富含花色苷的食物的摄入，有助于降低食管癌的发病风险。

根据组织学分类，食管癌可分为鳞状细胞癌和腺癌，食管鳞状细胞癌起源于鳞状上皮细胞，易发于整条食管，而食管腺癌则起源于腺上皮细胞，易发于胃和食管交界处。2018 年流行病学调查显示，新发食管癌病例中食管鳞状细胞癌占84%[436]。目前的人群试验研究发现，花色苷的摄入能够降低食管鳞状细胞癌的发病风险，而对于食管腺癌的作用则存在争议。

Sun 等在中国食管鳞状细胞癌高危地区招募了820名食管鳞状细胞癌患者和863名健康人进行病例对照研究，通过评估饮食中总黄酮及其亚类的摄入与食管癌发病风险之间的关系，发现饮食中总花色苷［优势比（OR）= 0.58，95% CI = 0.42～0.80］和矢车菊素（OR = 0.48，95% CI = 0.35～0.66）摄入量的增加可以降低食管鳞状细胞癌的发病风险[437]。Petrick 等在基于美国多个州进行的病例对照研究中，纳入了274例食管腺癌患者、191例食管鳞状细胞癌患者和662名健康人进行调查，结果显示摄入葡萄酒和果汁来源的花色苷，可使发生食管腺癌（OR = 0.43，95% CI = 0.29～0.66）和食管鳞状细胞癌（OR = 0.43，95% CI = 0.26～0.70）的风险均降低约57%[438]。在前瞻性队列研究中，Sun 等纳入了275 982名男性和193 026名女性，经过12年随访，其中1165例确诊为食管癌（890例腺癌和275鳞状细胞癌），对黄酮类化合物摄入量与食管癌发病风险的相关性进行分析，结果显示，花色苷仅与食管鳞状细胞癌发病风险呈负相关关系（OR = 0.63，95% CI = 0.41～0.96）[439]。

此外，Petrick 等还发现花色苷的摄入增加还可能降低食管腺癌肿瘤前体病变的发病风险。巴雷特食管（BE）是食管下段的鳞状上皮被化生的腺上皮所替代的一种病理状态，是食管腺癌的癌前病变和重要危险因素。在纳入了 193 例 BE 患者和 211 名健康人的病例对照研究中，发现花色苷摄入与 BE 呈显著负相关（OR = 0.49，95% CI = 0.30～0.80）[440]，饮食中适当摄入富含花色苷的食物可能降低患此癌前病变的风险。

Cui 等纳入了 7 项研究（1 项队列研究和 6 项病例对照研究），对黄酮类化合物及其亚类对食管癌发病风险的干预研究进行了 Meta 分析，包括 2629 例患者和481 193 例对照人群，发现增加花色苷（OR = 0.60，95% CI = 0.49～0.74）摄入量可以使食管癌发病风险降低 40%[441]。

以上观察性研究发现，膳食中适当摄入富含花色苷的食物可能降低患食管癌及其癌前病变的风险。此外，随机干预试验中也支持此结论，研究发现富含花色苷的草莓冻干粉能够改善食管鳞状细胞癌的癌前病变——食管异型增生。食管异型增生是食管鳞状细胞癌的组织学前兆，是食管癌变的一个重要阶段。Chen 等招募了 75 名确诊为食管异型增生的患者，进行为期 6 个月的草莓冻干粉随机干预试验，结果发现草莓冻干粉（60g/d）干预可显著降低食管癌前病变的病理学评分，并显著抑制细胞增殖，降低食管黏膜与肿瘤相关的 iNOS、COX-2、p-NF-κB-p65 和 pS6 蛋白表达水平[442]，冻干草莓粉可能具有预防人类食管癌的潜力，其进一步确证需要更多的大样本人群试验。

8.3.2　肠癌

Xu 等在中国开展的一项病例对照研究中，2010～2015 年招募了 1632 例结直肠癌患者和 1632 例健康人群，发现总膳食中花色苷摄入量与结直肠癌风险呈临界显著负相关，优势比（odds ratio，OR）为 0.80（95% CI = 0.64～1.00）。其中，蔬菜和水果来源的花色苷与结直肠癌发病风险呈显著负相关（OR = 0.79，95% CI = 0.63～0.98）[443]。Bahrami 等在伊朗开展了一项病例对照研究，招募了 129 例结直肠癌患者、130 例大肠腺瘤患者和 240 例健康人群，研究显示花色苷摄入量与结直肠癌发病风险呈显著负相关（OR = 0.21，95% CI = 0.08～0.55）[444]。以上研究结果提示，膳食中摄入富含花色苷的食物与肠癌发病风险降低有关。

Chang 等纳入 12 项研究（5 项前瞻性队列研究和 7 项病例对照研究）进行 Meta 分析，结果发现，花色苷可降低结直肠癌的发病风险（OR = 0.78，95% CI = 0.64～0.95）；但在对研究设计类型进行分组分析后发现，在病例对照研究中，花色苷摄入量与肠癌发病风险具有相关性（RR = 0.69，95% CI = 0.60～0.78），而在前瞻性队列研究中，花色苷摄入量与肠癌发病风险之间没有显著相关性（RR = 1.00，95% CI = 0.91～1.10）[445]。

Zamora-Ros 等在欧洲癌症与营养前瞻性调查（EPIC）研究中，评估了总黄酮及其亚类（包括花色苷）的饮食摄入与肠癌发病风险之间的关系，发现花色苷摄入量与大肠癌或任何大肠癌亚型的发病风险均无相关性[446]。另一项前瞻性队列研究也得出了相同的结论，Nimptsch 等根据两个前瞻性队列研究——卫生职业人群随访研究（Health Professionals Follow-Up Study，HPFS）和护士健康研究（Nurses' Health Study，NHS）随访 26 年的数据，筛选了 2519 例结直肠癌患者，分析膳食中花色苷等 5 种黄酮类化合物的摄入量和结直肠癌发病风险之间的相关性，然而发现花色苷等 5 种亚类与结直肠癌发病风险之间的相关性均无统计学意义[447]。

因此，目前关于膳食中花色苷摄入量与肠癌发病风险之间关系的观察性研究的结果存在争议[448]，大部分病例对照研究显示花色苷的总摄入量与结直肠癌的发病风险呈负相关关系[443,444]，但是，有少量病例对照研究结果显示两者无相关关系[449]，前瞻性队列研究中则显示花色苷摄入量与降低肠癌风险无关[446,447]。所以，仍需要进行大样本的人群研究来进一步明确膳食中花色苷的摄入量与肠癌发病风险之间的关系。

在随机对照试验研究中，研究者发现富含花色苷的黑覆盆子冻干粉对肠癌患者具有促肿瘤细胞凋亡、抗增殖和抗血管生成的作用，对肠癌患者具有良好的改善作用。Mentor-Marcel 等对 24 例肠癌患者进行黑覆盆子冻干粉（60g/d）干预 9 周，收集干预前后的血浆和肠腺癌肿瘤及邻近正常结肠组织的活检标本，发现黑覆盆子冻干粉可促进癌细胞凋亡，减少细胞增殖和血管生成标志物水平，增加粒细胞-巨噬细胞集落刺激因子（GM-CSF）水平进而刺激机体对肿瘤的免疫反应，减少白细胞介素-8（IL-8）水平，增强癌细胞凋亡水平[450]。Pan 等招募了 28 例结直肠癌患者进行相同的干预研究发现，黑覆盆子冻干粉可能通过改变多种代谢途径，如氨基酸代谢、能量代谢和脂质代谢，调节多种代谢产物而对结直肠癌患者产生有益作用[451]。

Wang 等对 14 名家族性腺瘤性息肉病患者进行了黑莓冻干粉口服和栓剂联合干预试验，9 个月后进行活组织检查发现，仅使用栓剂即可显著降低反应者直肠息肉的细胞增殖、DNA 甲基化相关甲基转移酶的表达和 p16 启动子甲基化，增加去甲基化转录起始位点（TSS），但并没有改变 Wnt 通路拮抗剂 SFRP2 和 WIF1 的启动子甲基化，而口服和栓剂的联合使用并没有观察到额外的有益效果，这表明其局部治疗有足够的效果[452]。

以上结果提示，花色苷可能对改善肠癌的肿瘤相关指标产生有益作用，但相关结论仍需更多的大样本人群研究进一步证实。

8.4　花色苷抗肿瘤作用机制

如前所述，肿瘤的发生发展是一个多因素多步骤的复杂过程，包括突变、增殖、侵袭、转移等过程。花色苷可通过抑制肿瘤发生发展过程中的多个环节来发挥抗肿瘤作用，并且花色苷还通过抑制血管新生、抑制炎症及促进细胞向单核细胞、巨噬细胞分化从而发挥其抗肿瘤的作用。下面我们将从花色苷的抗突变、抑制增殖、抗血管新生、抗侵袭、抗炎症、促分化等多方面的效应来探讨其抗肿瘤作用机制。

8.4.1　抗突变作用

基因在致癌物的作用下发生突变可引发肿瘤。抑制基因突变可大大降低肿瘤发生的风险。研究表明，花色苷可通过抗突变的机制来预防癌症的发生。

目前动物研究发现，花色苷可以降低杂环胺类诱变剂的诱变活性。动物实验发现，采用较高剂量的纯化花色苷（10mg/kg 和 20mg/kg）预处理的小鼠显示出较低的环磷酰胺诱导的突变发生率[453]。Gheller 等通过微核试验评估发现，含有花色苷与芦丁的玫瑰茄水提取物对环磷酰胺诱导的雄性大鼠的 DNA 损伤具有保护作用[454]。

体外研究同样证实花色苷对杂环胺类诱变剂表现出抗突变效应。由紫薯色素提取物分离获得的花色苷矢车菊素-3-咖啡酸阿魏酸槐糖有很强的抗突变能力[455]。Loarca-Piña 等利用黄曲霉毒素 B1 作为诱变剂进行沙门氏菌回复突变试验（Ames 试验），发现墨西哥紫玉米提取物矢车菊素-3-O-葡萄糖苷具有抗突变性[456]，另一研究同样证实墨西哥紫玉米花色苷对 2-氨基蒽诱导的突变具有抗突变活性[457]。此外，Pedreschi 和 Cisneros-Zevallos 发现来自安第斯紫玉米的丰富花色苷提取物对食物诱变剂 Trp-P-1 表现出剂量依赖性的抗突变特性[458]。除了从谷薯类中提取的花色苷，水果类中的花色苷也具有很强的抗突变性。Saxena 等发现海南蒲桃

（*Syzygium cumini*）花色苷矮牵牛素-3,5-二葡萄糖苷（petunidin-3,5-diglucoside）对物理（紫外线）与化学（甲磺酸乙酯和萘啶酸）诱变剂具有很强的广谱抗突变性[459]。黑果腺肋花楸果实中提取的花色苷在 Ames 试验中明显抑制了苯并[a]芘和2-氨基芴的诱变活性，同时显著降低苯并[a]芘诱导的体外培养的人源外周血淋巴细胞进行姐妹染色单体交换的频率[460]。

既往研究已经证实花色苷可能主要通过阻断正常细胞变为突变细胞发挥抗肿瘤作用。花色苷作为一种抗突变物质，其具体机制可能有以下三种。第一种是花色苷对一些酶系统的抑制，如各种致突变剂发挥生物活性所依靠的细胞色素 P-450 酶系统。第二种是花色苷对机体代谢时产生的一些可致突变的亲电子体的清除作用[458]。氧化应激是基因突变的危险因素，而花色苷的酚羟基使其具有较强的自由基清除能力，可以中和多种自由基，如活性氧（ROS）、脂质氧化自由基等。花色苷及其苷元的抗氧化作用已在多个肿瘤细胞系得到了证明，包括肠癌细胞、肝癌细胞、乳腺癌细胞和白血病细胞等。在这些细胞模型上，花色苷可通过防止 DNA 氧化修饰物形成、减少脂质过氧化反应、抑制环境毒素和致癌物引起的基因突变等方面，从而表现出多样化的抗癌效应[461]。此外，第三种机制可能是花色苷对大肠杆菌中容易出错的 DNA 修复途径具有抑制潜力，通过这种潜力发挥抗突变的作用[459]。

综上所述，花色苷可通过其抗突变性发挥抗肿瘤的效应。花色苷主要通过抑制促突变酶表达、清除自由基和抑制容易出错的 DNA 修复途径这三种机制发挥抗突变作用，但具体是哪种机制发挥主导效应及是否还有其他机制起作用仍需进一步研究证实。

8.4.2 抑制增殖作用

肿瘤细胞的一个重要特征是其不受控制的过度增殖[462]。研究发现花色苷可选择性地抑制肿瘤细胞的增殖，而对正常细胞的增殖影响很小甚至没有影响[463]。已有研究表明，花色苷在体外可抑制多种肿瘤细胞增殖，且抗癌作用在不同的肿瘤细胞系之间有所不同。Sun 等发现，从杨梅中纯化的矢车菊素-3-葡萄糖苷对胃癌细胞系和肺癌细胞系有很强的抑制增殖作用，其含量在 40.88~42.40μg/mL 时，对 SGC7901 细胞生长的抑制率最高，抑制率可达 92.66%~93.75%（图 8-6）[464]。

此外，富含花色苷的果汁也显示出可以抑制肿瘤细胞增殖的作用。Konić-Ristić 等发现了红树莓汁、黑莓汁、黑加仑汁、红醋栗汁和越橘汁 5 种浆果汁可抑制人肿瘤细胞系（宫颈癌细胞系 HeLa、黑素瘤细胞系 Fem X、结肠癌细胞

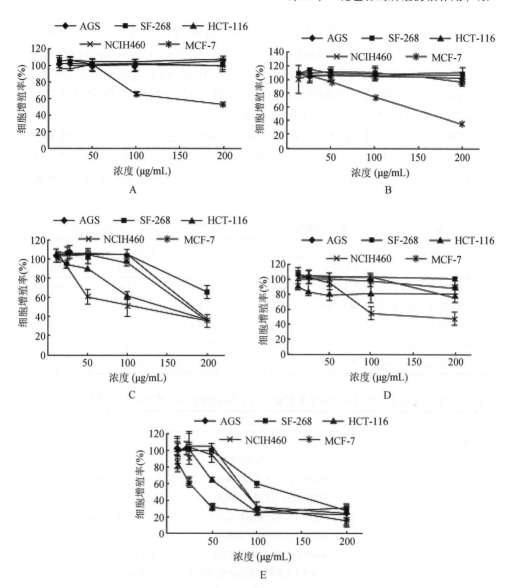

图 8-6　常见 5 种花色苷元对不同肿瘤细胞增殖的影响

A. 矢车菊素；B. 翠雀素；C. 天竺葵素；D. 芍药素；E. 锦葵素；AGS 为人胃癌细胞；SF-268 为人恶性胶质瘤细
胞系；HCT-116 为人结肠癌细胞系；NCIH460 为人肺癌细胞系；MCF-7 为人乳腺癌细胞系

系 LS 174、乳腺癌细胞系 MCF-7 和前列腺癌细胞系 PC-3）的增殖，其中黑加仑
汁对所检测的细胞系均显示出最高的抗增殖活性（表 8-1）[465]，这可能归因于黑
加仑汁的总酚含量和花色苷含量。Zhang 等对植物中常见的 4 种花色苷（矢车菊
素-3-葡萄糖苷、矢车菊素-3-半乳糖苷、翠雀素-3-半乳糖苷和天竺葵素-3-半乳糖
苷）及 5 种花色素（矢车菊素、翠雀素、天竺葵素、矮牵牛素与锦葵素）抑制人

肿瘤细胞增殖的活性进行了研究，以胃癌细胞系（AGS）、结肠癌细胞系（HCT-116）、乳腺癌细胞系（MCF-7）、肺癌细胞系（NCIH460）、恶性胶质瘤细胞系（SF-268）作为研究对象，处理浓度为 12.5～200μg/mL，发现锦葵素活性最强，200μg/mL 孵育 24h 可以使 AGS、HCT-116、NCIH460、MCF-7 和 SF-268 细胞增殖速度分别降低 69%、75.7%、67.7%、74.7% 和 40.5%；其次是天竺葵素，可以使 AGS、HCT-116、NCIH460、MCF-7 和 SF-268 细胞增殖速度分别降低 64%、63%、62%、63% 和 34%（表 8-2）。可见，花色素抑制肿瘤细胞增殖的活性高于花色苷[466]。综合以上研究结果可知，花色苷及富含花色苷的蔬菜水果对多种肿瘤细胞的增殖具有显著的抑制作用。

表 8-1　5 种浆果汁抑制不同肿瘤细胞存活率下降 50% 时（IC_{50}）的果汁浓度[465]

细胞系	抗增殖活性，IC_{50}（μL/mL）				
	红树莓汁	黑莓汁	黑加仑汁	红醋栗汁	越橘汁
宫颈癌细胞系（HeLa）	28.9 ± 1.9	43.4 ± 1.4	13.6 ± 3.3	22.1 ± 1.2	56.9 ± 1.9
黑素瘤细胞系（Fem X）	20.7 ± 0.9	37.4 ± 0.9	13.6 ± 1.3	28.3 ± 1.9	20.3 ± 1.7
结肠癌细胞系（LS 174）	18.4 ± 1.8	66.7 ± 2.1	15.4 ± 2.3	21.1 ± 2.0	58.7 ± 3.1
乳腺癌细胞系（MCF-7）	41.0 ± 0.3	61.6 ± 1.1	26.8 ± 1.4	33.4 ± 1.5	70.5 ± 3.9
前列腺癌细胞系（PC-3）	26.0 ± 2.2	60.8 ± 2.7	10.2 ± 2.2	29.3 ± 1.8	28.4 ± 3.5

表 8-2　常见花色素、花色苷和花色苷提取物对不同肿瘤细胞增殖的抑制作用[422, 464, 465, 467-476]

受试物		细胞系	效应
花色素			
	翠雀素	NCI-H441（人肺癌细胞系）	IC_{50} 58μmol/L
		SK-MES-1（人肺癌细胞系）	IC_{50} 44μmol/L
		LXFL529L（人肺癌细胞系）	IC_{50} 33μmol/L
		A431（人阴道癌细胞系）	IC_{50} 18μmol/L
		HT29（人结肠癌细胞系）	IC_{50} 35μmol/L
		MCF-7（人乳腺癌细胞系）	抑制增殖（66%），662μmol/L
		HL60（人原髓细胞白血病细胞系）	抑制增殖（88%），100μmol/L
		HCT-116（人结肠癌细胞系）	抑制增殖（64%），100μmol/L
		Caco-2（人结肠癌细胞系）	抑制增殖（20%），200μmol/L
	矢车菊素	U937a（人白血病细胞系）	IC_{50} 210μmol/L
		HT29（人结肠癌细胞系）	IC_{50} 63μmol/L
			IC_{50} 57μmol/L
		LXFL529L（人肺癌细胞系）	IC_{50} 73μmol/L
		A431（人阴道癌细胞系）	IC_{50} 42μmol/L
		HCT-116（人结肠癌细胞系）	IC_{50} 85μmol/L
			抑制增殖（82%），200μmol/L

续表

受试物	细胞系	效应
	MCF-7（人乳腺癌细胞系）	抑制增殖（47%），699μmol/L
	HL60（人原髓白血病细胞系）	抑制增殖（85%），200μmol/L
锦葵素	U937a（人白血病细胞系）	IC$_{50}$ 121μmol/L
	LXFL529L（人肺癌细胞系）	IC$_{50}$>100μmol/L
	A431（人阴道癌细胞系）	IC$_{50}$ 61μmol/L
	HT29（人结肠癌细胞系）	IC$_{50}$ 35μmol/L
	HCT-116（人结肠癌细胞系）	IC$_{50}$ 218μmol/L
	SF-268（人恶性胶质瘤细胞系）	IC$_{50}$ 433μmol/L
	AGS（人胃癌细胞系）	IC$_{50}$ 258μmol/L
	NCIH460（人肺癌细胞系）	IC$_{50}$ 267μmol/L
	MCF-7（人乳腺癌细胞系）	IC$_{50}$ 97μmol/L
	HL60（人原髓白血病细胞系）	抑制增殖（97%），200μmol/L
	HCT-116（人结肠癌细胞系）	抑制增殖（22%），200μmol/L
	B16F10（鼠黑色素瘤细胞系）	抑制增殖（97%），500μmol/L
芍药素	HT29（人结肠癌细胞系）	IC$_{50}$ 90μmol/L
	HL60（人原髓白血病细胞系）	抑制增殖（80%），400μmol/L
	SW480（人结肠癌细胞系）	抑制增殖（>80%），40μmol/L
	HCT-116（人结肠癌细胞系）	抑制增殖（>60%），40μmol/L
天竺葵素	HT29（人结肠癌细胞系）	IC$_{50}$ 100μmol/L
	HCT-116（人结肠癌细胞系）	抑制增殖（63%），645μmol/L
	SF-268（人恶性胶质瘤细胞系）	抑制增殖（34%），645μmol/L
	AGS（人胃癌细胞系）	抑制增殖（64%），645μmol/L
	NCIH460（人肺癌细胞系）	抑制增殖（62%），645μmol/L
	MCF-7（人乳腺癌细胞系）	抑制增殖（63%），645μmol/L
矮牵牛素	MCF-7（人乳腺癌细胞系）	抑制增殖（53%），633μmol/L
	B16F10（鼠黑色素瘤细胞系）	抑制增殖（59%），650μmol/L
花色苷		
翠雀素-3-半乳糖苷	HL60（人原髓白血病细胞系）	抑制增殖（～80%），431μmol/L
翠雀素-3-葡萄糖苷	HCT-116（人结肠癌细胞系）	抑制增殖（～85%），863μmol/L
	HT29（人结肠癌细胞系）	抑制增殖（87%），431μmol/L
	MCF-7（人乳腺癌细胞系）	抑制增殖（82%），431μmol/L
	HL60（人原髓白血病细胞系）	抑制增殖（～75%），216μmol/L
矢车菊素-3-半乳糖苷	LXFL529L（人肺癌细胞系）	IC$_{50}$ 100μmol/L
	A431（人阴道癌细胞系）	IC$_{50}$ 100μmol/L
矢车菊素-3-葡萄糖苷	Jurkat（人淋巴瘤细胞系）	IC$_{50}$ 391μmol/L

续表

受试物	细胞系	效应
矢车菊素-3-葡萄糖苷	NCIH460（肺癌细胞系）	IC$_{50}$ 158μg/mL
	HT29（人结肠癌细胞系）	抑制增殖（88%），446μmol/L
	HL60（人原髓白血病细胞系）	抑制增殖（37%），446μmol/L
	MCF-7（人乳腺癌细胞系）	抑制增殖（85%），446μmol/L
	HCT-116（人结肠癌细胞系）	抑制增殖（40%），200μmol/L
	AGS（人胃癌细胞系）	抑制增殖（25%），200μmol/L
	SGC7901（人胃癌细胞系）	抑制增殖（93%），42μmol/L
锦葵素-3-葡萄糖苷	LXFL529L（人肺癌细胞系）	IC$_{50}$ 100μmol/L
	A431（人阴道癌细胞系）	IC$_{50}$ 100μmol/L
	HT29（人结肠癌细胞系）	抑制增殖（90%），407μmol/L
	MCF-7（人乳腺癌细胞系）	抑制增殖（84%），407μmol/L
花色苷提取物		
野樱桃花色苷提取物	NCM 460（人正常结肠细胞系）	IC$_{50}$ 25μg/mL
	HT29（人结肠癌细胞系）	IC$_{50}$ 10μg/mL
		抑制增殖（37%），5mg/mL
		抑制增殖（69%），10mg/mL
葡萄皮花色苷提取物	HT29（人结肠癌细胞系）	IC$_{50}$ 25μg/mL
	NCM 460（人正常结肠细胞系）	IC$_{50}$ 75μg/mL
	RBA（大鼠乳腺癌细胞系）	IC$_{50}$ 14μg/mL
	MCF-7（人乳腺癌细胞系）	抑制增殖（19%），5mg/mL
樱桃花色苷提取物	HT29（人结肠癌细胞系）	IC$_{50}$ 360μg/mL
	HCT-116（人结肠癌细胞系）	IC$_{50}$ 130μg/mL
越橘花色苷提取物	NCM 460（人正常结肠细胞系）	IC$_{50}$ 25μg/mL
	HT29（人结肠癌细胞系）	IC$_{50}$ 25μg/mL
		抑制增殖（69%），5mg/mL
	MCF-7（人乳腺癌细胞系）	抑制增殖（25%），5mg/mL
	HL60（人原髓白血病细胞系）	抑制增殖（84%），4mg/mL
	HCT-116（人结肠癌细胞系）	抑制增殖（97%），4mg/mL
	3T3-L1（鼠非恶性成纤维细胞系）	IC$_{50}$ 214μg/mL
	Caco-2（人结肠癌细胞系）	IC$_{50}$ 390μg/mL
	Hep-G2（人肝癌细胞系）	IC$_{50}$ 563μg/mL
黑加仑花色苷提取物	HeLa（人宫颈癌细胞系）	IC$_{50}$ 281μg/mL
	A2780（人卵巢癌细胞系）	IC$_{50}$ 259.8μg/mL
	B16F10（鼠黑色素瘤细胞系）	IC$_{50}$ 224μg/mL
	Fem X（人黑色素瘤细胞系）	IC$_{50}$ 13.6μg/mL
	LS 174（人结肠癌细胞系）	IC$_{50}$ 15.4μg/mL

续表

受试物	细胞系	效应
	PC-3（人前列腺癌细胞系）	IC_{50} 10.2μg/mL
	HT-29（人结肠癌细胞系）	抑制增殖（~51%）
	Caco-2（人结肠癌细胞系）	抑制增殖（~56%）
蔓越莓花色苷提取物	CAL27（人口腔癌细胞系）	抑制增殖（~20%）
	KB（人口腔癌细胞系）	抑制增殖（~20%）
	HCT-116（人结肠癌细胞系）	抑制增殖（~15%）
	SW620（人结肠癌细胞系）	抑制增殖（~15%）
	RWPE-1（人前列腺癌细胞系）	抑制增殖（~55%）
	RWPE-2（人前列腺癌细胞系）	抑制增殖（~60%）
	22Rv1（人前列腺癌细胞系）	抑制增殖（~70%）
印度黑莓花色苷提取物	A549（人肺癌细胞系）	IC_{50} 59μg/mL
蓝莓花色苷提取物	HeLa（人宫颈癌细胞系）	抑制增殖（54%）
	A2780（人卵巢癌细胞系）	抑制增殖（48%）
	B16F10（鼠黑色素瘤细胞系）	抑制增殖（44%）
芙蓉花花色苷提取物	B16-F1（鼠黑色素瘤细胞系）	IC_{50} 523μg/mL

花色苷抑制肿瘤细胞增殖的作用机制可归纳为以下三个方面。第一，抑制肿瘤细胞增殖的信号通路，从而阻断信号转导。Marko 等发现花色苷可以有效抑制人结肠癌细胞系 HT29 中磷酸二酯酶（PDE）的活性和环磷酸腺苷（cAMP）的水解，从而抑制丝裂原激活蛋白激酶（MAPK）信号通路[477]。Teller 等还发现花色苷可以抑制肿瘤细胞中受体酪氨酸激酶（RTK）的自磷酸化，对致癌基因 *ErbB3* 的抑制作用更为显著[478]。简而言之，花色苷可以通过体外抑制不同的激酶信号转导来抑制肿瘤细胞的增殖。第二，调节抑癌基因及相关蛋白的表达。Ha 等发现，花色苷可以启动两种细胞周期蛋白依赖性激酶抑制剂 p21 和 p27 的转录[479]。这两种激酶抑制剂通过诱导细胞周期停滞来抑制细胞增殖[480]。Anwar 等发现富含花色苷的浆果提取物，通过增加细胞增殖周期中极为重要的周期调控蛋白 p21Waf/Cif1 的表达，使人结肠癌细胞系 Caco-2 的细胞周期停滞，通过进一步激活胱天蛋白酶 3 诱导 Caco-2 细胞凋亡，从而抑制其增殖[481]。此外，花色苷还可以下调细胞周期蛋白依赖性激酶 CDK-1 和 CDK-2 的表达，抑制细胞周期蛋白 A、细胞周期蛋白 B 和细胞周期蛋白 E 等表达，从而使肿瘤细胞停滞在细胞周期 G_0/G_1 和 G_2/M 阶段[482]。Malik 等发现富含花色苷的北美沙果提取物通过激活 p21 和 p27 的表达，以及抑制细胞周期蛋白 A 和细胞周期蛋白 B 的表达，阻断 G_0/G_1 和 G_2/M 的双重细胞周期，在人结肠癌细胞系 HT29 中表现出抗增殖作用[483]。同样，纯化的花色苷单体也被发现在人结肠癌细胞系 HCT-116 中阻断了 G_2/M 的细胞周期[484]。因此，花色苷可通过上调抑癌基因的表达和下调癌基因的表达，且伴随着不同细胞周期

蛋白及 CDK 和/或 CDKI 表达的下调，将细胞周期停滞在不同的分裂阶段，从而抑制肿瘤细胞的增殖。第三，作用于其他信号通路。Chen 等发现花色苷可以作用于 PI3K/Akt/mTOR 途径，以及它们的下游靶蛋白，从而抑制人类非小细胞肺癌细胞的增殖[485]。

抑制肿瘤细胞增殖的机制复杂，且尚未完全研究透彻，目前认为花色苷主要是通过上述三种机制来抑制肿瘤细胞增殖而发挥抗癌作用（表 8-3）。

表 8-3　常见花色素、花色苷和花色苷提取物抗肿瘤的可能机制[422]

受试物	细胞系/生物模型	效应及可能机制
花色素		
翠雀素	JB6（小鼠表皮细胞系）	↓TPA 诱导活化蛋白-1（AP-1）活化
		↓ JNK/ERK 磷酸化
	A431（人阴道癌细胞系）	↓表皮生长因子受体（EGFR）酪氨酸激酶活性
		↓Elk-1 活化
	HT29（人结肠癌细胞系）	↓EGFR 酪氨酸激酶活性
		↑PDE4 抑制表达
	Caco-2（人结肠癌细胞系）	G_2/M 相位阻滞
		↑凋亡
	HeLa S3（人宫颈癌细胞系）	G_2/M 相位阻滞
		↑凋亡
	人胚胎成纤维细胞	↑凋亡
		S 相位阻滞
	HL60（人原髓白血病细胞系）	↑凋亡
		胱天蛋白酶 3 活化
		↑JNK 磷酸化
	RAW264（小鼠单核巨噬细胞系）	↓LPS 诱导 IκB 降解
		↓LPS 诱导 NF-κB 活化
		↓LPS 诱导 COX-2 表达
	大鼠精囊腺	↓COX-1 活性
矢车菊素	JB6（小鼠表皮细胞系）	↓TPA 诱导 AP-1 活化
	HL60（人原髓白血病细胞系）	↑凋亡
	人成纤维细胞	G_1 相位阻滞
	A431（人阴道癌细胞系）	↓EGFR 酪氨酸激酶活性
		↓Elk-1 活化
	HT29（人结肠癌细胞系）	↓EGFR 酪氨酸激酶活性
		↑PDE4 抑制表达
	U937a（人白血病细胞系）	G_2/M 相位阻滞
		凋亡

续表

受试物	细胞系/生物模型	效应及可能机制
矢车菊素	大鼠精囊腺	↓COX-1 活性
锦葵素	U937a（人白血病细胞系）	G$_2$/M 相位阻滞
		↑凋亡
	A431（人阴道癌细胞系）	↓Elk-1 活化
	JB6（小鼠表皮细胞系）	AP-1 活性弱抑制
	HT29（人结肠癌细胞系）	↓EGFR 酪氨酸激酶活性
		抑制 PDE4 表达
	大鼠精囊腺	↓COX-1 活性
矮牵牛素	JB6（小鼠表皮细胞系）	↓TPA 诱导 AP-1 活化
	HL60（人原髓白血病细胞系）	↑凋亡
芍药素	HT29（人结肠癌细胞系）	↓EGFR 酪氨酸激酶活性
		↑PDE4 抑制表达
	大鼠精囊腺	↓COX-1 活性
花葵素	JB6（小鼠表皮细胞系）	AP-1 活性弱抑制
	HT29（人结肠癌细胞系）	↓EGFR 酪氨酸激酶活性
		PDE4 抑制表达
	大鼠精囊腺	↓COX-1 活性
花色苷		
矢车菊素-3-葡萄糖苷	淋巴细胞	↑凋亡
	Jurkat 细胞（人急性 T 淋巴细胞系）	↑凋亡
		↑p53 蛋白
		↑BAX 抑制表达
	HL60（人原髓白血病细胞系）	↑凋亡
		↓c-myc 促癌基因
		↓bcl-2 凋亡基因
花色苷提取物		
樱桃提取物	大鼠精囊腺	↓COX-1 活性
覆盆子提取物	大鼠精囊腺	↓COX-1 活性
葡萄皮提取物	RBA（口腔鳞状癌细胞系）	↓DNA 合成减少
		G$_1$ 相位阻滞
越橘提取物	RAW264（小鼠单核巨核细胞系）	↓LPS 诱导 COX-2 表达
	HL60（人原髓白血病细胞系）	↑凋亡
	HCT-116（人结肠癌细胞系）	↑凋亡

注：↑表示促进作用，↓表示抑制作用

8.4.3 抗血管新生作用

血管新生（angiogenesis）是正常生理变化中（如生长、伤口愈合）所必需的生理过程。然而在一些特殊的生理环境中可通过过度增强血管新生来改变生理状态。例如，在肿瘤环境中癌细胞通过过度的血管新生便于癌细胞迁移/侵入组织，从而导致远离原发肿瘤的远处器官发生继发性肿瘤。当肿瘤刚形成的时候，癌细胞本身或周围的结缔组织，会分泌许多促使血管新生的物质（angiogenic substance）。这些物质会激活血管内皮细胞（endothelial cell），而发生下列变化：①肿瘤周围结缔组织的分解破坏；②内皮细胞增生；③内皮细胞因子促使血管新生物质的位置移动；④内皮细胞重新组合成新生血管。血管内皮生长因子（vascular endothelial growth factor，VEGF）家族被认为是血管新生强有力的促进剂，而在恶性肿瘤组织中往往能够检测到 VEGF 的高表达。

花色苷的抗血管新生作用已在内皮细胞、口腔癌细胞和小鼠 JB6 表皮细胞中得到了证实[421-423]，其中的可能机制包括：抑制 H_2O_2 或 TNF-α 诱导的表皮角化细胞 VEGF 高表达；减少 VEGF 及其受体在内皮细胞的表达[424]。花色苷还可抑制内皮细胞在模拟体内细胞基底膜上的新生血管形成（neovascularization）[189]。Cooke 等证明黑木莓花色苷是通过抑制磷脂酰肌醇 3 激酶（PI3K）/Akt 途径降低 VEGF 在小鼠 JB6 细胞的表达[422]。翠雀素通过抑制 HIF-1α 和 VEGF 表达，抑制 A549 肺癌细胞的血管新生[424]。使用人微血管内皮细胞的基质胶测定显示，6 种浆果提取混合物（野生蓝莓、越橘、蔓越莓、接骨木浆果、覆盆子种子和草莓）OptiBerry 损害了血管新生[423]，且显著抑制了 H_2O_2 和 TNF-α 诱导的人角质形成细胞 VEGF 的表达。以上研究提示了花色苷可以通过降低 VEGF 表达减少血管新生从而发挥抗癌作用。

8.4.4 抗侵袭作用

侵袭和转移是恶性肿瘤的特征，也是大部分肿瘤患者死亡的主因。侵袭是指组织屏障的丧失并伴随癌细胞侵入邻近组织。转移是指侵袭细胞进入血管或淋巴管，存活在血管内并沿管道运行，黏附在毛细血管壁上，游出毛细血管腔，并在远处生长成瘤。细胞基质膜胶原被肿瘤细胞和间充质干细胞分泌的蛋白酶降解是侵袭的第一步，也是最关键的一步。这一步不仅和蛋白酶的数量有关，更重要的是与蛋白酶的激活剂和抑制剂之间的平衡有关。抑制蛋白酶的激活是很多抗癌化合物发挥功效的作用靶点。

来自浆果、黑米和紫茄子的花色苷提取物已被用作受试物验证了它们对不同肿瘤细胞在模拟体内细胞基底膜上的抗侵袭效应[425, 426]。花色苷可以通过激活组织金属蛋白酶抑制物-2（tissue inhibitor of metalloproteinase-2，TIMP-2）和纤溶酶原激活物抑制物（inhibitor of plasminogen activator，PAI），降低基质金属蛋白酶（matrix metalloproteinase，MMP）和尿激酶型纤溶酶原激活物（urokinase-type plasminogen activator，uPA）的表达[425, 427]。翠雀素在体外试验中通过脑源性神经营养因子（BDNF）诱导的 Akt 活化抑制 SKOV3 卵巢癌细胞迁移和侵袭[428]。试验发现翠雀素可以减少由肝细胞生长因子介导的 MCF-10 A 细胞株中 PKC-α 的膜移位和 STAT3 的磷酸化，抑制 NF-κB/p65 的核移位，从而抑制细胞的侵袭[429]。另有研究发现翠雀素可以通过 ROS/p38-MAPK/NF-κB 途径降低氧化的低密度脂蛋白诱导的细胞黏附分子 1 和 P 选择素的表达，从而抑制单核细胞与内皮细胞的迁移。花色素可以靶向调节尿激酶型纤溶酶原激活物（urokinase-type plasminogen activator，uPA）和 MMP，因此在抑制肿瘤转移中发挥作用[430]。翠雀素可能通过干扰恶性神经胶质瘤 U-87 细胞中 uPA 抑制物的清除，从而影响 uPA 受体和 LDL 受体相关蛋白的表达及纤溶酶的产生，从而抑制 uPA 浸润以降低肿瘤细胞侵袭。以上诸多研究表明，花色苷通过激活 TIMP-2、PAI 和 uPA 或者抑制 NF-κB/p65 的核移位来抑制癌细胞的侵袭，从而发挥抗癌作用。

8.4.5　抗炎症作用

肿瘤的发生往往伴随着炎症，炎症因子的过度异常表达和分泌对于肿瘤发生至关重要。炎症反应受多种因素控制，包括细胞因子、酶、脂质介质和血管活性介质等。炎症反应具有促癌作用，这一点已在动物模型及人体内被广泛证实。参与炎症反应的信号蛋白当中，核因子 κB（nuclear factor-κB，NF-κB）和环氧合酶 2（cyclooxygenase-2，COX-2）活性升高与多种癌症的发生有关。而降低 NF-κB 和 COX-2 表达水平，具有一定的抗癌效应[486]。NF-κB 通路在触发和调节炎症过程中起着重要作用。NF-κB 转录因子一旦激活并进入细胞核，就会诱导参与促炎反应的基因，导致细胞因子和炎性酶的表达。

据报道，花色苷可以通过多种途径发挥其抗炎功能，其中主要通过抑制转录因子 NF-κB 来控制炎症因子的表达和分泌[411, 412]。例如，矢车菊素-3-葡萄糖苷、翠雀素-3-葡萄糖苷和矮牵牛素-3-葡萄糖苷通过减轻外部应激因素（如 LPS 或 IFN-γ）而抑制了 NF-κB 的激活与 PI3K / PKB 和 MAPK 途径[413, 414]，并且抑制 COX-2 和诱导型一氧化氮合酶（iNOS）的表达，以及抑制其产物 PGE2 和一氧化氮的产生[414-417]。花色素还可以阻止 STAT3 的活化并抑制 NF-κB 的表达。在多个癌细胞模型上，花色苷都可以降低细胞内 NF-κB 和 COX-2 的 mRNA 及蛋白质的表达水平，相应地减少多种白细胞介素炎症因子的合成[403]。例如，木莓花色苷提取物可以抑制由苯并[a]芘引起的JB-6Cl小鼠表皮细胞NF-κB表达的增加[418]。椰李（*Chrysobalanus icaco*）花色苷提取物可有效抑制人正常结肠成纤维细胞CCD-18Co细胞的IL-1β、IL-6和TNF-α等炎症因子表达，在发炎的结肠和结肠癌细胞中均可发挥抗炎作用[419]。OptiBerry（精选的浆果提取物，野生蓝莓、越橘、蔓越莓、接骨木浆果、覆盆子种子和草莓组成的新颖组合）还显著抑制了NF-κB的转录及炎性生物标记物IL-8的表达[420]。另外，一项研究从越橘、野樱桃、葡萄中提取的花色苷还可降低炎性介质COX-2 mRNA的表达量。以上研究均显示花色苷可通过抑制炎症信号通路，尤其是NF-κB通路，来降低肿瘤中的炎症反应。

8.4.6 促分化作用

通过诱导细胞分化来预防和治疗肿瘤，比起常规的放疗和化疗毒副作用要小得多，为癌症的预防和治疗提供了一种细胞特异性方法。鉴于此，有些研究者对花色苷诱导细胞分化做了有益的探索。2005年，菲莫尼亚里（Fimognari）等利用25～200μg/mL的花色苷Cy-3-G处理白血病细胞，发现Cy-3-G可以有效地促进细胞的分化：降低了粒细胞/单核细胞分化的典型标志物硝基四唑氮蓝（nitroblue tetrazolium，NBT）染色阳性率，从而增加了细胞的黏附能力，说明白血病细胞已向单核细胞/巨噬细胞转化。同时经花色苷处理白血病细胞后，使得白血病肿瘤细胞增加了粒细胞分化的标志物萘酚AS-D氯乙酸（naphthol AS-D chloroacetate）的表达。并且巨噬细胞的生物学特征的细胞萘乙酸甲酯酶（α-naphthyl-acetate esterase）阳性率升高，细胞的增殖能力明显减弱，*c-myc*癌基因表达水平下降[432]。花色苷也被证明能够促进黑色素瘤细胞分化，细胞出现树突状延伸和微管重塑。进一步检测的结果表明，细胞内组织特异的骨架蛋白NF-160和NF-200的表达水平显著升高[434]。黑木莓花色苷提取物（100μg/mL）可激活口腔癌细胞内的转谷氨酰胺酶，促使角质素的表达，有利于细胞分化[435]。2004年，Fimognari等通过检测细胞分化过程中的标志物和激酶抑制剂，发现花色苷元可以诱导肿瘤细胞的终末分化并阻止肿瘤发生。已有发现，矢车菊素-3-*O*-β-吡喃葡萄糖苷可以通过激活PI3K和PKC以剂量依赖的方式诱导人急性早幼粒细胞白血病细胞HL-60分化[244]。Sun等发现，翠雀素、矢车菊素和矮牵牛素能够有效抑制TPA诱导的小鼠皮肤细胞系JB6P分化[439]。此外，翠雀素还可以通过调节丝裂原活化蛋白激酶（MEK）、ERK、核糖体蛋白S6激酶和MEK的磷酸化水平，通过Ras/Raf/MEK/ERK途径减弱TPA诱导的癌细胞转化。花色素可以通过ATP竞争方式直接与PI3K结合，通过PI3K/Akt/p70S6途径抑制AP-1和NF-κB的表达，并抑制JB6P上皮肿瘤细胞转化[438]。

以上诸多实验表明，花色苷可以通过促进一些癌症细胞向单核细胞或巨噬细胞分化来发挥抗癌作用，花色苷的这一效应可能为癌症预防和治疗提供潜在的细胞特异性方法，但仍需进一步深入的体内外研究证实。

（杨　燕）

第9章 花色苷的其他生物活性作用

前面我们已经介绍了花色苷的主要生物活性，包括抗氧化作用、抗炎作用、调节血脂作用、改善胰岛素抵抗及抗肿瘤作用，本章主要介绍近些年来报道的花色苷的其他生物活性。

9.1 花色苷对视力的保护作用

早在 1964 年，法国学者 Jayle 等就注意到黑果越橘（*Vaccinium myrtillus*）中的花色苷有助于改善人们在夜间的视力[487]。1984 年，Sole 医生等选择了 31 名具有暗视力障碍的患者进行了临床对照试验，利用视网膜电描记法比较了矢车菊素糖苷氯化物和堆心菊素（heleniene，叶黄素二棕榈酸酯）对视力的改善作用，发现二者对患者正常亮度环境视力都有明显的改善作用，而只有矢车菊素糖苷氯化物可以改善患者的中间视力和暗视力[488]。Nakaishi 等通过招募健康志愿者对黑加仑花色苷是否具有改善视疲劳作用进行了随机双盲对照试验研究，设置了 12.5mg、20mg 和 50mg 三个剂量组（$n=12$），发现黑加仑花色苷有助于降低受试者的暗适应阈值，效应呈浓度依赖型[489]。同样，Yamashita 等证实为期 4 周、每天补充 60mg 花色苷可以改善视疲劳和暗适应能力[490]。不过，Muth 等给 15 名男性健康志愿者进行的越橘提取物双盲对照试验结果显示，21d 的干预并不能显著提高受试者的暗视敏感度和暗对比敏感性[491]。Canter 和 Ernst 对已有的 30 篇有关花色苷改善视力的研究报道进行了系统综述与 Meta 分析，其中 12 项研究设置了安慰剂对照，5 项为随机双盲对照试验，有 7 项非随机对照试验和 1 项双盲对照试验得到了阳性结果，而最具参考价值的另外 4 项双盲对照试验的结果显示花色苷并不能有效改善视力[492]，造成结果差异较大的原因与剂量选择、干预时间和判定标准有关。

Matsumoto 等已经证明无论经口服、腹腔注射还是静脉注射，花色苷都能穿过血-房水屏障进入大鼠和兔的眼睛组织[493]。口服富含 Cy-3-G 的黑加仑提取物，能改进由长时间暴露在视觉显示终端的黑暗适应证和视觉瞬间改变。通过给兔子静脉注射苷元为矢车菊素、翠雀素、甲翠雀素及锦葵素的花色苷，在暗黑下的适应初期，可促进兔子视紫质的再合成，于是推测花色苷对视紫质的再合成体系具有活化作用，从而具有提高视力的功能（图 9-1）[494]。而在适应末期，视网膜中的视紫质的量比对照兔子要高得多[495]。花色苷除了能直接改善暗适应能力，还可通过改善微循环、抑制视网膜光化学损伤等途径保护视力（表 9-1）。何敏菲发现，Cy-3-G、越橘提取物、黑米提取物和桑葚提取物 4 种对过氧化氢与紫外线诱导的视网膜神经节细胞（RGC-5）氧化应激损伤均有显著的保护及修复作用[496]。

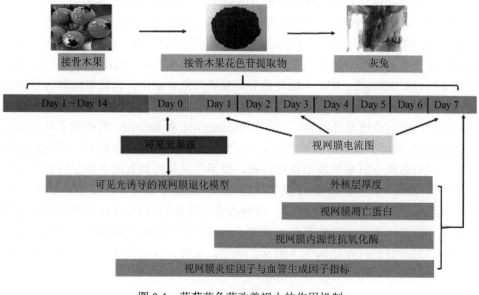

图 9-1　蓝莓花色苷改善视力的作用机制

表 9-1　花色苷对视网膜损伤的保护作用

研究模型	干预条件	干预效果
N-甲基-D-天冬氨酸注射小鼠诱导视网膜损伤	视网膜注射越橘花色苷提取物（每只眼睛 10μg 或 100μg）	抑制视网膜病理损伤及神经节细胞凋亡
光暴露诱导灰兔视网膜光化学损伤	野生中国蓝莓灌胃干预 4 周[1.2g/（kg BW·d）或 4.8g/（kg BW·d）；花色苷含量 177mg/100g]	抑制光暴露诱导的兔视网膜光化学损伤
SIN-1 诱导视网膜神经节细胞损伤	10～100mmol/L 花色苷	抑制 SIN-1 诱导的氧化应激
人视网膜上皮细胞 ARPE-19	100mmol/L 花色苷	抑制 A2E 退行样作用引起的细胞膜通透性增强

9.2　花色苷对化学性肝损伤的保护作用

化学性肝损伤是指由化学性肝毒性物质所造成的肝损伤，包括酒精、药物、来自食物的化学毒物及生产性工作中接触的有机、无机毒物等。这些化学物质通过各种途径进入肝脏进行转化，其毒性令肝脏受到不同程度的损害。Obi 等研究了朱槿（*Hibiscus rosa-sinensis*）花色苷提取物对四氯化碳（CCl₄）诱导的大鼠肝损伤的保护作用，在 2.5mL 乙醇当中分别加入 1%、5% 和 10% 的花色苷提取物作为低、中和高三个剂量组，每天灌胃，干预 4 周后给予 CCl_4 处理，18h 后检测 CCl_4 对大鼠的肝脏毒性，花色苷组大鼠血清天冬氨酸氨基转移酶和丙氨酸氨基转移酶的活性要明显低于 CCl_4 对照组大鼠，提示花色苷干预减轻了肝中毒损伤[497]。Wang 等研究了木槿花色苷对过氧化叔丁醇（tert-butyl hydroperoxide，t-BHP）引起的大鼠肝脏损伤的保护效果。在体外培养的肝细胞试验结果显示，浓度为 0.1～0.2mg/mL 的木槿花色苷可以明显减少 t-BHP 引起的乳酸脱氢酶活性升高及丙二醛过氧化产物的生成；体内试验结果显示，在给予单剂量 t-BHP 腹膜下注射前，连续 5d 口服 200mg/kg BW 木槿花色苷可显著降低血清中谷丙转氨酶和谷草转氨酶水平，而且减轻了肝脏氧化损害，病理切片检查发现，木槿花色苷可以抑制肝脏发炎、白细胞渗透及肝细胞坏死[498]。Domitrovic 和 Jakovac 则观察了纯化的翠雀素对 CCl_4 引起小鼠肝脏纤维化的影响，发现连续 2 周腹腔注射 10～25mg/kg 翠雀素可以有效减少肝脏的胶原蛋白沉积，提示花色苷可能有助于抑制肝脏纤维化进程[499]。Jiang 等发现 Cy-3-G 及其代谢物原儿茶酸干预可以有效抑制 CCl_4 引起的小鼠肝星状细胞（HSC）的活化，这种改善可能是因为 Cy-3-G 有效地抑制了肝脏的氧化损伤水平及肝细胞凋亡，并进一步减少了中性粒细胞和白细胞的浸润，最终可以减轻肝脏纤维化病变（图 9-2）[500]。此外，有研究证明，黑米花色苷提

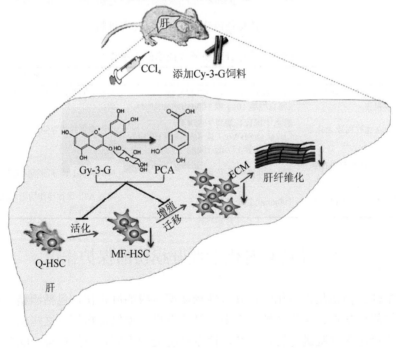

图 9-2 花色苷及其代谢物原儿茶酸共同抑制四氯化碳引起的肝星状细胞活化

Q-HSC，静止态肝星状细胞；MF-HSC，成纤维化肝星状细胞；PCA，原儿茶酸；ECM，细胞外基质

取物可以显著降低酒精性脂肪肝大鼠血清谷草转氨酶（AST）和谷丙转氨酶（ALT）水平，减轻肝脏的炎症损伤[501]。同样，黑果腺肋花楸花色苷提取物可以通过激活Nrf2 核转录因子上调血红素加氧酶和超氧化物歧化酶的活性以减轻小鼠酒精性肝损伤[502]。Suda 等招募了 45 名志愿者对紫薯的护肝功能进行了研究，连续摄食 45d，发现健康人群血清谷氨酰转肽酶（γ-glutamyl transpeptidase，γ-GTP）、AST 与 ALT含量在实验前后没有显著变化，而肝功能障碍受试者的这三项指标均显著下降[503]。

9.3　花色苷的抗菌作用

尽管有较多关于花色苷抑菌、抗病毒的研究，但目前还停留在探索阶段。Puupponen-Pimia 等检测了多种植物花色苷提取物的抑菌效果，结果发现其可以抑制革兰氏阴性菌的生长，而对革兰氏阳性菌无效，他们还发现黑加仑提取物能够促进鼠李糖乳杆菌（Lactobacillus rhamnosus）和中国嗜酸乳杆菌（Lactobacillus paracasei）的生长[504]。韦莱因（Werlein）等则证实黑加仑花色苷能够抑制金黄色葡萄球菌（Staphylococcus aureus）、大肠埃希氏菌（Escherichia coli）和屎肠球菌（Enterococcus faecium）的生长，而促进酿酒酵母（Saccharomyces cerevisiae）的生长。岳静和方宏筠[505]分别用牛津杯法研究发现大花魁花色苷和紫薯红色素具有抑菌作用。韩永斌等研究了紫薯花色苷色素抑制大肠杆菌、金黄色葡萄球菌、啤酒酵母和黑曲霉的作用及机制。结果表明，紫薯花色苷色素对大肠杆菌及金黄色葡萄球菌均有抑制作用，并与其浓度呈正相关，而对啤酒酵母和黑曲霉无抑制作用[506]。透射电镜观察和大肠杆菌生长曲线表明，紫薯花色苷色素的抑菌作用可能是通过增强细胞膜的通透性，使细胞异常生长，抑制对数生长期的细胞分裂，使细胞质稀薄、细胞解体。SDS 聚丙烯酰胺凝胶电泳（SDS-PAGE）分析表明，紫薯花色苷对大肠杆菌蛋白质表达的影响不明显，未见特征性条带的消失，仅对部分蛋白质合成量有影响。另外，也有研究者对花色苷的抗病毒作用进行了探讨。Knox 等的研究表明，从黑穗醋栗果中分离得到的矢车菊素和 Cy-3-G 有抑制流感病毒 A 与流感病毒 B、单纯疱疹病毒的效果[507]。

9.4　花色苷的抗衰老作用

目前也有少量关于花色苷类天然色素抗衰老的研究。目前衰老机制解释最多的是自由基学说，该学说认为氧化是导致衰老、细胞破裂和进行性退行性病变的重要原因。体内超氧化物歧化酶活性和丙二醛含量已成为衰老与抗衰老研究的重要指标。但由于从植物中提取的花色苷色素的产量有限，制约了该类保健品的研究开发。周波等实验观察了紫玉米色素对果蝇寿命、体内超氧化物歧化酶活性和丙二醛含量的影响，分析紫玉米色素对果蝇延缓衰老的作用。果蝇体内的超氧化物歧化酶活性在中龄期（雄蝇 40d 龄、雌蝇 50d 龄）达到最高水平，除老龄果蝇外，果蝇体内丙二醛含量随增龄而增加，这与大鼠的研究结果相类似[508]。含 1.0%紫玉米色素组雌雄果蝇体内超氧化物歧化酶活性均明显高于对照组，而丙二醛含量明显低于对照组。与果蝇寿命实验中含 1.0%紫玉米色素组明显延长果蝇平均寿命和最高寿命的结果相一致，说明紫玉米色素延长果蝇寿命与其能使果蝇体内超氧化物歧化酶活性升高和丙二醛含量降低有关[508]，提示紫玉米色素延缓衰老的作用可能是通过提高老龄果蝇的抗氧化和促进自由基清除的能力而产生的。同样，Han 等发现紫薯色素能够改善果蝇由百草枯引起的氧化应激及攀爬能力，提高多个自噬相关基因（*Atg1*、*Atg5*、*Atg8a* 和 *Atg8b*）的表达水平，从而延长果蝇寿命（图 9-3）[509]。

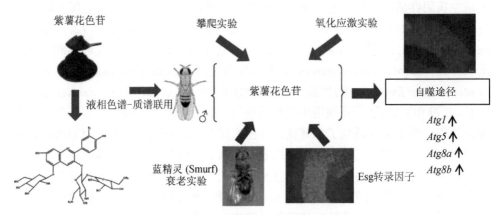

图 9-3　紫薯花色苷通过激活自噬延长果蝇寿命

　　为探究红树莓花色苷对 D-半乳糖致小鼠衰老的延缓作用，毕凯媛等通过向小鼠颈背部注射 D-半乳糖构建小鼠衰老模型，连续灌胃不同剂量[20mg/（kg·d）、100mg/（kg·d）、500mg/（kg·d）]红树莓花色苷 8 周，结果显示，与模型组相比，树莓花色苷中、高剂量组胸腺和脾脏的脏器系数显著增加，红树莓花色苷可以使血清、肝脏及皮肤中 SOD、CAT、谷胱甘肽过氧化物酶（GSH-Px）等抗氧化酶活性显著提高，丙二醛含量显著下降，皮肤羟脯氨酸含量显著提高。随着各处理组红树莓花色苷含量增加，心肌细胞形态和数量逐渐接近空白组，心肌细胞排列整齐、细胞核分布均匀、出血状况缓解；肾小球数量增多，肾小囊囊腔有所减小，基底膜形态接近正常。结果说明红树莓花色苷对 D-半乳糖引起的衰老小鼠有较好的保护作用[510]。同样，'农大 4 号'欧李果实花色苷能有效增强小鼠的抗氧化能力，对 D-半乳糖致衰老小鼠有较强的保护作用[511]。

　　综上所述，在花色苷的生物活性当中，抗氧化作用最开始引人注目，现有关于其在人体内的各种功能研究已成为热门课题。由于天然色素所具有的多效生理功能，目前还专门出现了"色素营养学"学科，主要研究天然植物色素（phytopigment）的营养生理功能，为花色苷的进一步研究与开发起促进作用。随着花色苷的生理功能不断地被人们认识，人们对之消费也呈逐渐增加的趋势。通过摄入一定量的野生植物色素，其在体内起到一定的调节生理功能的作用，此正是目前众多营养学家极力推崇的"医食同源"之说。人们期待着花色苷色素在给食品美丽色泽的同时，也显出一定的生理活性功能，也希望尽早明确各种花色苷的吸收及作用机制。

已有的研究表明，花色苷对人类健康有益，有望与其他黄酮类植物化学物一起成为日常饮食的一种生物活性成分或膳食补充剂。当然，更多的生物活性评价是非常必要的。已有的研究结果还存在不确定性，这些不确定性可能来自于以下内容：①花色苷提取物的纯度和稳定性；②花色苷组分的定量及生物利用度测定；③花色苷生物活性的构效关系和量效关系；④大规模获取花色苷的工艺方法及质量标准。以上是花色苷作为食品添加剂、膳食补充剂或功能性食品大规模推广应用所必须解决的问题。目前，花色苷在疾病防治方面的大部分数据来自含花色苷的粗提取物，而从单体成分上获得的数据甚少。进一步的研究还需包括：①影响生物活性的多因素分析，包括不同食物组成成分对花色苷释放和生物利用度的影响，以及其他存在于饮食中的化合物的相互作用（如其他黄酮类化合物）；②不同人群之间的饮食摄入量差异及其与疾病发生的因果关系；③生物活性的大规模和多中心流行病学与人群干预研究；④花色苷的建议摄入量范围，通过天然食物摄取的花色苷可以认为无毒，而提取物或者纯化的单体在长期毒性和致畸等方面的作用有待进一步研究。

（郭红辉）

参 考 文 献

[1] Mazza G, Miniati E. Anthocyanins in fruits, vegetables and grains. Boca Raton: CRC Press, 1993.

[2] 凌文华, 郭红辉. 植物花色苷. 北京: 科学出版社, 2009.

[3] Choi SW, Chang EJ, Ha TY, Choi KH. Antioxidative activity of acylated anthocyanin isolated from fruit and vegetables. J Food Nutr Res, 1997, 2(3): 191-196.

[4] 庞志申. 花色苷研究概况. 北京农业科学, 2000, 18(5): 37-42.

[5] Terahara N, Shimizu T, Kato Y, Nakamura M, Maitani T, Yamaguchi M, Goda Y. Six diacylated anthocyanins from the storage roots of purple sweet potato, *Ipomoea batatas*. Biosci Biotech Bioch, 1999, 63(8): 1420-1424.

[6] Winefield C, Davies K, Gould K. Anthocyanin Biosynthesis, Functions, and Applications. New York: Springer, 2009.

[7] 赵昶灵, 郭华春. 植物花色苷生物合成酶类的亚细胞组织研究进展. 西北植物学报, 2007, 27(8): 1695-1701.

[8] Dooner HK, Robbins TP, Jorgensen RA. Genetic and developmental control of anthocyanin biosynthesis. Annu Rev Genet, 1991, 25(1): 173-199.

[9] Christie PJ, Alfenito MR, Walbot V. Impact of low-temperature stress on general phenylpropanoid and anthocyanin pathways: enhancement of transcript abundance and anthocyanin pigmentation in maize seedlings. Planta, 1994, 194(4): 541-549.

[10] Leng P H, Itamura H, Yamamura H. Freezing tolerance of several *Diospyros* species and kaki cultivars as related to anthocyanin formation. J Jpn Soc Hortic Sci, 1993, 61(4): 795-804.

[11] Lee DW, Collins TM. Phylogenetic and ontogenetic influences on the distribution of anthocyanins and betacyanins in leaves of tropical plants. Int J Plant Sci, 2001, 162(5): 1141-1153.

[12] Alverson WS, Whitlock BA, Nyffeler R, Bayer C, Baum DA. Phylogeny of the core Malvales: evidence from ndhF sequence data. Am J Bot, 1999, 86(10): 1474-1486.

[13] 郎静, 凌文华. 不同烹调方式对食物中花色苷稳定性的影响. 营养学报, 2010, 32(6): 598-602, 607.

[14] Dangles O, Saito N, Brouillard R. Anthocyanin intramolecular copigment effect. Phytochemistry, 1993, 34(1): 119-124.

[15] Yoshida K, Toyama Y, Kameda K, Kondo T. Contribution of each caffeoyl residue of the pigment molecule of gentiodelphin to blue color development. Phytochemistry, 2000, 54(1): 85-92.

[16] Figueiredo P, George F, Tatsuzawa F, Toki K, Saito N, Brouillard R. New features of intramolecular copigmentation byacylated anthocyanins. Phytochemistry, 1999, 51(1): 125-132.

[17] Stintzing FC, Carle R. Functional properties of anthocyanins and betalains in plants, food, and in human nutrition. Trends Food Sci Tech, 2004, 15(1): 19-38.

[18] 赵磊, 潘飞, 周娜, 张雅莉, 郝帅, 王成涛. 提高黑米花色苷颜色稳定性辅色剂的筛选及其作用机制. 食品科学, 2021, 42(14): 16-23.

[19] Dangles O, Fenger JA. The chemical reactivity of anthocyanins and its consequences in food science and nutrition, Molecules, 2018, 23(8): 1970.

[20] Wallace TC, Giusti MM. Anthocyanins. Adva Nutri, 2015, 6(5): 620-622.

[21] Fossen T, Cabrita L, Andersen OM. Colour and stability of pure anthocyanins influenced by pH including the alkaline region. Food Chem, 1998, 63(4): 435-440.

[22] Torskangerpoll K, Andersen ØM. Colour stability of anthocyanins in aqueous solutions at various pH values. Food Chem, 2005, 89(3): 427-440.

[23] Dangles O, Brouillard R. Polyphenol interactions. The copigmentation case: thermodynamic data from temperature variation and relaxation kinetics. Medium effect. Can J Chem, 1992, 70(8): 2174-2189.

[24] Furtado P, Figueiredo P, Neves H CD, Pina F. Photochemical and thermal degradation of anthocyanidins. J Photoch Photobio A, 1993, 75(2): 113-118.

[25] Seeram NP, Bourquin LD, Nair MG. Degradation products of cyanidin glycosides from tart cherries and their bioactivities. J Agr Food Chem, 2001, 49(10): 4924-4929.

[26] Sadilova E, Stintzing F, Carle R. Thermal degradation of acylated and nonacylated anthocyanins. J Food Sci, 2007, 71(8): C504-C512.

[27] Cisse M, Vaillant F, Acosta O, Dhuique-Mayer C, Dornier M. Thermal degradation kinetics of anthocyanins from blood orange, blackberry, and roselle using the arrhenius, eyring, and ball models. J Agric Food Chem, 2009, 57(14): 6285-6291.

[28] Hou Z, Qin P, Zhang Y, Cui S, Ren G. Identification of anthocyanins isolated from black rice (*Oryza sativa* L.) and their degradation kinetics. Food Res Int, 2013, 50(2): 691-697.

[29] Liu G, Sun Y, Guo H. Thermal degradation of anthocyanins and its impact on *in vitro* antioxidant capacity of downy rose-myrtle juice. J Food Agri & Envir, 2013, 11(1): 110-114.

[30] 卢其能, 杨清. 马铃薯花色苷种类含量和稳定性初步研究. 安徽农业科学, 2007, 35(16): 4811-4813.

[31] Delgado-Vargas F, Paredes-López O. Natural colorants for food and nutraceutical uses. Boca Raton: CRC Press, 2003.

[32] Beattie H, Wheeler K, Pederson CS. Changes occurring in fruit juices during storage. J Food Sci, 1943, 8(5): 395-404.

[33] Sapers GM, Simmons GF. Hydrogen peroxide disinfection of minimally processed fruits and vegetables. Food Tech, 1998, 52(2): 48-52.

[34] Wightman JD, Wrolstad RE. Anthocyanin analysis as a measure of glycosidase activity in enzymes for juice processing. J Food Sci, 1995, 60(4): 862-867.

[35] Siddiq M, Arnold JF, Sinha NK, Cash JN. Effect of polyphenol oxidase and its inhibitors on anthocyanin changes in plum juice. J Food Process Pres, 1994, 18(1): 75-84.

[36] 涂宗财, 李金林, 刘成梅, 刘光宪, 张博. 金属离子和食品添加剂对紫甘薯花色苷稳定性的影响. 食品工业科技, 2008, 28(11): 67-69.

[37] 王丽霞, 戴婷玉, 邹雨, 朱丽, 张琼, 肖丽霞. 食品配料及添加剂对玫瑰茄花色苷稳定性的影响. 食品研究与开发, 2020, 41(18): 15-20.

[38] 王贵, 于雅静, 何贵萍, 张佳琪, 余佳熹, 吕远平. 金属离子对玫瑰花色苷水提液稳定性的影响. 中国调味品, 2021, 46(5): 161-166.

[39] Debicki-Pospisil J, Lovrić T, Trinajstić N, Sabljića A. Anthocyanin degradation in the presence of furfural and 5-hydroxymethylfurfural. J Food Sci, 1983, 48(2): 411-416.

[40] Wu X, Beecher GR, Holden JM, Haytowitz DB, Gebhardt SE, Prior RL. Concentrations of anthocyanins in common foods in the United States and estimation of normal consumption. J

Agric Food Chem, 2006, 54(11): 4069-4075.

[41] Zamora-Ros R, Knaze V, Lujan-Barroso L, Slimani N, Romieu I, Touillaud M, Kaaks R, Teucher B, Mattiello A, Grioni S, Crowe F, Boeing H, Forster J, Quiros JR, Molina E, Huerta JM, Engeset D, Skeie G, Trichopoulou A, Dilis V, Tsiotas K, Peeters PH, Khaw KT, Wareham N, Bueno-de-Mesquita B, Ocke MC, Olsen A, Tjonneland A, Tumino R, Johansson G, Johansson I, Ardanaz E, Sacerdote C, Sonestedt E, Ericson U, Clavel-Chapelon F, Boutron-Ruault MC, Fagherazzi G, Salvini S, Amiano P, Riboli E, Gonzalez CA. Estimation of the intake of anthocyanidins and their food sources in the European Prospective Investigation into Cancer and Nutrition (EPIC) study. Br J Nutr, 2011, 106(7): 1090-1099.

[42] 李桂兰, 凌文华, 郎静, 陈裕明. 我国常见蔬菜和水果中花色素含量. 营养学报, 2010, 32(6): 592-597.

[43] Li G, Zhu Y, Zhang Y, Lang J, Chen Y, Ling W. Estimated daily flavonoid and stilbene intake from fruits, vegetables, and nuts and associations with lipid profiles in Chinese adults. J Acad Nutr Diet, 2013, 113(6): 786-794.

[44] 胡玉华, 周波, 张卓, 王晓红, 郭连莹, 王秀琴, 吴松林. 沈阳市与厦门市老年人膳食花色苷摄入量及其主要来源. 职业与健康, 2016, 32(4): 494-497.

[45] Kimble R, Keane KM, Lodge JK, Howatson G. Dietary intake of anthocyanins and risk of cardiovascular disease: a systematic review and meta-analysis of prospective cohort studies. Crit Rev Food Sci Nutr, 2019, 59(18): 3032-3043.

[46] WHO. Evaluation of certain food additives and contaminants. World Health Organ Tech Rep Ser, 1982, 683: 7-51.

[47] Nabae K, Hayashi SM, Kawabe M, Ichihara T, Hagiwara A, Tamano S, Tsushima Y, Uchida K, Koda T, Nakamura M, Ogawa K, Shirai T. A 90-day oral toxicity study of purple corn color, a natural food colorant, in F344 rats. Food Chem Toxicol, 2008, 46(2): 774-780.

[48] Adriouch S, Lampuré A, Nechba A, Baudry J, Assmann K, Kesse-Guyot E, Hercberg S, Scalbert A, Touvier M, Fezeu L. Prospective association between total and specific dietary polyphenol intakes and cardiovascular disease risk in the nutrinet-santé french cohort. Nutrients, 2018, 10(11): 1587.

[49] Das A, Cumming RG, Naganathan V, Blyth F, Le Couteur DG, Handelsman DJ, Waite LM, Ribeiro RVR, Simpson SJ, Hirani V. Dietary and supplemental antioxidant intake and risk of major adverse cardiovascular events in older men: the concord health and ageing in men project. Nutr Metab Cardiovasc Dis, 2021, 31(4): 1102-1112.

[50] Jacques PF, Cassidy A, Rogers G, Peterson JJ, Dwyer JT. Dietary flavonoid intakes and CVD incidence in the Framingham offspring cohort. Bri J Nutri, 2015, 114(9): 1496-1503.

[51] Goetz ME, Judd SE, Safford MM, Hartman TJ, McClellan WM, Vaccarino V. Dietary flavonoid intake and incident coronary heart disease: the reasons for geographic and racial differences in stroke (REGARDS) study. Am J Clin Nutr, 2016, 104(5): 1236-1244.

[52] Zhao Y, Xu H, Tian Z, Wang X, Xu L, Li K, Gao X, Fan D, Ma X, Ling W, Yang Y. Dose-dependent reductions in plasma ceramides after anthocyanin supplementation are associated with improvements in plasma lipids and cholesterol efflux capacity in dyslipidemia: a randomized controlled trial. Clin Nutr, 2021, 40(4): 1871-1878.

[53] Zhang H, Xu Z, Zhao H, Wang X, Pang J, Li Q, Yang Y, Ling W. Anthocyanin supplementation improves anti-oxidative and anti-inflammatory capacity in a dose-response manner in subjects with dyslipidemia. Redox Biol, 2020, 32: 101474.

[54] Xu Z, Xie J, Zhang H, Pang J, Li Q, Wang X, Xu H, Sun X, Zhao H, Yang Y, Ling W.

Anthocyanin supplementation at different doses improves cholesterol efflux capacity in subjects with dyslipidemia—a randomized controlled trial. Eur J Clin Nutr, 2021, 75(2): 345-354.

[55] Guo Y, Zhang P, Liu Y, Zha L, Ling W, Guo H. A dose-response evaluation of purified anthocyanins on inflammatory and oxidative biomarkers and metabolic risk factors in healthy young adults: a randomized controlled trial. Nutrition, 2020, 74: 110745.

[56] 丁蕾, 何传波, 魏好程, 吴国宏, 上官宇晨, 熊何健. 响应面法优化西番莲果皮花色苷的提取工艺. 食品工业, 2021, 42(4): 1-4.

[57] 王振宇, 杨谦. 微生物破壁法提取大花葵花色苷. 东北林业大学学报, 2005, 33(1): 56-57.

[58] Luque-Rodriguez JM, Luque de CMD, Perez-Juan P. Dynamic superheated liquid extraction of anthocyanins and other phenolics from red grape skins of winemaking residues. Bioresour Technol, 2007, 98(14): 2705-2713.

[59] 李鹏, 马剑, 张宏志, 王英, 王愈, 马艳弘, 李志刚, 袁永生. 超高压辅助提取桑葚花色苷及其抗氧化活性研究. 食品研究与开发, 2021, 42(2): 109-115.

[60] Chen F, Sun Y, Zhao G, Liao X, Hu X, Wu J, Wang Z. Optimization of ultrasound-assisted extraction of anthocyanins in red raspberries and identification of anthocyanins in extract using high-performance liquid chromatography-mass spectrometry. Ultrason Sonochem, 2007, 14(6): 767-778.

[61] 徐少峰, 秦磊, 吴鹏. 超声波辅助提取紫苏色素的工艺优化. 食品工业, 2020, 41(4): 68-71.

[62] 李次力. 黑芸豆中花色苷色素的微波提取及功能特性研究. 食品科学, 2008, 29(9): 299-302.

[63] 薛宏坤, 谭佳琪, 蔡旭, 刘成海, 唐劲天, 李倩. 微波功率对蔓越莓花色苷萃取过程的影响机理. 食品科学, 2022, (1): 92-101.

[64] 刘子豪, 赵权. 高压脉冲电场法提取黑果腺肋花楸中花色苷的工艺. 食品工业, 2021, 42(5): 71-75.

[65] 马懿, 陈晓姣, 古丽珍, 包文川. 高压脉冲电场辅助提取紫薯酒渣花色苷. 食品工业, 2020, 41(8): 68-71.

[66] 李环通, 许泽文, 郭晓敏, 彭丽莎, 曹庸, 肖苏尧. 低温连续相变萃取蓝莓花色苷工艺优化及成分分析. 食品科技, 2020, 45(5): 233-240.

[67] Vatai T, Škerget M, Knez Ž. Extraction of phenolic compounds from elder berry and different grape marc varieties using organic solvents and/or supercritical carbon dioxide. J Food Eng, 2009, 90(2): 246-254.

[68] 曲均革. 葡萄细胞培养生产花青素不稳定性研究. 大连: 中国科学院大连化学物理研究所博士学位论文, 2006.

[69] 孙丹, 陈为凯, 何非, 王军, 谷会岩. HPLC-MS/MS 法测定甜樱桃花色苷与非花色苷酚的组成与含量. 食品科学, 2017, 38(4): 181-186.

[70] 成果, 黄羽, 杨莹, 谢林君, 黄小云, 余欢, 谢太理, 周咏梅, 张劲. '桂葡 6 号'葡萄酒花色苷组分 HPLC-MS 分析. 食品科学, 2018, 39(10): 269-275.

[71] Patil G, Madhusudhan M, Ravindra B B, Raghavarao K. Extraction, dealcoholization and concentration of anthocyanin from red radish. Chem Eng Process, 2008, 48(1): 364-369.

[72] 金丽梅, 隋世有, 任梦雅, 白静, 牛广财, 李志江. 红小豆种皮色素提取及膜分离工艺研究. 食品与机械, 2021, 37(5): 149-155.

[73] 杜琪珍, 姜华, 徐渊金. 杨梅中主要花色苷的组成与结构. 食品与发酵工业, 2008, 34(8):

48-51.

[74] 胡隆基, 何明富, 唐中惠, 叶其. 食用色素花色苷类的研究与应用动态. 全国食品添加剂通讯, 1990, (1): 23-29.

[75] 曹少谦, 潘思轶, 姚晓琳, 傅虹飞. 柱层析法分离纯化血橙花色苷. 中国农业科学, 2009, (5): 1728-1736.

[76] Zhang L, Fu Q, Zhang Y. Composition of anthocyanins in pomegranate flowers and their antioxidant activity. Food Chem, 2011, 127(4): 1444-1449.

[77] 王华, 菅蓁. 大孔吸附树脂纯化葡萄果皮花色素苷的研究. 食品科学, 2008, 29(1): 86-90.

[78] 许先猛, 董文宾, 王芳, 张增帅, 黄健, 马蓉丽. 大孔吸附树脂法吸附桑葚色素及其稳定性研究. 食品研究与开发, 2020, 41(13): 126-132.

[79] 侯方丽, 张名位, 苏东晓, 张瑞芬, 魏振承, 张雁, 池建伟, 唐小俊. 黑米皮花色苷的大孔树脂吸附纯化研究. 华南师范大学学报: 自然科学版, 2009, (1): 100-104.

[80] 刘国凌, 刘永吉, 孙远明, 欧镜江. 大孔吸附树脂纯化岗稔果皮花色苷的研究. 广东农业科学, 2012, (14): 102-105.

[81] 薛宏坤, 李鹏程, 钟雪, 刘成海, 李倩. 高速逆流色谱分离纯化桑葚花色苷及其抗氧化活性. 食品科学, 2020, 41(15): 96-104.

[82] 郭红辉, 凌文华. 黑米花色苷研究进展. 食品研究与开发, 2008(3): 133-136.

[83] 杜霞, 周少潼, 李春美. 中压快速分离系统大量制备高纯度桑葚和树莓花色苷的工艺研究. 食品工业科技, 2020, 41(3): 175-181, 187.

[84] 黄立新, 张军娜, 李余良, 胡建广. 黑玉米穗轴色素的分离及组成初探. 食品工业科技, 2010, 2: 108-110.

[85] 褚衍亮, 王娜. 樟树果花色苷组分鉴定及抑菌防腐研究. 安徽农业科学, 2010, 38(20): 10907-10909.

[86] 蔡正宗, 陈中文. 红凤菜所含两种主要花色素苷之研究. 台湾食品科学, 1995, 22(2): 149-160.

[87] Harborne J. Spectral methods of characterizing anthocyanins. Biochemical Journal, 1958, 70(1): 22-28.

[88] Andersen ØM, Francis GW. Simultaneous analysis of anthocyanins and anthocyanidins on cellulose thin layers. Journal of Chromatography A, 1985, 318: 450-454.

[89] 李进, 彭宇, 彭子模. 鸡冠花红色素理化性质及其稳定性研究. 生物技术, 2004, 14(1): 21-24.

[90] 郭庆启, 张娜, 付立营, 王萍, 王振宇. 大孔树脂法纯化树莓花色苷及初步鉴定. 食品与发酵工业, 2010, 36(6): 171-174.

[91] 张丽娟, 夏其乐, 陈剑兵, 曹艳, 关荣发, 黄海智. 近红外光谱的三种蓝莓果渣花色苷含量测定. 光谱学与光谱分析, 2020, 40(7): 2246-2252.

[92] Mateus N, Silva AMS, Rivas-Gonzalo JC, Santos-Buelga C, de Freitas V. A new class of blue anthocyanin-derived pigments isolated from red wines. Journal of Agricultural and Food Chemistry, 2003, 51(7): 1919-1923.

[93] Liu GL, Guo HH, Sun YM. Optimization of the extraction of anthocyanins from the fruit skin of *Rhodomyrtus tomentosa* (Ait.) Hassk and identification of anthocyanins in the extract using high-performance liquid chromatography-electrospray ionization-mass spectrometry (HPLC-ESI-MS). Int J Mol Sci, 2012, 13(5): 6292-6302.

[94] 腾飞, 郑悦, 王萍. 龙葵果花色苷的分离与鉴定. 食品科学, 2016, 37(7): 56-61.

[95] 赵昶灵, 郭维明, 陈俊愉. 梅花'南京红'花色色素花色苷的分子结构. 云南植物研究, 2004, 26(5): 549-557.

[96] Oplatowska-Stachowiak M, Elliott CT. Food colors: existing and emerging food safety concerns. Crit Rev Food Sci Nutr, 2017, 57(3): 524-548.

[97] Hallagan JB, Allen DC, Borzelleca JF. The safety and regulatory status of food, drug and cosmetics colour additives exempt from certification. Food Chem Toxicol, 1995, 33(6): 515-528.

[98] 中华人民共和国卫生部, 中国国家标准化管理委员会. 国家食品安全标准食品添加剂使用标准(GB 2760—2014). 2015.

[99] Jing P, Giusti MM. Characterization of anthocyanin-rich waste from purple corncobs (*Zea mays* L.) and its application to color milk. J Agric Food Chem, 2005, 53(22): 8775-8781.

[100] 郭红辉, 钟瑞敏, 孙健, 关伟超, 凌文华. 黑米花色苷酸奶的研制. 食品研究与开发, 2011, 32(6): 70-71, 192.

[101] 王彦阳, 蔡小玉, 陈梓轩, 吴远东. 葡萄皮色素研究进展. 现代食品, 2020, (13): 16-18.

[102] 周振, 李杰, 韩惠娟, 黄建香, 林泽斌. 玫瑰茄红色素研究进展. 中国调味品, 2021, 46(1): 196-200.

[103] 洪森辉, 黄冰晴, 张晶怡, 费鹏. 越橘花色苷的酰化修饰及其稳定性改善研究. 食品与发酵工业, 2021, (16): 1-7.

[104] 周萍, 郑洁. 花色苷改性及应用研究进展. 食品科学, 2021, 42(3): 346-354.

[105] Kowalczyk E, Krzesinski P, Kura M, Szmigiel B, Blaszczyk J. Anthocyanins in medicine. Pol J Pharmacol, 2003, 55(5): 699-702.

[106] Rao SR, Ravishankar GA. Plant cell cultures: chemical factories of secondary metabolites. Biotechnol Adv, 2002, 20(2): 101-153.

[107] 陈子文. 黑果枸杞离体叶片诱导合成花青苷的条件优化及定性定量纯化研究. 汉中: 陕西理工大学硕士学位论文, 2020.

[108] Deus-Neumann B, Zenk MH. Instability of indole alkaloid production in *Catharanthus roseus* cell suspension cultures. Planta Med, 1984, 50(5): 427-431.

[109] 朱新贵. 玫瑰茄悬浮细胞合成花青素的光效应研究. 广州: 华南理工大学博士学位论文, 1998.

[110] Glassgen WE, Rose A, Madlung J, Koch W, Gleitz J, Seitz HU. Regulation of enzymes involved in anthocyanin biosynthesis in carrot cell cultures in response to treatment with ultraviolet light and fungal elicitors. Planta, 1998, 204(4): 490-498.

[111] 杜金华, 郭勇. 高产花色苷玫瑰茄细胞系的筛选. 生物工程学报, 1997, 13(4): 437-439.

[112] Appelhagen I, Wulff-Vester AK, Wendell M, Hvoslef-Eide AK, Russell J, Oertel A, Martens S, Mock HP, Martin C, Matros A. Colour bio-factories: towards scale-up production of anthocyanins in plant cell cultures. Metab Eng, 2018, 48: 218-232.

[113] 杜金华, 郭勇. 植物细胞培养生产花青素的研究. 生物工程进展, 1997, 17(1): 33-37.

[114] Kanabus J, Bressan RA, Carpita NC. Carbon assimilation in carrot cells in liquid culture. Plant Physiol, 1986, 82(2): 363-368.

[115] Cormier F, Crevier HA, Do CB. Effects of sucrose concentration on the accumulation of anthocyanins in grape (*Vitis vinifera*) cell suspension. Canadian J Bot, 1990, 68(8): 1822-1825.

[116] Tsukaya H, Ohshima T, Naito S, Chino M, Komeda Y. Sugar-dependent expression of the CHS-A gene for chalcone synthase from petunia in transgenic arabidopsis. Plant Physiol, 1991, 97(4): 1414-1421.

[117] Yamakawa T, Ohtsuka H, Onomichi K, Kodama T, Minoda Y. Production of anthocyanin pigment by grape cell culture // Fujiwara A. Plant Tissue Culture. Tokyo, Japanese: Association for Plant Tissue Culture, 1982: 273-274.

[118] Hirasuna TJ, Shuler ML, Lackney VK, Spanswick RM. Enhanced anthocyanin production in grape cell cultures. Plant Sci, 1991, 78(1): 107-120.

[119] Do CB, Cormier F. Effects of low nitrate and high sugar concentrations on anthocyanin content and composition of grape (*Vitis vinifera* L.) cell suspension. Plant Cell Rep, 1991, 9(9): 500-504.

[120] Miyanaga K, Seki M, Furusaki S. Quantitative determination of cultured strawberry-cell heterogeneity by image analysis: effects of medium modification on anthocyanin accumulation. Biochem Eng J, 2000, 5(3): 201-207.

[121] Yamamoto Y, Kinoshita Y, Watanabe S, Yamada Y. Anthocyanin production in suspension cultures of high-producing cells of *Euphorbia millii*. Ag Biol Chem, 1989, 53(2): 417-423.

[122] Wang YC, Wang N, Xu HF, Jiang SH, Fang HC, Su MY, Zhang ZY, Zhang TL, Chen XS. Auxin regulates anthocyanin biosynthesis through the Aux/IAA-ARF signaling pathway in apple. Hortic Res, 2018, 5(1): 59.

[123] Scragg AH. Large-scale plant cell culture: methods, applications and products. Curr Opin Biotechnol, 1992, 3(2): 105-109.

[124] Mizukami H, Tomita K, Ohashi H, Hiraoka N. Anthocyanin production in callus cultures of Roselle (*Hibiscus sabdariffa* L.). Plant Cell Rep, 1988, 7(7): 553-556.

[125] Fritsch H, Grisebach H. Biosynthesis of cyanidin in cell cultures of *Haplopappus gracilis*. Phytochem, 1975, 14(11): 2437-2442.

[126] Avihai I, Dougall DK. The effect of growth retardants on anthocyanin production in carrot cell suspension cultures. Plant Cell Rep, 1992, 11(5-6): 304-309.

[127] Tanaka N, Matsuura E, Terahara N, Ishimaru K. Secondary metabolites in transformed root cultures of *Campanula glomerata*. J Plant Physiol, 1999, 155(2): 251-254.

[128] 张进杰. 若干因子对鸡冠花悬浮培养中花色素苷积累的影响. 亚热带植物科学, 2006, 35(2): 17-20.

[129] Gleitz J, Schnitzler JP, Steimle D, Seitz HU. Metabolic changes in carrot cells in response to simultaneous treatment with ultraviolet light and a fungal elicitor. Planta, 1991, 184(3): 362-367.

[130] Suvarnalatha G, Rajendran L, Ravishankar GA, Venkataraman LV. Elicitation of anthocyanin production in cell cultures of carrot (*Daucus carota* L.) by using elicitors and abiotic stress. Biotech Lett, 1994, 16(12): 1275-1280.

[131] Sudha G, Ravishankar GA. Influence of putrescine on anthocyanin production in callus cultures of *Daucus carota* mediated through calcium ATPase. Acta Physiol Plant, 2003, 25(1): 69-75.

[132] Xu ZS, Huang Y, Wang F, Song X, Wang GL, Xiong AS. Transcript profiling of structural genes involved in cyanidin-based anthocyanin biosynthesis between purple and non-purple carrot (*Daucus carota* L.) cultivars reveals distinct patterns. BMC Plant Biol, 2014, 14(1): 262.

[133] Smith MAL, Reid HF, Hansen AC, Li Z, Madhavi DL. Non-destructive mchine vision analysis of pigment-producing cell cultures. J Biotech, 1995, 40(1): 1-11.

[134] Saad KR, Kumar G, Mudliar SN, Giridhar P, Shetty NP. Salt stress-induced anthocyanin biosynthesis genes and mate transporter involved in anthocyanin accumulation in daucus carota cell culture. ACS Omega, 2021, 6(38): 24502-24514.

[135] Hirner AA, Veit S, Seitz HU. Regulation of anthocyanin biosynthesis in UV-A-irradiated cell cultures of carrot and in organs of intact carrot plants. Plant Sci, 2001, 161(2): 315-322.

[136] Takeda J, Abe S, Hirose Y, Ozeki Y. Effect of light and 2,4-dichlorophenoxyacetic acid on the level of mRNAs for phenylalanine ammonia-lyase and chalcone synthase in carrot cells cultured in suspension. Physiol Plant, 1993, 89(1): 4-10.

[137] Zhong JJ, Seki T, Kinoshita SI, Yoshida T. Effect of light irradiation on anthocyanin production by suspended culture of *Perilla frutescens*. Biotech Bioeng, 1991, 38(6): 653-658.

[138] Takeda J, Abe S. Light-induced synthesis of anthocyanin in carrot cells in suspension-IV. The action spectrum. Photochem Photobiol, 1992, 56(1): 69-74.

[139] Mori T, Sakura M. Preparation of conditioned medium to stimulate anthocyanin production using suspension cultures of *Fragaria ananassa* cells. World J Microb Biotech, 1999, 15(5): 635-637.

[140] D'Amelia V, Villano C, Batelli G, Cobanoglu O, Carucci F, Melito S, Chessa M, Chiaiese P, Aversano R, Carputo D. Genetic and epigenetic dynamics affecting anthocyanin biosynthesis in potato cell culture. Plant Sci, 2020, 298: 110597.

[141] Cheng X, Wang P, Chen Q, Ma T, Wang R, Gao Y, Zhu H, Liu Y, Liu B, Sun X, Fang Y. Enhancement of anthocyanin and chromatic profiles in 'Cabernet Sauvignon' (*Vitis vinifera* L.) by foliar nitrogen fertilizer during veraison. J Sci Food Agric, 2021. doi: 10.1002/jsfa.11368.

[142] Liu Y, Tikunov Y, Schouten RE, Marcelis LFM, Visser RGF, Bovy A. Anthocyanin biosynthesis and degradation mechanisms in solanaceous vegetables: a review. Frontiers in Chemistry, 2018, 6: 52.

[143] Kobayashi Y, Akita M, Sakamoto K, Liu H, Shigeoka T, Koyano T, Kawamura M, Furuya T. Large-scale production of anthocyanin by *Aralia cordata* cell suspension cultures. App Microb Biotech, 1993, 40(2-3): 215-218.

[144] Passamonti S, Vrhovsek U, Mattivi F. The interaction of anthocyanins with bilitranslocase. Biochem Biophys Res Commun, 2002, 296(3): 631-636.

[145] Prior RL, Wu X. Anthocyanins: structural characteristics that result in unique metabolic patterns and biological activities. Free Radic Res, 2006, 40(10): 1014-1028.

[146] Ugalde CM, Liu Z, Ren C, Chan KK, Rodrigo KA, Ling Y, Larsen PE, Chacon GE, Stoner GD, Mumper RJ, Fields HW, Mallery SR. Distribution of anthocyanins delivered from a bioadhesive black raspberry gel following topical intraoral application in normal healthy volunteers. Pharm Res, 2009, 26(4): 977-986.

[147] Czank C, Cassidy A, Zhang Q, Morrison DJ, Preston T, Kroon PA, Botting NP, Kay CD. Human metabolism and elimination of the anthocyanin, cyanidin-3-glucoside: a (13)C-tracer study. Am J Clin Nutr, 2013, 97(5): 995-1003.

[148] Pinelo M, Landbo AK, Vikbjerg AF, Meyer AS. Effect of clarification techniques and rat intestinal extract incubation on phenolic composition and antioxidant activity of black currant juice. J Agric Food Chem, 2006, 54(18): 6564-6571.

[149] Faria A, Pestana D, Azevedo J, Martel F, de Freitas V, Azevedo I, Mateus N, Calhau C. Absorption of anthocyanins through intestinal epithelial cells-putative involvement of GLUT2. Mol Nutr Food Res, 2010, 53(11): 1430-1437.

[150] Vitaglione P, Donnarumma G, Napolitano A, Galvano F, Gallo A, Scalfi L, Fogliano V. Protocatechuic acid is the major human metabolite of cyanidin-glucosides. J Nutr, 2007, 137(9): 2043-2048.

[151] Wang D, Xia M, Yan X, Li D, Wang L, Xu Y, Jin T, Ling W. Gut microbiota metabolism of anthocyanin promotes reverse cholesterol transport in mice via repressing miRNA-10b. Circ Res, 2012, 111(8): 967-981.

[152] Cao G, Muccitelli HU, Sanchez-Moreno C, Prior RL. Anthocyanins are absorbed in glycated

forms in elderly women: a pharmacokinetic study. Am J Clin Nutr, 2001, 73(5): 920-926.

[153] Lloyd-Jones D, Adams R, Carnethon M, De Simone G, Ferguson TB, Flegal K, Ford E, Furie K, Go A, Greenlund K, Haase N, Hailpern S, Ho M, Howard V, Kissela B, Kittner S, Lackland D, Lisabeth L, Marelli A, McDermott M, Meigs J, Mozaffarian D, Nichol G, O'Donnell C, Roger V, Rosamond W, Sacco R, Sorlie P, Stafford R, Steinberger J, Thom T, Wasserthiel-Smoller S, Wong N, Wylie-Rosett J, Hong Y. Heart disease and stroke statistics—2009 update: a report from the American Heart Association Statistics Committee and Stroke Statistics Subcommittee. Circulation, 2009, 119(3): 480-486.

[154] Koenig W, Khuseyinova N. Biomarkers of atherosclerotic plaque instability and rupture. Arterioscler Thromb Vasc Biol, 2007, 27(1): 15-26.

[155] Van Gaal LF, Mertens IL, De Block CE. Mechanisms linking obesity with cardiovascular disease. Nature, 2006, 444(7121): 875-880.

[156] De Pascual-Teresa S, Moreno DA, Garcia-Viguera C. Flavanols and anthocyanins in cardiovascular health: a review of current evidence. Int J Mol Sci, 2010, 11(4): 1679-1703.

[157] Mazza GJ. Anthocyanins and heart health. Ann Ist Super Sanita, 2007, 43(4): 369-374.

[158] McCullough ML, Peterson JJ, Patel R, Jacques PF, Shah R, Dwyer JT. Flavonoid intake and cardiovascular disease mortality in a prospective cohort of US adults. Am J Clin Nutr, 2012, 95(2): 454-464.

[159] Mink PJ, Scrafford CG, Barraj LM, Harnack L, Hong CP, Nettleton JA, Jacobs DR Jr. Flavonoid intake and cardiovascular disease mortality: a prospective study in postmenopausal women. Am J Clin Nutr, 2007, 85(3): 895-909.

[160] Cassidy A, Mukamal KJ, Liu L, Franz M, Eliassen AH, Rimm EB. High anthocyanin intake is associated with a reduced risk of myocardial infarction in young and middle-aged women. Circulation, 2013, 127(2): 188-196.

[161] Qin Y, Xia M, Ma J, Hao Y, Liu J, Mou H, Cao L, Ling W. Anthocyanin supplementation improves serum LDL- and HDL-cholesterol concentrations associated with the inhibition of cholesteryl ester transfer protein in dyslipidemic subjects. Am J Clin Nutr, 2009, 90(3): 485-492.

[162] Wang Q, Han P, Zhang M, Xia M, Zhu H, Ma J, Hou M, Tang Z, Ling W. Supplementation of black rice pigment fraction improves antioxidant and anti-inflammatory status in patients with coronary heart disease. Asia Pac J Clin Nutr, 2007, 16(1): 295-301.

[163] Karlsen A, Retterstol L, Laake P, Paur I, Bohn SK, Sandvik L, Blomhoff R. Anthocyanins inhibit nuclear factor-kappaB activation in monocytes and reduce plasma concentrations of pro-inflammatory mediators in healthy adults. J Nutr, 2007, 137(8): 1951-1954.

[164] 郭红辉, 凌文华. 花色苷类植物化学物对心血管系统的保护作用. 生命科学, 2015, 27(4): 495-503.

[165] Aviram M, Rosenblat M, Gaitini D, Nitecki S, Hoffman A, Dornfeld L, Volkova N, Presser D, Attias J, Liker H, Hayek T. Pomegranate juice consumption for 3 years by patients with carotid artery stenosis reduces common carotid intima-media thickness, blood pressure and LDL oxidation. Clin Nutr, 2004, 23(3): 423-433.

[166] Maxwell S, Holm G, Bondjers G, Wiklund O. Comparison of antioxidant activity in lipoprotein fractions from insulin-dependent diabetics and healthy controls. Atherosclerosis, 1997, 129(1): 89-96.

[167] Cotelle N, Bernier JL, Catteau JP, Pommery J, Wallet JC, Gaydou EM. Antioxidant properties of hydroxy-flavones. Free Radic Biol Med, 1996, 20(1): 35-43.

[168] Pahkla R, Zilmer M, Kullisaar T, Rago L. Comparison of the antioxidant activity of melatonin

and pinoline *in vitro*. J Pineal Res, 1998, 24(2): 96-101.

[169] 徐金瑞, 张名位, 刘兴华, 张瑞芬, 孙玲. 黑大豆种皮花色苷体外抗氧化活性研究. 营养学报, 2007, 29(1): 54-58.

[170] 郭红辉. 黑米花色苷对胰岛素抵抗的改善作用及其机制探讨. 广州: 中山大学博士学位论文, 2007.

[171] Saigusa N, Terahara N, Ohba R. Evaluation of DPPH-radical-scavenging activity and antimutagenicity and analysis of anthocyanins in an alcoholic fermented beverage produced from cooked or raw purple-fleshed sweet potato (*Ipomoea batatas* cv. Ayamurasaki) roots. Food Sci Technol Res, 2007, 11(4): 390-394.

[172] Guo H, Ling W, Wang Q, Liu C, Hu Y, Xia M. Cyanidin 3-glucoside protects 3T3-L1 adipocytes against H_2O_2- or TNF-alpha-induced insulin resistance by inhibiting c-Jun NH_2-terminal kinase activation. Biochem Pharmacol, 2008, 75(6): 1393-1401.

[173] Glazer AN. Fluorescence-based assay for reactive oxygen species: a protective role for creatinine. Faseb J, 1988, 2(9): 2487-2491.

[174] Cao G, Verdon CP, Wu AH, Wang H, Prior RL. Automated assay of oxygen radical absorbance capacity with the COBAS FARA II. Clin Chem, 1995, 41(12): 1738-1744.

[175] Ou B, Huang D, Hampsch-Woodill M, Flanagan JA, Deemer EK. Analysis of antioxidant activities of common vegetables employing oxygen radical absorbance capacity (ORAC) and ferric reducing antioxidant power (FRAP) assays: a comparative study. J Agric Food Chem, 2002, 50(11): 3122-3128.

[176] Barclay LR, Vinqvist MR, Mukai K, Goto H, Hashimoto Y, Tokunaga A, Uno H. On the antioxidant mechanism of curcumin: classical methods are needed to determine antioxidant mechanism and activity. Org Lett, 2000, 2(18): 2841-2843.

[177] Huang D, Ou B, Hampsch-Woodill M, Flanagan JA, Deemer EK. Development and validation of oxygen radical absorbance capacity assay for lipophilic antioxidants using randomly methylated beta-cyclodextrin as the solubility enhancer. J Agric Food Chem, 2002, 50(7): 1815-1821.

[178] Davalos A, Gomez-Cordoves C, Bartolome B. Extending applicability of the oxygen radical absorbance capacity (ORAC-fluorescein) assay. J Agric Food Chem, 2004, 52(1): 48-54.

[179] Zheng W, Wang SY. Oxygen radical absorbing capacity of phenolics in blueberries, cranberries, chokeberries, and lingonberries. J Agric Food Chem, 2003, 51(2): 502-509.

[180] 郭红辉, 凌文华, 夏敏, 王庆. 花色苷对氧化应激诱导脂肪细胞胰岛素抵抗的改善作用. 中国糖尿病杂志, 2010, 18(9): 650-653.

[181] Mortensen A, Skibsted LH. Kinetics of photobleaching of beta-carotene in chloroform and formation of transient carotenoid species absorbing in the near infrared. Free Radic Res, 1996, 25(4): 355-368.

[182] Fukumoto LR, Mazza G. Assessing antioxidant and prooxidant activities of phenolic compounds. J Agric Food Chem, 2000, 48(8): 3597-3604.

[183] Miller NJ, Rice-Evans C, Davies MJ, Gopinathan V, Milner A. A novel method for measuring antioxidant capacity and its application to monitoring the antioxidant status in premature neonates. Clin Sci (Lond), 1993, 84(4): 407-412.

[184] Degenhardt A, Knapp H, Winterhalter P. Separation and purification of anthocyanins by high-speed counter current chromatography and screening for antioxidant activity. J Agric Food Chem, 2000, 48(2): 338-343.

[185] Yoshiki Y, Okubo K, Igarashi K. Chemiluminescence of anthocyanins in the presence of

acetaldehyde and tert-butyl hydroperoxide. J Biolumin Chemilumin, 1995, 10(6): 335-338.

[186] Galvano F, La Fauci L, Vitaglione P, Fogliano V, Vanella L, Felgines C. Bioavailability, antioxidant and biological properties of the natural free-radical scavengers cyanidin and related glycosides. Ann Ist Super Sanita, 2007, 43(4): 382-393.

[187] Alleva DG, Burger CJ, Elgert KD. Tumour growth causes suppression of autoreactive T-cell proliferation by disrupting macrophage responsiveness to interferon-gamma. Scand J Immunol, 1994, 39(1): 31-38.

[188] Katsube N, Iwashita K, Tsushida T, Yamaki K, Kobori M. Induction of apoptosis in cancer cells by bilberry (Vaccinium myrtillus) and the anthocyanins. J Agric Food Chem, 2003, 51(1): 68-75.

[189] Kang SY, Seeram NP, Nair MG, Bourquin LD. Tart cherry anthocyanins inhibit tumor development in Apc (Min) mice and reduce proliferation of human colon cancer cells. Cancer Lett, 2003, 194(1): 13-19.

[190] Prior RL, Wu X, Gu L, Hager TJ, Hager A, Howard LR. Whole berries versus berry anthocyanins: interactions with dietary fat levels in the C57BL/6J mouse model of obesity. J Agric Food Chem, 2008, 56(3): 647-653.

[191] Wang Q, Xia M, Liu C, Guo H, Ye Q, Hu Y, Zhang Y, Hou M, Zhu H, Ma J, Ling W. Cyanidin-3-O-beta-glucoside inhibits iNOS and COX-2 expression by inducing liver X receptor alpha activation in THP-1 macrophages. Life Sci, 2008, 83(5-6): 176-184.

[192] Mazza G, Kay CD, Cottrell T, Holub BJ. Absorption of anthocyanins from blueberries and serum antioxidant status in human subjects. J Agric Food Chem, 2002, 50(26): 7731-7737.

[193] Aruoma OI, Grootveld M, Bahorun T. Free radicals in biology and medicine: from inflammation to biotechnology. Biofactors, 2006, 27(1-4): 1-3.

[194] Lovell MA, Markesbery WR. Oxidative DNA damage in mild cognitive impairment and late-stage Alzheimer's disease. Nucleic Acids Res, 2007, 35(22): 7497-7504.

[195] Valko M, Izakovic M, Mazur M, Rhodes CJ, Telser J. Role of oxygen radicals in DNA damage and cancer incidence. Mol Cell Biochem, 2004, 266(1-2): 37-56.

[196] Ghafourifar P, Cadenas E. Mitochondrial nitric oxidesynthase. Trends Pharmacol Sci, 2005, 26(4): 190-195.

[197] Scalbert A, Johnson IT, Saltmarsh M. Polyphenols: antioxidants and beyond. Am J Clin Nutr, 2005, 81(1 Suppl): 215S-217S.

[198] Manach C, Mazur A, Scalbert A. Polyphenols and prevention of cardiovascular diseases. Curr Opin Lipidol, 2005, 16(1): 77-84.

[199] Arts IC, Hollman PC. Polyphenols and disease risk in epidemiologic studies. Am J Clin Nutr, 2005, 81(1 Suppl): 317S-325S.

[200] Ling WH, Wang LL, Ma J. Supplementation of the black rice outer layer fraction to rabbits decreases atherosclerotic plaque formation and increases antioxidant status. J Nutr, 2002, 132(1): 20-26.

[201] Xia M, Ling WH, Ma J, Kitts DD, Zawistowski J. Supplementation of diets with the black rice pigment fraction attenuates atherosclerotic plaque formation in apolipoprotein e deficient mice. J Nutr, 2003, 133(3): 744-751.

[202] Bao L, Yao XS, Tsi D, Yau CC, Chia CS, Nagai H, Kurihara H. Protective effects of bilberry (Vaccinium myrtillus L.) extract on KBrO3-induced kidney damage in mice. J Agric Food Chem, 2008, 56(2): 420-425.

[203] Tsuda T, Horio F, Osawa T. The role of anthocyaninsas an antioxidant under oxidative stress in rats. Biofactors, 2000, 13(1): 133-140.

[204] Kay CD, Holub BJ. The effect of wild blueberry (*Vaccinium angustifolium*) consumption on postprandial serum antioxidant status in human subjects. Br J Nutr, 2002, 88(4): 389-398.

[205] 牟海英, 屈琪, 刘静, 秦玉, 凌文华, 马静. 花色苷对高脂血症人群血脂及体内氧化应激水平的影响. 营养学报, 2010, (6): 551-555.

[206] 姜平平. 花色苷类物质抗氧化生理活性的研究. 天津: 天津科技大学硕士学位论文, 2003.

[207] 李颖畅, 孟宪军. 蓝莓花色苷抗氧化活性的研究. 食品与发酵工业, 2007, (9): 61-64.

[208] Xia X, Ling W, Ma J, Xia M, Hou M, Wang Q, Zhu H, Tang Z. An anthocyanin-rich extract from black rice enhances atherosclerotic plaque stabilization in apolipoprotein E-deficient mice. J Nutr, 2006, 136(8): 2220-2225.

[209] Hu C, Zawistowski J, Ling W, Kitts DD. Black rice (*Oryza sativa* L. *indica*) pigmented fraction suppresses both reactive oxygen species and nitric oxide in chemical and biological model systems. J Agric Food Chem, 2003, 51(18): 5271-5277.

[210] 郭红辉, 胡艳, 刘驰, 王庆, 凌文华. 黑米花色苷对果糖喂养大鼠的抗氧化及胰岛素增敏作用. 营养学报, 2008, 30(1): 85-87.

[211] Han KH, Sekikawa M, Shimada K, Hashimoto M, Hashimoto N, Noda T, Tanaka H, Fukushima M. Anthocyanin-rich purple potato flake extract hasantioxidant capacity and improves antioxidant potential in rats. Br J Nutr, 2006, 96(6): 1125-1133.

[212] Ramirez-Tortosa C, Andersen OM, Gardner PT, Morrice PC, Wood SG, Duthie SJ, Collins AR, Duthie GG. Anthocyanin-rich extract decreases indices of lipid peroxidation and DNA damage in vitamin E-depleted rats. Free Radic Biol Med, 2001, 31(9): 1033-1037.

[213] Kay CD, Mazza GJ, Holub BJ. Anthocyanins exist in the circulation primarily as metabolites in adult men. J Nutr, 2005, 135(11): 2582-2588.

[214] Luo X, Fang S, Xiao Y, Song F, Zou T, Wang M, Xia M, Ling W. Cyanidin-3-glucoside suppresses TNF-alpha-induced cell proliferation through the repression of Nox activator 1 in mouse vascular smooth muscle cells: involvement of the STAT3 signaling. Mol Cell Biochem, 2012, 362(1-2): 211-218.

[215] Chiang AN, Wu HL, Yeh HI, Chu CS, Lin HC, Lee WC. Antioxidant effects of black rice extract through the induction of superoxide dismutase and catalase activities. Lipids, 2006, 41(8): 797-803.

[216] Filipe P, Lanca V, Silva JN, Morliere P, Santus R, Fernandes A. Flavonoids and urate antioxidant interplay in plasma oxidative stress. Mol Cell Biochem, 2001, 221(1-2): 79-87.

[217] 郭红辉, 胡艳, 刘驰, 王庆, 凌文华. 花色苷抗氧化及改善胰岛素抗性的体外研究. 营养学报, 2009, (5): 490-493.

[218] Tsuda T, Horio F, Kitoh J, Osawa T. Protective effects of dietary cyanidin 3-*O*-beta-D-glucoside on liver ischemia-reperfusion injury in rats. Arch Biochem Biophys, 1999, 368(2): 361-366.

[219] 何欣, 顾宁. 免疫细胞与动脉粥样硬化斑块研究进展. 中国动脉硬化杂志, 2021, 29(7): 629-634.

[220] Raskin I, Ribnicky DM, Komarnytsky S, Ilic N, Poulev A, Borisjuk N, Brinker A, Moreno DA, Ripoll C, Yakoby N, O'Neal JM, Cornwell T, Pastor I, Fridlender B. Plants and human health in the twenty-first century. Trends Biotechnol, 2002, 20(12): 522-531.

[221] Nkondjock A, Ghadirian P, Johnson KC, Krewski D. Dietary intake of lycopene is associated with reduced pancreatic cancer risk. J Nutr, 2005, 135(3): 592-597.

[222] Renaud S, de Lorgeril M. Wine, alcohol, platelets, and the French Paradox for coronary heart disease. Lancet, 1992, 339(8808): 1523-1526.

[223] Kikura M, Levy JH, Safon RA, Lee MK, Szlam F. The influence of red wine or white wine

intake on platelet function and viscoelastic property of blood in volunteers. Platelets, 2004, 15(1): 37-41.

[224] Surh YJ, Chun KS, Cha HH, Han SS, Keum YS, Park KK, Lee SS. Molecular mechanisms underlying chemopreventive activities of anti-inflammatory phytochemicals: down-regulation of COX-2 and iNOS through suppression of NF-kappa B activation. Mutat Res, 2001, 480-481: 243-268.

[225] Buttery LD, Springall DR, Chester AH, Evans TJ, Standfield EN, Parums DV, Yacoub MH, Polak JM. Inducible nitric oxidesynthase is present within human atherosclerotic lesions and promotes the formation and activity of peroxynitrite. Lab Invest, 1996, 75(1): 77-85.

[226] Niu XL, Yang X, Hoshiai K, Tanaka K, Sawamura S, Koga Y, Nakazawa H. Inducible nitric oxidesynthase deficiency does not affect the susceptibility of mice to atherosclerosis but increases collagen content in lesions. Circulation, 2001, 103(8): 1115-1120.

[227] Zhang Y, Lian F, Zhu Y, Xia M, Wang Q, Ling W, Wang XD. Cyanidin-3-O-beta-glucoside inhibits LPS-induced expression of inflammatory mediators through decreasing IkappaBalpha phosphorylation in THP-1 cells. Inflamm Res, 2010, 59(9): 723-730.

[228] Verma S, Li SH, Badiwala MV, Weisel RD, Fedak PW, Li RK, Dhillon B, Mickle DA. Endothelin antagonism and interleukin-6 inhibition attenuate the proatherogenic effects of C-reactive protein. Circulation, 2002, 105(16): 1890-1896.

[229] Toubi E, Shoenfeld Y. The role of CD40-CD154 interactions in autoimmunity and the benefit of disrupting this pathway. Autoimmunity, 2004, 37(6-7): 457-464.

[230] Lutgens E, Daemen MJ. CD40-CD40L interactions in atherosclerosis. Trends Cardiovasc Med, 2002, 12(1): 27-32.

[231] Xia M, Ling W, Zhu H, Ma J, Wang Q, Hou M, Tang Z, Guo H, Liu C, Ye Q. Anthocyanin attenuates CD40-mediated endothelial cell activation and apoptosis by inhibiting CD40-induced MAPK activation. Atherosclerosis, 2009, 202(1): 41-47.

[232] Xia M, Ling W, Zhu H, Wang Q, Ma J, Hou M, Tang Z, Li L, Ye Q. Anthocyanin prevents CD40-activated proinflammatory signaling in endothelial cells by regulating cholesterol distribution. Arterioscler Thromb Vasc Biol, 2007, 27(3): 519-524.

[233] Ling WH, Cheng QX, Ma J, Wang T. Red and black rice decrease atherosclerotic plaque formation and increase antioxidant status in rabbits. J Nutr, 2001, 131(5): 1421-1426.

[234] 余小平, 夏效东, 夏敏, 王庆, 迟东升, 凌文华. 黑米皮花色苷提取物对动脉粥样硬化不稳定斑块作用的实验研究. 营养学报, 2006, 28(6): 510-513, 517.

[235] Millar CL, Norris GH, Jiang C, Kry J, Vitols A, Garcia C, Park YK, Lee JY, Blesso CN. Long-term supplementation of black elderberries promotes hyperlipidemia, but reduces liver inflammation and improves HDL function and atherosclerotic plaque stability in apolipoprotein E-knockout mice. Mol Nutr Food Res, 2018, 62(23): e1800404.

[236] 刘静. 黑米花色苷提取物对血脂异常患者血脂和炎性因子的影响. 广州: 中山大学硕士学位论文, 2008.

[237] Zhu Y, Xia M, Yang Y, Liu F, Li Z, Hao Y, Mi M, Jin T, Ling W. Purified anthocyanin supplementation improves endothelial function via NO-cGMP activation in hypercholesterolemic individuals. Clin Chem, 2011, 57(11): 1524-1533.

[238] Choi CY, Park KR, Lee JH, Jeon YJ, Liu KH, Oh S, Kim DE, Yea SS. Isoeugenol suppression of inducible nitric oxidesynthase expression is mediated by down-regulation of NF-kappaB, ERK1/2, and p38 kinase. Eur J Pharmacol, 2007, 576(1-3): 151-159.

[239] Hou DX, Yanagita T, Uto T, Masuzaki S, Fujii M. Anthocyanidins inhibit cyclooxygenase-2

expression in LPS-evoked macrophages: structure-activity relationship and molecular mechanisms involved. Biochem Pharmacol, 2005, 70(3): 417-425.

[240] Lund EG, Menke JG, Sparrow CP. Liver X receptor agonists as potential therapeutic agents for dyslipidemia and atherosclerosis. Arterioscler Thromb Vasc Biol, 2003, 23(7): 1169-1177.

[241] Xia M, Hou M, Zhu H, Ma J, Tang Z, Wang Q, Li Y, Chi D, Yu X, Zhao T, Han P, Xia X, Ling W. Anthocyanins induce cholesterol efflux from mouse peritoneal macrophages: the role of the peroxisome proliferator-activated receptor {gamma}-liver X receptor {alpha}-ABCA1 pathway. J Biol Chem, 2005, 280(44): 36792-36801.

[242] Ricketts ML, Moore DD, Banz WJ, Mezei O, Shay NF. Molecular mechanisms of action of the soy isoflavones includes activation of promiscuous nuclear receptors. A review. J Nutr Biochem, 2005, 16(6): 321-330.

[243] Zhou X. CD4$^+$ T cells in atherosclerosis. Biomed Pharmacother, 2003, 57(7): 287-291.

[244] Chen PN, Kuo WH, Chiang CL, Chiou HL, Hsieh YS, Chu SC. Black rice anthocyanins inhibit cancer cells invasion via repressions of MMPs and u-PA expression. Chem Biol Interact, 2006, 163(3): 218-229.

[245] 夏敏. 花色苷对胆固醇外流和炎症反应的调控及其分子机制探讨. 广州: 中山大学博士学位论文, 2006.

[246] Van Kooten C, Banchereau J. CD40-CD40 ligand: a multifunctional receptor-ligand pair. Adv Immunol, 1996, 61: 1-77.

[247] Mach F, Schonbeck U, Sukhova GK, Bourcier T, Bonnefoy JY, Pober JS, Libby P. Functional CD40 ligand is expressed on human vascular endothelial cells, smooth muscle cells, and macrophages: implications for CD40-CD40 ligand signaling in atherosclerosis. Proc Natl Acad Sci USA, 1997, 94(5): 1931-1936.

[248] 刘艾婷, 彭旷, 欧蕾宇, 吴洁. 补体系统在动脉粥样硬化中的作用研究进展. 中国动脉硬化杂志, 2021, 29(4): 363-368.

[249] Simons K, Ikonen E. Functional rafts in cell membranes. Nature, 1997, 387(6633): 569-572.

[250] Frolov A, Hui DY. The modern art of atherosclerosis: a picture of colorful plants, cholesterol, and inflammation. Arterioscler Thromb Vasc Biol, 2007, 27(3): 450-452.

[251] 国务院新闻办公室中国居民营养与慢性病状况报告(2020 年). 营养学报, 2020, 42(6): 521.

[252] Guo H, Ling W, Wang Q, Liu C, Hu Y, Xia M, Feng X, Xia X. Effect of anthocyanin-rich extract from black rice (*Oryza sativa* L. *indica*) on hyperlipidemia and insulin resistance in fructose-fed rats. Plant Foods Hum Nutr, 2007, 62(1): 1-6.

[253] 胡艳, 郭红辉, 王庆, 冯翔, 刘驰, 凌文华. 黑米花色苷提取物对高脂膳食诱导大鼠肥胖形成的影响. 食品科学, 2008, 29(2): 376-379.

[254] Yang Y, Andrews MC, Hu Y, Wang D, Qin Y, Zhu Y, Ni H, Ling W. Anthocyanin extract from black rice significantly ameliorates platelet hyperactivity and hypertriglyceridemia in dyslipidemic rats induced by high fat diets. J Agric Food Chem, 2011, 59(12): 6759-6764.

[255] Valcheva-Kuzmanova S, Kuzmanov K, Tancheva S, Belcheva A. Hypoglycemic and hypolipidemic effects of *Aronia melanocarpa* fruit juice in streptozotocin-induced diabetic rats. Methods Find Exp Clin Pharmacol, 2007, 29(2): 101-105.

[256] Kim AJ, Park S. Mulberry extract supplements ameliorate the inflammation-related hematological parameters in carrageenan-induced arthritic rats. J Med Food, 2006, 9(3): 431-435.

[257] Finne N IL, Elbol R S, Mortensen A, Ravn-Haren G, Ma HP, Knuthsen P, Hansen BF, McPhail D, Freese R, Breinholt V, Frandsen H, Dragsted LO. Anthocyanins increase low-density

lipoprotein and plasma cholesterol and do not reduce atherosclerosis in Watanabe heritable hyperlipidemic rabbits. Mol Nutr Food Res, 2005, 49(4): 301-308.

[258] Tsuda T, Horio F, Osawa T. Dietary cyanidin 3-*O*-beta-D-glucoside increases *ex vivo* oxidation resistance of serum in rats. Lipids, 1998, 33(6): 583-588.

[259] Tsuda T, Horio F, Uchida K, Aoki H, Osawa T. Dietary cyanidin 3-*O*-beta-D-glucoside-rich purple corn color prevents obesity and ameliorates hyperglycemia in mice. J Nutr, 2003, 133(7): 2125-2130.

[260] 秦玉, 凌文华. 黑米花色苷提取物胶囊对高血脂症病人的降血脂作用. 食品科学, 2008, 29(10): 540-543.

[261] 曹黎. 黑米皮花色苷提取物对血脂异常患者血清 FFA、血浆 LPL、CETP 水平的影响. 广州: 中山大学硕士学位论文, 2008.

[262] Zern TL, Wood RJ, Greene C, West KL, Liu Y, Aggarwal D, Shachter NS, Fernandez ML. Grape polyphenols exert a cardioprotective effect in pre- and postmenopausal women by lowering plasma lipids and reducing oxidative stress. J Nutr, 2005, 135(8): 1911-1917.

[263] Hansen AS, Marckmann P, Dragsted LO, Finne Nielsen IL, Nielsen SE, Gronbaek M. Effect of red wine and red grape extract on blood lipids, haemostatic factors, and other risk factors for cardiovascular disease. Eur J Clin Nutr, 2005, 59(3): 449-455.

[264] Duthie SJ, Jenkinson AM, Crozier A, Mullen W, Pirie L, Kyle J, Yap LS, Christen P, Duthie GG. The effects of cranberry juice consumption on antioxidant status and biomarkers relating to heart disease and cancer in healthy human volunteers. Eur J Nutr, 2006, 45(2): 113-122.

[265] Cuchel M, Rader DJ. Macrophage reverse cholesterol transport: key to the regression of atherosclerosis? Circulation, 2006, 113(21): 2548-2555.

[266] Wang Z, Klipfell E, Bennett BJ, Koeth R, Levison BS, Dugar B, Feldstein AE, Britt EB, Fu X, Chung YM, Wu Y, Schauer P, Smith JD, Allayee H, Tang WH, DiDonato JA, Lusis AJ, Hazen SL. Gut flora metabolism of phosphatidylcholine promotes cardiovascular disease. Nature, 2011, 472(7341): 57-63.

[267] McGhie TK, Walton MC. The bioavailability and absorption of anthocyanins: towards a better understanding. Mol Nutr Food Res, 2007, 51(6): 702-713.

[268] Bowey E, Adlercreutz H, Rowland I. Metabolism of isoflavones and lignans by the gut microflora: a study in germ-free and human flora associated rats. Food and Chem Toxicol, 2003, 41(5): 631-636.

[269] Hanske L, Loh G, Sczesny S, Blaut M, Braune A. The bioavailability of apigenin-7-glucoside is influenced by human intestinal microbiota in rats. J Nutr, 2009, 139(6): 1095-1102.

[270] Aura AM, Martin-Lopez P, O'Leary KA, Williamson G, Oksman-Caldentey KM, Poutanen K, Santos-Buelga C. *In vitro* metabolism of anthocyanins by human gut microflora. Eur J Nutr, 2005, 44(3): 133-142.

[271] Wang D, Zou T, Yang Y, Yan X, Ling W. Cyanidin-3-*O*-beta-glucoside with the aid of its metabolite protocatechuic acid, reduces monocyte infiltration in apolipoprotein E-deficient mice. Biochem Pharmacol, 2011, 82(7): 713-719.

[272] Reaven GM. Banting lecture 1988. Role of insulin resistance in human disease. Diabetes, 1988, 37(12): 1595-1607.

[273] Fletcher B, Lamendola C. Insulin resistance syndrome. J Cardiovasc Nurs, 2004, 19(5): 339-345.

[274] Angelidi AM, Filippaios A, Mantzoros CS. Severe insulin resistance syndromes. J Clin Invest, 2021, 131(4): e142245

[275] Wedick NM, Pan A, Cassidy A, Rimm EB, Sampson L, Rosner B, Willett W, Hu FB, Sun Q, van Dam RM. Dietary flavonoid intakes and risk of type 2 diabetes in US men and women. Am J Clin Nutr, 2012, 95(4): 925-933.

[276] Al-Awwadi NA, Araiz C, Bornet A, Delbosc S, Cristol JP, Linck N, Azay J, Teissedre PL, Cros G. Extracts enriched in different polyphenolic families normalize increased cardiac NADPH oxidase expression while having differential effects on insulin resistance, hypertension, and cardiac hypertrophy in high-fructose-fed rats. J Agric Food Chem, 2005, 53(1): 151-157.

[277] Jayaprakasam B, Vareed S K, Olson LK, Nair MG. Insulin secretion by bioactive anthocyanins and anthocyanidins present in fruits. J Agric Food Chem, 2005, 53(1): 28-31.

[278] Seeram NP, Schutzki R, Chandra A, Nair MG. Characterization, quantification, and bioactivities of anthocyanins in *Cornus* species. J Agric Food Chem, 2002, 50(9): 2519-2523.

[279] Tsuda T, Ueno Y, Yoshikawa T, Kojo H, Osawa T. Microarray profiling of gene expression in human adipocytes in response to anthocyanins. Biochem Pharmacol, 2006, 71(8): 1184-1197.

[280] Petersen MC, Shulman GI. Mechanisms of insulin action and insulin resistance. Physiol Rev, 2018, 98(4): 2133-2223.

[281] Karlsson M, Thorn H, Parpal S, Stralfors P, Gustavsson J. Insulin induces translocation of glucose transporter GLUT4 to plasma membrane caveolae in adipocytes. Faseb J, 2002, 16(2): 249-251.

[282] Saltiel AR, Kahn CR. Insulin signalling and the regulation of glucose and lipid metabolism. Nature, 2001, 414(6865): 799-806.

[283] Zick Y. Ser/Thr phosphorylation of IRS proteins: a molecular basis for insulin resistance. Sci STKE, 2005, 2005(268): pe4.

[284] Taniguchi CM, Emanuelli B, Kahn CR. Critical nodes in signalling pathways: insights into insulin action. Nat Rev Mol Cell Biol, 2006, 7(2): 85-96.

[285] Olivares-Reyes JA, Arellano-Plancarte A, Castillo-Hernandez JR. Angiotensin II and the development of insulin resistance: implications for diabetes. Mol Cell Endocrinol, 2009, 302(2): 128-139.

[286] Lu H, Bogdanovic E, Yu Z, Cho C, Liu L, Ho K, Guo J, Yeung LSN, Lehmann R, Hundal HS, Giacca A, Fantus IG. Combined hyperglycemia- and hyperinsulinemia-induced insulin resistance in adipocytes is associated with dual signaling defects mediated by PKC-zeta. Endocrinology, 2018, 159(4): 1658-1677.

[287] Greene MW, Burrington CM, Luo Y, Ruhoff MS, Lynch DT, Chaithongdi N. PKCdelta is activated in the liver of obese Zucker rats and mediates diet-induced whole body insulin resistance and hepatocyte cellular insulin resistance. J Nutr Biochem, 2014, 25(3): 281-288.

[288] Howard L, Nelson KK, Maciewicz RA, Blobel CP. Interaction of the metalloprotease disintegrins MDC9 and MDC15 with two SH3 domain-containing proteins, endophilin I and SH3PX1. J Biol Chem, 1999, 274(44): 31693-31699.

[289] Bhakta HK, Paudel P, Fujii H, Sato A, Park CH, Yokozawa T, Jung HA, Choi JS. Oligonol promotes glucose uptake by modulating the insulin signaling pathway in insulin-resistant HepG2 cells via inhibiting protein tyrosine phosphatase 1B. Arch Pharm Res, 2017, 40(11): 1314-1327.

[290] Xu Y, Wang L, He J, Bi Y, Li M, Wang T, Wang L, Jiang Y, Dai M, Lu J, Xu M, Li Y, Hu N, Li J, Mi S, Chen CS, Li G, Mu Y, Zhao J, Kong L, Chen J, Lai S, Wang W, Zhao W, Ning G. Prevalence and control of diabetes in Chinese adults. JAMA, 2013, 310(9): 948-959.

[291] Wang L, Gao P, Zhang M, Huang Z, Zhang D, Deng Q, Li Y, Zhao Z, Qin X, Jin D, Zhou M, Tang X, Hu Y, Wang L. Prevalence and ethnic pattern of diabetes and prediabetes in China in

2013. JAMA, 2017, 317(24): 2515-2523.

[292] Li Y, Teng D, Shi X, Qin G, Qin Y, Quan H, Shi B, Sun H, Ba J, Chen B, Du J, He L, Lai X, Li Y, Chi H, Liao E, Liu C, Liu L, Tang X, Tong N, Wang G, Zhang JA, Wang Y, Xue Y, Yan L, Yang J, Yang L, Yao Y, Ye Z, Zhang Q, Zhang L, Zhu J, Zhu M, Ning G, Mu Y, Zhao J, Teng W, Shan Z. Prevalence of diabetes recorded in mainland China using 2018 diagnostic criteria from the American Diabetes Association: national cross sectional study. BMJ, 2020, 369: m997.

[293] 中华医学会糖尿病学分会. 中国 2 型糖尿病防治指南(2017 年版). 中国实用内科杂志, 2018, 38(4): 292-344.

[294] 中华医学会糖尿病学分会. 中国 2 型糖尿病防治指南(2020 年版). 中华糖尿病杂志, 2021, 13(4): 315-409.

[295] 王国萍, 许秀举, 郭小勇, 孙剑, 杜群, 王国君. 膳食结构与胰岛素抵抗关系研究进展. 包头医学院学报, 2011, 27(6): 129-130.

[296] Furukawa S, Fujita T, Shimabukuro M, Iwaki M, Yamada Y, Nakajima Y, Nakayama O, Makishima M, Matsuda M, Shimomura I. Increased oxidative stress in obesity and its impact on metabolic syndrome. J Clin Invest, 2004, 114(12): 1752-1761.

[297] Van Guilder GP, Hoetzer GL, Greiner JJ, Stauffer BL, Desouza CA. Influence of metabolic syndrome on biomarkers of oxidative stress and inflammation in obese adults. Obesity (Silver Spring), 2006, 14(12): 2127-2131.

[298] Dresner A, Laurent D, Marcucci M, Griffin ME, Dufour S, Cline GW, Slezak LA, Andersen DK, Hundal RS, Rothman DL, Petersen KF, Shulman GI. Effects of free fatty acids on glucose transport and IRS-1-associated phosphatidylinositol 3-kinase activity. J Clin Invest, 1999, 103(2): 253-259.

[299] 邵灿灿. 饮酒对胰岛素抵抗的影响及其机制的研究进展. 重庆医学, 2017, 46(13): 1855-1857, 1859.

[300] Stepanov I, Jensen J, Hatsukami D, Hecht SS. New and traditional smokeless tobacco: comparison of toxicant and carcinogen levels. Nicotine & tobacco research : official journal of the Society for Research on Nicotine and Tobacco, 2008, 10(12): 1773-1782.

[301] Bergman BC, Perreault L, Hunerdosse D, Kerege A, Playdon M, Samek AM, Eckel RH. Novel and reversible mechanisms of smoking-induced insulin resistance in humans. Diabetes, 2012, 61(12): 3156-3166.

[302] 汪秋实, 韩翱瀚, 曹烨, 向全永. 吸烟与糖代谢异常关系研究进展. 中国公共卫生, 2017, 33(7): 1132-1135.

[303] 王正珍, 王艳. 有氧运动对糖尿病前期人群胰岛素敏感性的影响. 成都体育学院学报, 2013, 39(9): 1-8.

[304] Rowan CP, Riddell MC, Gledhill N, Jamnik VK. Aerobic exercise training modalities and prediabetes risk reduction. Med Sci Sports Exerc, 2017, 49(3): 403-412.

[305] Jelleyman C, Yates T, O'Donovan G, Gray LJ, King JA, Khunti K, Davies MJ. The effects of high-intensity interval training on glucose regulation and insulin resistance: a meta-analysis. Obes Rev, 2015, 16(11): 942-961.

[306] Madsen SM, Thorup AC, Overgaard K, Jeppesen PB. High intensity interval training improves glycaemic control and pancreatic beta cell function of type 2 diabetes patients. PLoS One, 2015, 10(8): e0133286.

[307] Khodabandehloo H, Gorgani-Firuzjaee S, Panahi G, Meshkani R. Molecular and cellular mechanisms linking inflammation to insulin resistance and β-cell dysfunction. Transl Res, 2016, 167(1): 228-256.

[308] 聂绪强, 张丹丹, 张涵. 炎症、胰岛素抵抗与糖尿病的中药治疗. 中国药学杂志, 2017, 52(1): 1-7.

[309] Bakhtiyari S, Meshkani R, Taghikhani M, Larijani B, Adeli K. Protein tyrosine phosphatase-1B (PTP-1B) knockdown improves palmitate-induced insulin resistance in C2C12 skeletal muscle cells. Lipids, 2010, 45(3): 237-244.

[310] Wellen KE, Hotamisligil GS. Inflammation, stress, and diabetes. J Clin Invest, 2005, 115(5): 1111-1119.

[311] Dandona P, Aljada A, Bandyopadhyay A. Inflammation: the link between insulin resistance, obesity and diabetes. Trends Immunol, 2004, 25(1): 4-7.

[312] Kandror KV, Coderre L, Pushkin AV, Pilch PF. Comparison of glucose-transporter-containing vesicles from rat fat and muscle tissues: evidence for a unique endosomal compartment. Biochem J, 1995, 307(2): 383-390.

[313] Jennings A, Welch AA, Spector T, Macgregor A, Cassidy A. Intakes of anthocyanins and flavones are associated with biomarkers of insulin resistance and inflammation in women. J Nutr, 2014, 144(2): 202-208.

[314] Oh JS, Kim H, Vijayakumar A, Kwon O, Kim Y, Chang N. Association of dietary flavonoid intake with prevalence of type 2 diabetes mellitus and cardiovascular disease risk factors in Korean women aged ≥30 years. J Nutr Sci Vitaminol (Tokyo), 2017, 63(1): 51-58.

[315] Bondonno NP, Dalgaard F, Murray K, Davey RJ, Bondonno CP, Cassidy A, Lewis JR, Kyro C, Gislason G, Scalbert A, Tjonneland A, Hodgson JM. Higher habitual flavonoid intakes are associated with a lower incidence of diabetes. J Nutr, 2021, 10.1093/jn/nxab269.

[316] Laouali N, Berrandou T, Rothwell J A, Shah S, El Fatouhi D, Mancini F R, Boutron-Ruault M C, Fagherazzi G. Profiles of polyphenol intake and type 2 diabetes risk in 60, 586 women followed for 20 years: results from the E3N cohort study. Nutrients, 2020, 12(1934): 1934.

[317] Knekt P, Kumpulainen J, Järvinen R, Rissanen H, Heliövaara M, Reunanen A, Hakulinen T, Aromaa A. Flavonoid intake and risk of chronic diseases. The American Journal of Clinical Nutrition, 2002, 76(3): 560-568.

[318] Li D, Zhang Y, Liu Y, Sun R, Xia M. Purified anthocyanin supplementation reduces dyslipidemia, enhances antioxidant capacity, and prevents insulin resistance in diabetic patients. J Nutr, 2015, 145(4): 742-748.

[319] Stull AJ, Cash KC, Johnson WD, Champagne CM, Cefalu WT. Bioactives in blueberries improve insulin sensitivity in obese, insulin-resistant men and women. J Nutr, 2010, 140(10): 1764-1768.

[320] Stull AJ, Cash KC, Champagne CM, Gupta AK, Boston R, Beyl RA, Johnson WD, Cefalu WT. Blueberries improve endothelial function, but not blood pressure, in adults with metabolic syndrome: a randomized, double-blind, placebo-controlled clinical trial. Nutrients, 2015, 7(6): 4107-4123.

[321] Shidfar F, Heydari I, Hajimiresmaiel SJ, Hosseini S, Shidfar S, Amiri F. The effects of cranberry juice on serum glucose, apoB, apoA-I, Lp(a), and paraoxonase-1 activity in type 2 diabetic male patients. J Res Med Sci, 2012, 17(4): 355-360.

[322] Novotny JA, Baer DJ, Khoo C, Gebauer SK, Charron CS. Cranberry juice consumption lowers markers of cardiometabolic risk, including blood pressure and circulating C-reactive protein, triglyceride, and glucose concentrations in adults. J Nutr, 2015, 145(6): 1185-1193.

[323] Nolan A, Brett R, Strauss JA, Stewart CE, Shepherd SO. Short-term, but not acute, intake of New Zealand blackcurrant extract improves insulin sensitivity and free-living postprandial

glucose excursions in individuals with overweight or obesity. Eur J Nutr, 2021, 60(3): 1253-1262.

[324] Rebello CJ, Burton J, Heiman M, Greenway FL. Gastrointestinal microbiome modulator improves glucose tolerance in overweight and obese subjects: a randomized controlled pilot trial. J Diabetes Complications, 2015, 29(8): 1272-1276.

[325] Castro-Acosta ML, Smith L, Miller RJ, McCarthy DI, Farrimond JA, Hall WL. Drinks containing anthocyanin-rich blackcurrant extract decrease postprandial blood glucose, insulin and incretin concentrations. J Nutr Biochem, 2016, 38: 154-161.

[326] Hoggard N, Cruickshank M, Moar KM, Bestwick C, Holst JJ, Russell W, Horgan G. A single supplement of a standardised bilberry (*Vaccinium myrtillus* L.) extract (36% wet weight anthocyanins) modifies glycaemic response in individuals with type 2 diabetes controlled by diet and lifestyle. J Nutr Sci, 2013, 2: e22.

[327] Törrönen R, Kolehmainen M, Sarkkinen E, Mykkänen H, Niskanen L. Postprandial glucose, insulin, and free fatty acid responses to sucrose consumed with blackcurrants and lingonberries in healthy women. Am J Clin Nutr, 2012, 96(3): 527-533.

[328] De Mello VD, Lankinen MA, Lindström J, Puupponen-Pimiä R, Laaksonen DE, Pihlajamäki J, Lehtonen M, Uusitupa M, Tuomilehto J, Kolehmainen M, Törrönen R, Hanhineva K. Fasting serum hippuric acid is elevated after bilberry (*Vaccinium myrtillus*) consumption and associates with improvement of fasting glucose levels and insulin secretion in persons at high risk of developing type 2 diabetes. Mol Nutr Food Res, 2017, 61(9): 1700019.

[329] Yang L, Ling W, Yang Y, Chen Y, Tian Z, Du Z, Chen J, Xie Y, Liu Z, Yang L. Role of purified anthocyanins in improving cardiometabolic risk factors in chinese men and women with prediabetes or early untreated diabetes—a randomized controlled trial. Nutrients. 2017, 9(10): 1104

[330] Zhang PW, Chen FX, Li D, Ling WH, Guo HH. A CONSORT-compliant, randomized, double-blind, placebo-controlled pilot trial of purified anthocyanin in patients with nonalcoholic fatty liver disease. Medicine (Baltimore), 2015, 94(20): e758.

[331] Guo X, Yang B, Tan J, Jiang J, Li D. Associations of dietary intakes of anthocyanins and berry fruits with risk of type 2 diabetes mellitus: a systematic review and meta-analysis of prospective cohort studies. Eur J Clin Nutr, 2016, 70(12): 1360-1367.

[332] Rienks J, Barbaresko J, Oluwagbemigun K, Schmid M, Nöthlings U. Polyphenol exposure and risk of type 2 diabetes: dose-response meta-analyses and systematic review of prospective cohort studies. Am J Clin Nutr, 2018, 108(1): 49-61.

[333] Xu H, Luo J, Huang J, Wen Q. Flavonoids intake and risk of type 2 diabetes mellitus: a meta-analysis of prospective cohort studies. Medicine (Baltimore), 2018, 97(19): e0686.

[334] Daneshzad E, Shab-Bidar S, Mohammadpour Z, Djafarian K. Effect of anthocyanin supplementation on cardio-metabolic biomarkers: a systematic review and meta-analysis of randomized controlled trials. Clin Nutr, 2019, 38(3): 1153-1165.

[335] Fallah AA, Sarmast E, Jafari T. Effect of dietary anthocyanins on biomarkers of glycemic control and glucose metabolism: a systematic review and meta-analysis of randomized clinical trials. Food Res Int, 2020, 137: 109379.

[336] Yang L, Ling W, Du Z, Chen Y, Li D, Deng S, Liu Z, Yang L. Effects of anthocyanins on cardiometabolic health: a systematic review and meta-analysis of randomized controlled trials. Adv Nutr, 2017, 8(5): 684-693.

[337] Basu A, Du M, Leyva MJ, Sanchez K, Betts NM, Wu M, Aston CE, Lyons TJ. Blueberries decrease cardiovascular risk factors in obese men and women with metabolic syndrome. J Nutr,

2010, 140(9): 1582-1587.

[338] Basu A, Betts NM, Ortiz J, Simmons B, Wu M, Lyons TJ. Low-energy cranberry juice decreases lipid oxidation and increases plasma antioxidant capacity in women with metabolic syndrome. Nutr Res, 2011, 31(3): 190-196.

[339] Chew B, Mathison B, Kimble L, McKay D, Kaspar K, Khoo C, Chen CO, Blumberg J. Chronic consumption of a low calorie, high polyphenol cranberry beverage attenuates inflammation and improves glucoregulation and HDL cholesterol in healthy overweight humans: a randomized controlled trial. Eur J Nutr, 2019, 58(3): 1223-1235.

[340] Curtis PJ, Kroon PA, Hollands WJ, Walls R, Jenkins G, Kay CD, Cassidy A. Cardiovascular disease risk biomarkers and liver and kidney function are not altered in postmenopausal women after ingesting an elderberry extract rich in anthocyanins for 12 weeks. J Nutr, 2009, 139(12): 2266-2271.

[341] Curtis PJ, van der Velpen V, Berends L, Jennings A, Feelisch M, Umpleby AM, Evans M, Fernandez BO, Meiss MS, Minnion M, Potter J, Minihane AM, Kay CD, Rimm EB, Cassidy A. Blueberries improve biomarkers of cardiometabolic function in participants with metabolic syndrome-results from a 6-month, double-blind, randomized controlled trial. Am J Clin Nutr, 2019, 109(6): 1535-1545.

[342] Dohadwala MM, Holbrook M, Hamburg NM, Shenouda SM, Chung WB, Titas M, Kluge MA, Wang N, Palmisano J, Milbury PE, Blumberg JB, Vita JA. Effects of cranberry juice consumption on vascular function in patients with coronary artery disease. Am J Clin Nutr, 2011, 93(5): 934-940.

[343] Hormoznejad R, Mohammad Shahi M, Rahim F, Helli B, Alavinejad P, Sharhani A. Combined cranberry supplementation and weight loss diet in non-alcoholic fatty liver disease: a double-blind placebo-controlled randomized clinical trial. Int J Food Sci Nutr, 2020, 71(8): 991-1000.

[344] Hsia DS, Zhang DJ, Beyl RS, Greenway FL, Khoo C. Effect of daily consumption of cranberry beverage on insulin sensitivity and modification of cardiovascular risk factors in adults with obesity: a pilot, randomised, placebo-controlled study. Br J Nutr, 2020, 124(6): 1-9.

[345] Lee IT, Chan YC, Lin CW, Lee WJ, Sheu WH. Effect of cranberry extracts on lipid profiles in subjects with type 2 diabetes. Diabet Med, 2008, 25(12): 1473-1477.

[346] Nyberg S, Gerring E, Gjellan S, Vergara M, Lindström T, Nystrom FH. Effects of exercise with or without blueberries in the diet on cardio-metabolic risk factors: an exploratory pilot study in healthy subjects. Ups J Med Sci, 2013, 118(4): 247-255.

[347] Riso P, Klimis-Zacas D, Del Bo C, Martini D, Campolo J, Vendrame S, Møller P, Loft S, De Maria R, Porrini M. Effect of a wild blueberry (Vaccinium angustifolium) drink intervention on markers of oxidative stress, inflammation and endothelial function in humans with cardiovascular risk factors. Eur J Nutr, 2013, 52(3): 949-961.

[348] Stote KS, Wilson MM, Hallenbeck D, Thomas K, Rourke JM, Sweeney MI, Gottschall-Pass KT, Gosmanov AR. Effect of blueberry consumption on cardiometabolic health parameters in men with type 2 diabetes: an 8-week, double-blind, randomized, placebo-controlled trial. Curr Dev Nutr, 2020, 4(4): nzaa030.

[349] A Z Javid, Maghsoumi-Norouzabad L, Ashrafzadeh E, Yousefimanesh HA, Zakerkish M, AhmadiAngali K A, Ravanbakhsh M, Babaei H. Impact of cranberry juice enriched with omega-3 fatty acids adjunct with nonsurgical periodontal treatment on metabolic control and periodontal status in type 2 patients with diabetes with periodontal disease. J Am Coll Nutr, 2018, 37(1): 71-79.

[350] Nizamutdinova IT, Jin YC, Chung JI, Shin SC, Lee SJ, Seo HG, Lee JH, Chang KC, Kim HJ. The anti-diabetic effect of anthocyanins in streptozotocin-induced diabetic rats through glucose transporter 4 regulation and prevention of insulin resistance and pancreatic apoptosis. Mol Nutr Food Res, 2010, 53(11): 1419-1429.

[351]Li X, Zhang D, Vatner DF, Goedeke L, Hirabara SM, Zhang Y, Perry RJ, Shulman GI. Mechanisms by which adiponectin reverses high fat diet-induced insulin resistance in mice. Proc Natl Acad Sci USA, 2020, 117(51): 32584-32593.

[352] Steppan CM, Litchell M A. Resistin and obesity-associated insulin resistance. Trends Endocrinol Metab, 2002, 13(1): 18-23.

[353] Tsuda T, Ueno Y, Aoki H, Koda T, Horio F, Takahashi N, Kawada T, Qsawa T. Anthocyanin enhances adipocytokine secretion and adipocyte-specific gene expression in isolated rat adipocytes. Biochem Biophys Res Commun, 2004, 316(1): 149-157.

[354] Tsuda T. Regulation of adipocyte function by anthocyanins; possibility of preventing the metabolic syndrome. J Agric Food Chem, 2008, 56(3): 642-646.

[355] Molonia MS, Occhiuto C, Muscarà C, Speciale A, Bashllari R, Villarroya F, Saija A, Cimino F, Cristani M. Cyanidin-3-O-glucoside restores insulin signaling and reduces inflammation in hypertrophic adipocytes. Arch Biochem Biophys, 2020, (691): 108488.

[356] Yang L, Ling W, Qiu Y, Liu Y, Wang L, Yang J, Wang C, Ma J. Anthocyanins increase serum adiponectin in newly diagnosed diabetes but not in prediabetes: a randomized controlled trial. Nutr Metab (Lond), 2020, 17(1): 78.

[357] Fujinami A OH, Ohta K, Ichimura T, Nishimura M, Matsui H, Kawahara Y, Yamazaki M, Ogata M, Hasegawa G, Nakamura N, Yoshikawa T, Nakano K, Ohta M. Enzyme-linked immunosorbent assay for circulating human resistin: resistin concentrations in normal subjects and patients with type 2 diabetes. Clin Chim Acta, 2004, 339(1-2): 57-63.

[358] Yannakoulia M, Yiannakouris N, Bluher S, Matalas AL, Klimis-Zacas D, Mantzoros CS. Body fat mass and macronutrient intake in relation to circulating soluble leptin receptor, free leptin index, adiponectin, and resistin concentrations in healthy humans. J Clin Endocrinol Metab, 2003, 88(4): 1730-1736.

[359]Lee JH, Chan J L, Yiannakouris N, Kontogianni M, Estrada E, Seip R, Orlova C, Mantzoros CS. Circulating resistin levels are not associated with obesity or insulin resistance in humans and are not regulated by fasting or leptin administration: cross-sectional and interventional studies in normal, insulin-resistant, and diabetic subjects. J Clin Endocrinol Metab, 2003, 88(10): 4848-4856.

[360] Pfutzner A, Langenfeld M, Kunt T, Lobig M, Forst T. Evaluation of human resistinassays with serum from patients with type 2 diabetes and different degrees of insulin resistance. Clin Lab, 2003, 49(11-12): 571-576.

[361] Nemes A, Homoki JR, Kiss R, Hegedűs C, Kovács D, Peitl B, Gál F, Stündl L, Szilvássy Z, Remenyik J. Effect of anthocyanin-rich tart cherry extract on inflammatory mediators and adipokines involved in type 2 diabetes in a high fat diet induced obesity mouse model. Nutrients, 2019, 11(9): 1966.

[362] Luna-Vital D, Weiss M, Gonzalez de Mejia E. Anthocyanins from purple corn ameliorated tumor necrosis factor-α-induced inflammation and insulin resistance in 3T3-L1 adipocytes via activation of insulin signaling and enhanced GLUT4 translocation. Mol Nutr Food Res, 2017, 61(12): 1700362.

[363] Aboonabi A, Aboonabi A. Anthocyanins reduce inflammation and improve glucose and lipid metabolism associated with inhibiting nuclear factor-kappaB activation and increasing PPAR-γ

gene expression in metabolic syndrome subjects. Free Radic Biol Med, 2020, 150: 30-39.

[364] Buko V, Zavodnik I, Kanuka O, Belonovskaya E, Naruta E, Lukivskaya O, Kirko S, Budryn G, Żyżelewicz D, Oracz J, Sybirna N. Antidiabetic effects and erythrocyte stabilization by red cabbage extract in streptozotocin-treated rats. Food & Func, 2018, 9(3): 1850-1863.

[365] Luna-Vital DA, de Mejia E G. Anthocyanins from purple corn activate free fatty acid-receptor 1 and glucokinase enhancing *in vitro* insulin secretion and hepatic glucose uptake. PLoS One, 2018, 13(7): e0200449.

[366] Yang Y, Zhang JL, Zhou Q. Targets and mechanisms of dietary anthocyanins to combat hyperglycemia and hyperuricemia: a comprehensive review. Crit Rev Food Sci Nutr, 2020, 1: 1-25.

[367] Dandona P, Aljada A, Chaudhuri A, Mohanty P, Garg R. Metabolic syndrome: a comprehensive perspective based on interactions between obesity, diabetes, and inflammation. Circulation, 2005, 111: 1448-1454.

[368] Bhaswant M, Brown L, Mathai ML. Queen Garnet plum juice and raspberry cordial in mildly hypertensive obese or overweight subjects: a randomized, double-blind study. Journal of Functional Foods, 2019, 56: 119-126.

[369] Lee YM, Yoon Y, Yoon H, Park HM, Song S, Yeum KJ. Dietary anthocyanins against obesity and inflammation. Nutrients, 2017, 9(10): 1089.

[370] Ellulu MS, Patimah I, Khaza'ai H, Rahmat A, Abed Y. Obesity and inflammation: the linking mechanism and the complications. Arch Med Sci, 2017, 13(4): 851-863.

[371] Wu T, Yin J, Zhang G, Long H, Zheng X. Mulberry and cherry anthocyanin consumption prevents oxidative stress and inflammation in diet-induced obese mice. Mol Nutr Food Res, 2016, 60(3): 687-694.

[372] Alba CM, Daya M, Franck C. Tart cherries and health: current knowledge and need for a better understanding of the fate of phytochemicals in the human gastrointestinal tract. Crit Rev Food Sci Nutr, 2019, 59(4): 626-638.

[373] Williamson G, Clifford MN. Colonic metabolites of berry polyphenols: the missing link to biological activity? Br J Nutr, 2010, 104(Suppl 3): S48-S66.

[374] Jamar G, Estadella D, Pisani LP. Contribution of anthocyanin-rich foods in obesity control through gut microbiota interactions. Biofactors, 2017, 43(4): 507-516.

[375] Yazici D, Sezer H. Insulin resistance, obesity and lipotoxicity. Adv Exp Med Biol, 2017, 960: 277-304.

[376] Matsui T, Ebuchi S, Kobayashi M, Fukui K, Sugita K, Terahara N, Matsumoto K. Anti-hyperglycemic effect of diacylated anthocyanin derived from *Ipomoea batatas* cultivar Ayamurasaki can be achieved through the alpha-glucosidase inhibitory action. J Agric Food Chem, 2002, 50(25): 7244-7248.

[377] Istek N, Gurbuz O. Investigation of the impact of blueberries on metabolic factors influencing health. Journal of Functional Foods, 2017, 38: 298-307.

[378] Peng CH, Liu LK, Chuang CM, Chyau CC, Huang CN, Wang CJ. Mulberry water extracts possess an anti-obesity effect and ability to inhibit hepatic lipogenesis and promote lipolysis. J Agric Food Chem, 2010, 59(6): 2663-2671.

[379] Hwang YP, Choi JH, Han EH, Kim HG, Wee JH, Jung KO, Jung KH, Kwon KI, Jeong TC, Chung YC, Jeong HG. Purple sweet potato anthocyanins attenuate hepatic lipid accumulation through activating adenosine monophosphate-activated protein kinase in human HepG2 cells and obese mice. Nutr Res, 2011, 31(12): 896-906.

[380] Wu T, Jiang Z, Yin J, Long H, Zheng X. Anti-obesity effects of artificial planting blueberry

(*Vaccinium ashei*) anthocyanin in high-fat diet-treated mice. Int J Food Sci Nutr, 2016, 67(3): 257-264.

[381] Danielewski M, Kucharska AZ, Matuszewska A, Rapak A, Gomułkiewicz A, Dzimira S, Dzięgiel P, Nowak B, Trocha M, Magdalan J, Piórecki N, Szeląg A, Sozański T. Cornelian cherry (*Cornus mas* L.) iridoid and anthocyanin extract enhances PPAR-α, PPAR-γ expression and reduces I/M ratio in aorta, increases LXR-α expression and alters adipokines and triglycerides levels in cholesterol-rich diet rabbit model. Nutrients, 2021, 13(10): 3621.

[382] 凌文华, 刘静. 黑米花色苷提取物对血脂异常患者血脂和炎性因子的影响. 北京: 中国营养学会第十次全国营养学术会议暨第七届会员代表大会, 2008: 1.

[383] Wu T, Gao Y, Guo X, Zhang M, Gong L. Blackberry and blueberry anthocyanin supplementation counteract high-fat-diet-induced obesity by alleviating oxidative stress and inflammation and accelerating energy expenditure. Oxid Med Cell Longev, 2018, 2018: 4051232.

[384] Guo H, Guo J, Jiang X, Li Z, Ling W. Cyanidin-3-O-beta-glucoside, a typical anthocyanin, exhibits antilipolytic effects in 3T3-L1 adipocytes during hyperglycemia: involvement of FoxO1-mediated transcription of adipose triglyceride lipase. Food Chem Toxicol, 2012, 50(9): 3040-3047.

[385] Lee B, Lee M, Lefevre M, Kim HR. Anthocyanins inhibit lipogenesis during adipocyte differentiation of 3T3-L1 preadipocytes. Plant Foods Hum Nutr, 2014, 69(2): 137-141.

[386] Chaiittianan R, Sutthanut K, Rattanathongkom A. Purple corn silk: a potential anti-obesity agent with inhibition on adipogenesis and induction on lipolysis and apoptosis in adipocytes. J Ethnopharmacol, 2017, 201: 9-16.

[387] 孔树佳, 付继华. 胰岛素抵抗与糖、脂代谢紊乱. 中国老年学杂志, 2009, 29(18): 2403-2405.

[388] Grundy SM, Brewer HB, Cleeman JI, Smith SC, Lenfant C, National Heart, Lung, and Blood I nstitute, American Heart Association. Definition of metabolic syndrome: report of the National Heart, Lung, and Blood Institute/American Heart Association conference on scientific issues related to definition. Arterioscler Thromb Vasc Biol, 2004, 24(2): e13-e18.

[389] Yan FJ, Dai GH, Zheng XD. Mulberry anthocyanin extract ameliorates insulin resistance by regulating PI3K/AKT pathway in HepG2 cells and *db/db* mice. Journal of Nutritional Biochemistry, 2016, 36: 68-80.

[390] Ho GTT, Nguyen TKY, Kase ET, Tadesse M, Barsett H, Wangensteen H. Enhanced glucose uptake in human liver cells and inhibition of carbohydrate hydrolyzing enzymes by nordic berry extracts. Molecules, 2017, 22(10): 1806.

[391] De Sales NFF, da Costa LS, Carneiro TIA, Minuzzo DA, Oliveira FL, Cabral LMC, Torres AG, El-Bacha T. Anthocyanin-rich grape pomace extract (*Vitis vinifera* L.) from wine industry affects mitochondrial bioenergetics and glucose metabolism in human hepatocarcinoma HepG2 cells. Molecules, 2018, 23(3): 611.

[392] Talagavadi V, Rapisarda P, Galvano F, Pelicci P, Giorgio M. Cyanidin-3-*O*-beta-glucoside and protocatechuic acid activate AMPK/mTOR/S6K pathway and improve glucose homeostasis in mice. J Func Food, 2016, 21: 338-348.

[393] Jayaprakasam B, Olson LK, Schutzki RE, Tai MH, Nair MG. Amelioration of obesity and glucose intolerance in high-fat-fed C57BL/6 mice by anthocyanins and ursolic acid in Cornelian cherry (*Cornus mas*). J Agric Food Chem, 2006, 54(1): 243-248.

[394] Alnajjar M, Barik SK, Bestwick C, Campbell F, Cruickshank M, Farquharson F, Holtrop G,

Horgan G, Louis P, Moar KM, Russell WR, Scobbie L, Hoggard N. Anthocyanin-enriched bilberry extract attenuates glycaemic response in overweight volunteers without changes in insulin. J Func Food, 2020, 64: 103597.

[395] Jokioja J, Linderborg KM, Kortesniemi M, Nuora A, Heinonen J, Sainio T, Viitanen M, Kallio H, Yang BR. Anthocyanin-rich extract from purple potatoes decreases postprandial glycemic response and affects inflammation markers in healthy men. Food Chem, 2020, 310: 125797.

[396] Spínola V, Llorent-Martínez EJ, Castilho PC. Polyphenols of *Myrica faya* inhibit key enzymes linked to type II diabetes and obesity and formation of advanced glycation end-products (*in vitro*): potential role in the prevention of diabetic complications. Food Res Int, 2019, 116: 1229-1238.

[397] Homoki JR, Nemes A, Fazekas E, Gyémánt G, Balogh P, Gál F, Al-Asri J, Mortier J, Wolber G, Babinszky L, Remenyik J. Anthocyanin composition, antioxidant efficiency, and α-amylase inhibitor activity of different Hungarian sour cherry varieties (*Prunus cerasus* L.). Food Chem, 2016, 194: 222-229.

[398] Alvarado JL, Leschot A, Olivera-Nappa A, Salgado AM, Rioseco H, Lyon C, Vigil P. Delphinidin-rich maqui berry extract (Delphinol ®) lowers fasting and postprandial glycemia and insulinemia in prediabetic individuals during oral glucose tolerance tests. Biomed Res Int, 2016, 2016: 9070537.

[399] Yan FJ, Zheng XD. Anthocyanin-rich mulberry fruit improves insulin resistance and protects hepatocytes against oxidative stress during hyperglycemia by regulating AMPK/ACC/mTOR pathway. J Func Food, 2017, 30: 270-281.

[400] Ayoub HM, McDonald MR, Sullivan JA, Tsao R, Meckling KA. Proteomic profiles of adipose and liver tissues from an animal model of metabolic syndrome fed purple vegetables. Nutrients, 2018, 10(4): 456.

[401] Esatbeyoglu T, Rodriguez-Werner M, Schlosser A, Winterhalter P, Rimbach G. Fractionation, enzyme inhibitory and cellular antioxidant activity of bioactives from purple sweet potato (*Ipomoea batatas*). Food Chem, 2017, 221: 447-456.

[402] Jang HH, Kim HW, Kim SY, Kim SM, Kim JB, Lee YM. *In vitro* and *in vivo* hypoglycemic effects of cyanidin 3-caffeoyl-p-hydroxybenzoylsophoroside-5-glucoside, an anthocyanin isolated from purple-fleshed sweet potato. Food Chemistry, 2019, 272: 688-693.

[403] Cai X, Zhang Y, Li M, Wu JH, Mai L, Li J, Yang Y, Hu Y, Huang Y. Association between prediabetes and risk of all cause mortality and cardiovascular disease: updated meta-analysis. BMJ, 2020, 370: m2297.

[404] Hanahan D, Weinberg RA. Hallmarks of cancer: the next generation. Cell, 2011, 144(5): 646-674.

[405] Nagle CM, Olsen CM, Ibiebele TI, Spurdle AB, Webb PM, Astralian National Endometrial Cancer Study Group, Astralian Ovarian Cancer Study Group. Glycemic index, glycemic load and endometrial cancer risk: results from the Australian National Endometrial Cancer study and an updated systematic review and meta-analysis. Eur J Nutr, 2013, 52(2): 705-715.

[406] Romieu I, Ferrari P, Rinaldi S, Slimani N, Jenab M, Olsen A, Tjonneland A, Overvad K, Boutron-Ruault MC, Lajous M, Kaaks R, Teucher B, Boeing H, Trichopoulou A, Naska A, Vasilopoulo E, Sacerdote C, Tumino R, Masala G, Sieri S, Panico S, Bueno-de-Mesquita HB, Van-der AD, van Gils CH, Peeters PH, Lund E, Skeie G, Asli LA, Rodriguez L, Navarro C, Amiano P, Sanchez MJ, Barricarte A, Buckland G, Sonestedt E, Wirfalt E, Hallmans G, Johansson I, Key TJ, Allen NE, Khaw KT, Wareham NJ, Norat T, Riboli E, Clavel-Chapelon F. Dietary glycemic index and glycemic load and breast cancer risk in the European Prospective

Investigation into Cancer and Nutrition (EPIC). Am J Clin Nutr, 2012, 96(2): 345-355.

[407] Sieri S, Krogh V, Agnoli C, Ricceri F, Palli D, Masala G, Panico S, Mattiello A, Tumino R, Giurdanella MC, Brighenti F, Scazzina F, Vineis P, Sacerdote C. Dietary glycemic index and glycemic load and risk of colorectal cancer: results from the EPIC-Italy study. Int J Cancer, 2015, 136(12): 2923-2931.

[408] Santarelli RL, Pierre F, Corpet DE. Processed meat and colorectal cancer: a review of epidemiologic and experimental evidence. Nutr Cancer, 2008, 60(2): 131-144.

[409] Bouvard V, Loomis D, Guyton KZ, Grosse Y, Ghissassi FE, Benbrahim-Tallaa L, Guha N, Mattock H, Straif K. Carcinogenicity of consumption of red and processed meat. The Lancet Oncology, 2015, 16(16): 1599-1600.

[410] Larsson SC, Wolk A. Red and processed meat consumption and risk of pancreatic cancer: meta-analysis of prospective studies. Br J Cancer, 2012, 106(3): 603-607.

[411] Vieira AR, Abar L, Vingeliene S, Chan DS, Aune D, Navarro-Rosenblatt D, Stevens C, Greenwood D, Norat T. Fruits, vegetables and lung cancer risk: a systematic review and meta-analysis. Ann Oncol, 2016, 27(1): 81-96.

[412] Yu EY, Wesselius A, Mehrkanoon S, Goosens M, Brinkman M, van den Brandt P, Grant EJ, White E, Weiderpass E, Le Calvez-Kelm F, Gunter MJ, Huybrechts I, Riboli E, Tjonneland A, Masala G, Giles GG, Milne RL, Zeegers MP. Vegetable intake and the risk of bladder cancer in the BLadder Cancer Epidemiology and Nutritional Determinants (BLEND) international study. BMC Med, 2021, 19(1): 56.

[413] Fallahzadeh H, Jalali A, Momayyezi M, Bazm S. Effect of carrot intake in the prevention of gastric cancer: a Meta-analysis. J Gastric Cancer, 2015, 15(4): 256-261.

[414] Gong ZZ, Yamazaki M, Saito K. A light-inducible Myb-like gene that is specifically expressed in red *Perilla frutescens* and presumably acts as a determining factor of the anthocyanin forma. Mol Gen Genet, 1999, 262(1): 65-72.

[415] Kristo AS, Klimis-Zacas D, Sikalidis AK. Protective role of dietary berries in cancer. Antioxidants (Basel), 2016, 5(4): 37.

[416] Wang LS, Stoner GD. Anthocyanins and their role in cancer prevention. Cancer Lett, 2008, 269(2): 281-290.

[417] Stoner GD, Wang LS, Zikri N, Chen T, Hecht SS, Huang C, Sardo C, Lechner JF. Cancer prevention with freeze-dried berries and berry components. Semin Cancer Biol, 2007, 17(5): 403-410.

[418] Stoner GD, Wang LS, Chen T. Chemoprevention of esophageal squamous cell carcinoma. Toxicol Appl Pharmacol, 2007, 224(3): 337-349.

[419] Peiffer DS, Zimmerman NP, Wang LS, Ransom BW, Carmella SG, Kuo CT, Siddiqui J, Chen JH, Oshima K, Huang YW, Hecht SS, Stoner GD. Chemoprevention of esophageal cancer with black raspberries, their component anthocyanins, and a major anthocyanin metabolite, protocatechuic acid. Cancer Prev Res (Phila), 2014, 7(6): 574-584.

[420] Peiffer DS, Wang LS, Zimmerman NP, Ransom BW, Carmella SG, Kuo CT, Chen JH, Oshima K, Huang YW, Hecht SS, Stoner GD. Dietary consumption of black raspberries or their anthocyanin constituents alters innate immune cell trafficking in esophageal cancer. Cancer Immunol Res, 2016, 4(1): 72-82.

[421] Sakthivel KM, Kokilavani K, Kathirvelan C, Brindha D. Malvidin abrogates oxidative stress and inflammatory mediators to inhibit solid and ascitic tumor development in mice. J Environ Pathol Toxicol Oncol, 2020, 39(3): 247-260.

[422] Cooke D, Steward WP, Gescher AJ, Marczylo T. Anthocyans from fruits and vegetables—

does bright colour signal cancer chemopreventive activity? Eur J Cancer, 2005, 41(13): 1931-1940.

[423] Park MY, Kim JM, Kim JS, Choung MG, Sung MK. Chemopreventive action of anthocyanin-rich black soybean fraction in APC (Min/+) intestinal polyposis model. J Cancer Prev, 2015, 20(3): 193-201.

[424] Guo J, Yang Z, Zhou H, Yue J, Mu T, Zhang Q, Bi X. Upregulation of DKK3 by miR-483-3p plays an important role in the chemoprevention of colorectal cancer mediated by black raspberry anthocyanins. Mol Carcinog, 2020, 59(2): 168-178.

[425] Shi N, Clinton SK, Liu Z, Wang Y, Riedl KM, Schwartz SJ, Zhang X, Pan Z, Chen T. Strawberry phytochemicals inhibit azoxymethane/dextran sodium sulfate-induced colorectal carcinogenesis in Crj: CD-1 Mice. Nutrients, 2015, 7(3): 1696-1715.

[426] Afaq F, Syed DN, Malik A, Hadi N, Sarfaraz S, Kweon MH, Khan N, Zaid MA, Mukhtar H. Delphinidin, an anthocyanidin in pigmented fruits and vegetables, protects human HaCaT keratinocytes and mouse skin against UVB-mediated oxidative stress and apoptosis. J Invest Dermatol, 2007, 127(1): 222-232.

[427] Afaq F, Saleem M, Krueger CG, Reed JD, Mukhtar H. Anthocyanin- and hydrolyzable tannin-rich pomegranate fruit extract modulates MAPK and NF-kappaB pathways and inhibits skin tumorigenesis in CD-1 mice. Int J Cancer, 2005, 113(3): 423-433.

[428] Ding M, Feng R, Wang SY, Bowman L, Lu Y, Qian Y, Castranova V, Jiang BH, Shi X. Cyanidin-3-glucoside, a natural product derived from blackberry, exhibits chemopreventive and chemotherapeutic activity. J Biol Chem, 2006, 281(25): 17359-17368.

[429] Ge GZ, Xu TR, Chen C. Tobacco carcinogen NNK-induced lung cancer animal models and associated carcinogenic mechanisms. Acta Biochim Biophys Sin (Shanghai), 2015, 47(7): 477-487.

[430] Amararathna M, Hoskin DW, Rupasinghe HPV. Cyanidin-3-O-glucoside-rich haskap berry administration suppresses carcinogen-induced lung tumorigenesis in A/JCr mice. Molecules, 2020, 25(17): 3823.

[431] Kausar H, Jeyabalan J, Aqil F, Chabba D, Sidana J, Singh IP, Gupta RC. Berry anthocyanidins synergistically suppress growth and invasive potential of human non-small-cell lung cancer cells. Cancer Lett, 2012, 325(1): 54-62.

[432] Chen PN, Chu SC, Chiou HL, Chiang CL, Yang SF, Hsieh YS. Cyanidin 3-glucoside and peonidin 3-glucoside inhibit tumor cell growth and induce apoptosis in vitro and suppress tumor growth in vivo. Nutr Cancer, 2005, 53(2): 232-243.

[433] Siegel RL, Miller KD, Jemal A. Cancer statistics, 2020. CA Cancer J Clin, 2020, 70(1): 7-30.

[434] Noratto G, Layosa MA, Lage NN, Atienza L, Ivanov I, Mertens-Talcott SU, Chew BP. Antitumor potential of dark sweet cherry sweet (Prunus avium) phenolics in suppressing xenograft tumor growth of MDA-MB-453 breast cancer cells. J Nutr Biochem, 2020, 84: 108437.

[435] Hui C, Bin Y, Xiaoping Y, Long Y, Chunye C, Mantian M, Wenhua L. Anticancer activities of an anthocyanin-rich extract from black rice against breast cancer cells in vitro and in vivo. Nutr Cancer, 2010, 62(8): 1128-1136.

[436] Arnold M, Ferlay J, van Berge Henegouwen MI, Soerjomataram I. Global burden of oesophageal and gastric cancer by histology and subsite in 2018. Gut, 2020, 69(9): 1564-1571.

[437] Sun L, Zhao W, Li J, Tse LA, Xing X, Lin S, Zhao J, Ren Z, Zhang CX, Liu X. Dietary flavonoid intake and risk of esophageal squamous cell carcinoma: a population-based case-control study. Nutrition, 2021, 89: 111235.

[438] Petrick JL, Steck SE, Bradshaw PT, Trivers KF, Abrahamson PE, Engel LS, He K, Chow WH, Mayne ST, Risch HA, Vaughan TL, Gammon MD. Dietary intake of flavonoids and oesophageal and gastric cancer: incidence and survival in the United States of America (USA). Br J Cancer, 2015, 112(7): 1291-1300.

[439] Sun L, Subar AF, Bosire C, Dawsey SM, Kahle LL, Zimmerman TP, Abnet CC, Heller R, Graubard BI, Cook MB, Petrick JL. Dietary flavonoid intake reduces the risk of head and neck but not esophageal or gastric cancer in us men and women. J Nutr, 2017, 147(9): 1729-1738.

[440] Petrick JL, Steck SE, Bradshaw PT, Chow WH, Engel LS, He K, Risch HA, Vaughan TL, Gammon MD. Dietary flavonoid intake and Barrett's esophagus in western Washington State. Ann Epidemiol, 2015, 25(10): 730-735(e732).

[441] Cui L, Liu X, Tian Y, Xie C, Li Q, Cui H, Sun C. Flavonoids, flavonoid subclasses, and esophageal cancer risk: a meta-analysis of epidemiologic studies. Nutrients, 2016, 8(6): 350.

[442] Chen T, Yan F, Qian J, Guo M, Zhang H, Tang X, Chen F, Stoner GD, Wang X. Randomized phase II trial of lyophilized strawberries in patients with dysplastic precancerous lesions of the esophagus. Cancer Prev Res (Phila), 2012, 5(1): 41-50.

[443] Xu M, Chen YM, Huang J, Fang YJ, Huang WQ, Yan B, Lu MS, Pan ZZ, Zhang CX. Flavonoid intake from vegetables and fruits is inversely associated with colorectal cancer risk: a case-control study in China. Br J Nutr, 2016, 116(7): 1275-1287.

[444] Bahrami A, Jafari S, Rafiei P, Beigrezaei S, Sadeghi A, Hekmatdoost A, Rashidkhani B, Hejazi E. Dietary intake of polyphenols and risk of colorectal cancer and adenoma—a case-control study from Iran. Complement Ther Med, 2019, 45: 269-274.

[445] Chang H, Lei L, Zhou Y, Ye F, Zhao G. Dietary flavonoids and the risk of colorectal cancer: an updated meta-analysis of epidemiological studies. Nutrients, 2018, 10(7): 950.

[446] Zamora-Ros R, Barupal DK, Rothwell JA, Jenab M, Fedirko V, Romieu I, Aleksandrova K, Overvad K, Kyro C, Tjonneland A, Affret A, His M, Boutron-Ruault MC, Katzke V, Kuhn T, Boeing H, Trichopoulou A, Naska A, Kritikou M, Saieva C, Agnoli C, Santucci de Magistris M, Tumino R, Fasanelli F, Weiderpass E, Skeie G, Merino S, Jakszyn P, Sanchez MJ, Dorronsoro M, Navarro C, Ardanaz E, Sonestedt E, Ericson U, Maria Nilsson L, Boden S, Bueno-de-Mesquita HB, Peeters PH, Perez-Cornago A, Wareham NJ, Khaw KT, Freisling H, Cross AJ, Riboli E, Scalbert A. Dietary flavonoid intake and colorectal cancer risk in the European prospective investigation into cancer and nutrition (EPIC) cohort. Int J Cancer, 2017, 140(8): 1836-1844.

[447] Nimptsch K, Zhang X, Cassidy A, Song M, O'Reilly EJ, Lin JH, Pischon T, Rimm EB, Willett WC, Fuchs CS, Ogino S, Chan AT, Giovannucci EL, Wu K. Habitual intake of flavonoid subclasses and risk of colorectal cancer in 2 large prospective cohorts. Am J Clin Nutr, 2016, 103(1): 184-191.

[448] Woo HD, Kim J. Dietary flavonoid intake and risk of stomach and colorectal cancer. World J Gastroenterol, 2013, 19(7): 1011-1019.

[449] Zamora-Ros R, Not C, Guino E, Lujan-Barroso L, Garcia RM, Biondo S, Salazar R, Moreno V. Association between habitual dietary flavonoid and lignan intake and colorectal cancer in a Spanish case-control study (the bellvitge colorectal cancer study). Cancer Causes Control, 2013, 24(3): 549-557.

[450] Mentor-Marcel RA, Bobe G, Sardo C, Wang LS, Kuo CT, Stoner G, Colburn NH. Plasma cytokines as potential response indicators to dietary freeze-dried black raspberries in colorectal cancer patients. Nutr Cancer, 2012, 64(6): 820-825.

[451] Pan P, Skaer CW, Stirdivant SM, Young MR, Stoner GD, Lechner JF, Huang YW, Wang LS.

Beneficial regulation of metabolic profiles by black raspberries in human colorectal cancer patients. Cancer Prev Res (Phila), 2015, 8(8): 743-750.

[452] Wang LS, Burke CA, Hasson H, Kuo CT, Molmenti CL, Seguin C, Liu P, Huang TH, Frankel WL, Stoner GD. A phase Ib study of the effects of black raspberries on rectal polyps in patients with familial adenomatous polyposis. Cancer Prev Res (Phila), 2014, 7(7): 666-674.

[453] Azevedo L, de Lima PLA, Gomes JC, Stringheta PC, Ribeiro DA, Salvadori DMF. Differential response related to genotoxicity between eggplant (*Solanum melanogena*) skin aqueous extract and its main purified anthocyanin (delphinidin) *in vivo*. Food Chem Toxicol, 2007, 45(5): 852-858.

[454] Gheller AC GV, Kerkhoff J, Junior GM V, de Campos KE, Sugui MM. Antimutagenic effect of *Hibiscus sabdariffa* L. Aqueous extract on rats treated with monosodium glutamate. Scientific World Journal, 2017, 2017: 9392532.

[455] Yoshimoto M, Okuno S, Yamaguchi M, Yamakawa O. Antimutagenicity of deacylated anthocyanins in purple-fleshed sweetpotato. Biosci Biotechnol Biochem, 2001, 65(7): 1652-1655.

[456] Loarca-Pina G, Neri M, Figueroa JD, Castano-Tostado E, Ramos-Gomez M, Reynoso R, Mendoza S. Chemical characterization, antioxidant and antimutagenic evaluations of pigmented corn. J Food Sci Technol, 2019, 56(7): 3177-3184.

[457] Mendoza-Diaz S, Ortiz-ValerioMdel C, Castano-Tostado E, Figueroa-Cardenas JD, Reynoso-Camacho R, Ramos-Gomez M, Campos-Vega R, Loarca-Pina G. Antioxidant capacity and antimutagenic activity of anthocyanin and carotenoid extracts from nixtamalized pigmented Creole maize races (*Zea mays* L.). Plant Foods Hum Nutr, 2012, 67(4): 442-449.

[458] Pedreschi R, Cisneros-Zevallos L. Antimutagenic and antioxidant properties of phenolic fractions from Andean purple corn (*Zea mays* L.). J Agric Food Chem, 2006, 54(13): 4557-4567.

[459] Saxena S, Gautam S, Sharma A. Comparative evaluation of antimutagenicity of commonly consumed fruits and activity-guided identification of bioactive principles from the most potent fruit, Java plum (*Syzygium cumini*). Journal of Agricultural and Food Chemistry, 2013, 61(42): 10033-10042.

[460] Gasiorowski K, Szyba K, Brokos B, Kolaczynska B, Jankowiak-Wlodarczyk M, Oszmianski J. Antimutagenic activity of anthocyanins isolated from *Aronia melanocarpa* fruits. Cancer Lett, 1997, 119(1): 37-46.

[461] Diaconeasa Z, Ştirbu I, Xiao J, Leopold N, Ayvaz Z, Danciu C, Ayvaz H, Stănilă A, Nistor M, Socaciu C. Anthocyanins, vibrant color pigments, and their role in skin cancer prevention. Biomedicines, 2020, 8(9): 336.

[462] Li X, Xu J, Tang X, Liu Y, Yu X, Wang Z, Liu W. Anthocyanins inhibit trastuzumab-resistant breast cancer *in vitro* and *in vivo*. Mol Med Rep, 2016, 13(5): 4007-4013.

[463] Galvano F, La Fauci L, Lazzarino G, Fogliano V, Ritieni A, Ciappellano S, Battistini NC, Tavazzi B, Galvano G. Cyanidins: metabolism and biological properties. The Journal of Nutritional Biochemistry, 2004, 15(1): 2-11.

[464] Sun C, Zheng Y, Chen Q, Tang X, Jiang M, Zhang J, Li X, Chen K. Purification and anti-tumour activity of cyanidin-3-*O*-glucoside from Chinese bayberry fruit. Food Chemistry, 2012, 131(4): 1287-1294.

[465] Konić-Ristić A, Šavikin K, Zdunić G, Janković T, Juranic Z, Menković N, Stanković I. Biological activity and chemical composition of different berry juices. Food Chemistry, 2011, 125(4): 1412-1417.

[466] Zhang Y, Vareed SK, Nair MG. Human tumor cell growth inhibition by nontoxic

anthocyanidins, the pigments in fruits and vegetables. Life Sci, 2005, 76(13): 1465-1472.

[467] Pal HC, Sharma S, Strickland LR, Agarwal J, Athar M, Elmets CA, Afaq F. Delphinidin reduces cell proliferation and induces apoptosis of non-small-cell lung cancer cells by targeting EGFR/VEGFR2 signaling pathways. PLoS One, 2013, 8(10): e77270.

[468] Bunea A, Rugina D, Sconta Z, Pop RM, Pintea A, Socaciu C, Tabaran F, Grootaert C, Struijs K, VanCamp J. Anthocyanin determination in blueberry extracts from various cultivars and their antiproliferative and apoptotic properties in B16-F10 metastatic murine melanoma cells. Phytochemistry, 2013, 95: 436-444.

[469] Lim S, Xu J, Kim J, Chen TY, Su X, Standard J, Carey E, Griffin J, Herndon B, Katz B, Tomich J, Wang W. Role of anthocyanin-enriched purple-fleshed sweet potato p40 in colorectal cancer prevention. Mol Nutr Food Res, 2013, 57(11): 1908-1917.

[470] Charepalli V, Reddivari L, Vadde R, Walia S, Radhakrishnan S, Vanamala JK. *Eugenia jambolana* (Java plum) fruit extract exhibits anti-cancer activity against early stage human HCT-116 colon cancer cells and colon cancer stem cells. Cancers (Basel), 2016, 8(3): 29.

[471] 陆爱霞, 姚开, 贾冬英, 何强, 石碧. 超声辅助法提取茶多酚和儿茶素的研究. 中国油脂, 2005, (5): 48-51.

[472] Diaconeasa Z, Leopold L, Rugina D, Ayvaz H, Socaciu C. Antiproliferative and antioxidant properties of anthocyanin rich extracts from blueberry and blackcurrant juice. Int J Mol Sci, 2015, 16(2): 2352-2365.

[473] Khoo GM, Clausen MR, Pedersen HL, Larsen E. Bioactivity and chemical composition of blackcurrant (*Ribes nigrum*) cultivars with and without pesticide treatment. Food Chem, 2012, 132(3): 1214-1220.

[474] Liu J, Zhang W, Jing H, Popovich DG. Bog bilberry (*Vaccinium uliginosum* L.) extract reduces cultured Hep-G2, Caco-2, and 3T3-L1 cell viability, affects cell cycle progression, and has variable effects on membrane permeability. J Food Sci, 2010, 75(3): H103-H107.

[475] Aqil F, Gupta A, Munagala R, Jeyabalan J, Kausar H, Sharma RJ, Singh IP, Gupta RC. Antioxidant and antiproliferative activities of anthocyanin/ellagitannin-enriched extracts from *Syzygium cumini* L. (Jamun, the Indian blackberry). Nutr Cancer, 2012, 64(3): 428-438.

[476] Su CC, Wang CJ, Huang KH, Lee YJ, Chan WM, Chang YC. Anthocyanins from *Hibiscus sabdariffa* calyx attenuate *in vitro* and *in vivo* melanoma cancer metastasis. J Func Food, 2018, 48: 614-631.

[477] Marko D, Puppel N, Tjaden Z, Jakobs S, Pahlke G. The substitution pattern of anthocyanidins affects different cellular signaling cascades regulating cell proliferation. Mol Nutr Food Res, 2004, 48(4): 318-325.

[478] Teller N, Thiele W, Marczylo TH, Gescher AJ, Boettler U, Sleeman J, Marko D. Suppression of the kinase activity of receptor tyrosine kinases by anthocyanin-rich mixtures extracted from bilberries and grapes. J Agric Food Chem, 2009, 57(8): 3094-3101.

[479] Ha US, Bae WJ, Kim SJ, Yoon BI, Hong SH, Lee JY, Hwang TK, Hwang SY, Wang Z, Kim SW. Anthocyanin induces apoptosis of DU-145 cells *in vitro* and inhibits xenograft growth of prostate cancer. Yonsei Med J, 2015, 56(1): 16-23.

[480] Hsu CP, Shih YT, Lin BR, Chiu CF, Lin CC. Inhibitory effect and mechanisms of an anthocyanins- and anthocyanidins-rich extract from purple-shoot tea on colorectal carcinoma cell proliferation. J Agric Food Chem, 2012, 60(14): 3686-3692.

[481] Anwar S, Fratantonio D, Ferrari D, Saija A, Cimino F, Speciale A. Berry anthocyanins reduce proliferation of human colorectal carcinoma cells by inducing caspase-3 activation and p21 upregulation. Mol Med Rep, 2016, 14(2): 1397-1403.

[482] Li X, Zhao J, Yan T, Mu J, Lin Y, Chen J, Deng H, Meng X. Cyanidin-3-*O*-glucoside and cisplatin inhibit proliferation and downregulate the PI3K/AKT/mTOR pathway in cervical cancer cells. J Food Sci, 2021, 86(6): 2700-2712.

[483] Malik M, Zhao C, Schoene N, Guisti MM, Moyer MP, Magnuson BA. Anthocyanin-rich extract from *Aronia meloncarpa* E induces a cell cycle block in colon cancer but not normal colonic cells. Nutr Cancer, 2003, 46(2): 186-196.

[484] Yun J-M, Afaq F, Khan N, Mukhtar H. Delphinidin, an anthocyanidin in pigmented fruits and vegetables, induces apoptosis and cell cycle arrest in human colon cancer HCT116 cells. Mol Carcinog, 2009, 48(3): 260-270.

[485] Chen X, Zhang W, Xu X. Cyanidin-3-glucoside suppresses the progression of lung adenocarcinoma by downregulating TP53I3 and inhibiting PI3K/AKT/mTOR pathway. World J Surg Oncol, 2021, 19(1): 232.

[486] Domingo JL, Nadal M. Carcinogenicity of consumption of red meat and processed meat: a review of scientific news since the IARC decision. Food Chem Toxicol, 2017, 105: 256-261.

[487] Jayle GE, Aubry M, Gavini H, Braccini G, De la Baume C. Study concerning the action of anthocyanoside extracts of *Vaccinium myrtillus* on night vision. Ann Ocul (Paris), 1965, 198(6): 556-562.

[488] Sole P, Rigal D, Peyresblanques J. Effects of cyaninoside chloride and Heleniene on mesopic and scotopic vision in myopia and night blindness. J Fr Ophtalmol, 1984, 7(1): 35-39.

[489] Nakaishi H, Matsumoto H, Tominaga S, Hirayama M. Effects of black current anthocyanoside intake on dark adaptation and VDT work-induced transient refractive alteration in healthy humans. Altern Med Rev, 2000, 5(6): 553-562.

[490] Yamashita SI, Suzuki N, Yamamoto K, Iio SI, Yamada T. Effects of MaquiBright® on improving eye dryness and fatigue in humans: a randomized, double-blind, placebo-controlled trial. J Tradit Complement Med, 2019, 9(3): 172-178.

[491] Muth ER, Laurent JM, Jasper P. The effect of bilberry nutritional supplementation on night visual acuity and contrast sensitivity. Altern Med Rev, 2000, 5(2): 164-173.

[492] Canter PH, Ernst E. Anthocyanosides of *Vaccinium myrtillus* (bilberry) for night vision—a systematic review of placebo-controlled trials. Surv Ophthalmol, 2004, 49(1): 38-50.

[493] Matsumoto H, Nakamura Y, Iida H, Ito K, Ohguro H. Comparative assessment of distribution of blackcurrant anthocyanins in rabbit and rat ocular tissues. Exp Eye Res, 2006, 83(2): 348-356.

[494] Wang Y, Zhao L, Lu F, Yang X, Deng Q, Ji B, Huang F. Retinoprotective effects of bilberry anthocyanins via antioxidant, anti-inflammatory, and anti-apoptotic mechanisms in a visible light-induced retinal degeneration model in pigmented rabbits. Molecules, 2015, 20(12): 22395-22410.

[495] Zadok D, Levy Y, Glovinsky Y. The effect of anthocyanosides in a multiple oral dose on night vision. Eye(Lond), 1999, 13(Pt 6): 734-736.

[496] 何敏菲. 花色苷与茶天然产物协同保护视觉损伤活性研究. 杭州: 浙江工商大学硕士学位论文, 2014.

[497] Obi FO, Usenu IA, Osayande JO. Prevention of carbon tetrachloride-induced hepatotoxicity in the rat by *H. rosasinensis* anthocyanin extract administered in ethanol. Toxicology, 1998, 131(2-3): 93-98.

[498] Wang CJ, Wang JM, Lin WL, Chu CY, Chou FP, Tseng TH. Protective effect of *Hibiscus* anthocyanins against *tert*-butyl hydroperoxide-induced hepatic toxicity in rats. Food Chem

Toxicol, 2000, 38(5): 411-416.

[499] Domitrovic R, Jakovac H. Antifibrotic activity of anthocyanidin delphinidin in carbon tetrachloride-induced hepatotoxicity in mice. Toxicology, 2010, 272(1-3): 1-10.

[500] Jiang X, Shen T, Tang X, Yang W, Guo H, Ling W. Cyanidin-3-*O*-*β*-glucoside combined with its metabolite protocatechuic acid attenuated the activation of mice hepatic stellate cells. Food & Function, 2017, 8(8): 2945-2957.

[501] Hou Z, Qin P, Ren G. Effect of anthocyanin-rich extract from black rice (*Oryza sativa* L. *Japonica*) on chronically alcohol-induced liver damage in rats. J Agric Food Chem, 2010, 58(5): 3191-3196.

[502] Wang Z, Liu Y, Zhao X, Liu S, Liu Y, Wang D. *Aronia melanocarpa* prevents alcohol-induced chronic liver injury via regulation of Nrf2 signaling in C57BL/6 mice. Oxid Med Cell Longev, 2020, 2020(6): 1-13.

[503] Suda I, Ishikawa F, Hatakeyama M, Miyawaki M, Kudo T, Hirano K, Ito A, Yamakawa O, Horiuchi S. Intake of purple sweet potato beverage affects on serum hepatic biomarker levels of healthy adult men with borderline hepatitis. Eur J Clin Nutr, 2008, 62(1): 60-67.

[504] Puupponen-Pimia R, Nohynek L, Meier C, Kahkonen M, Heinonen M, Hopia A, Oksman-Caldentey KM. Antimicrobial properties of phenolic compounds from berries. J Appl Microbiol, 2001, 90(4): 494-507.

[505] 岳静, 方宏筠. 紫甘薯红色素体外抑菌性初探. 辽宁农业科学, 2005, 2: 47.

[506] 韩永斌, 朱洪梅, 顾振新, 范龚健. 紫甘薯花色苷色素的抑菌作用研究. 微生物学通报, 2008, 35(6): 913-917.

[507] Knox YM, Hayashi K, Suzutani T, Ogasawara M, Yoshida I, Shiina R, Tsukui A, Terahara N, Azuma M. Activity of anthocyanins from fruit extract of *Ribes nigrum* L. against influenza A and B viruses. Acta Virol, 2001, 45(4): 209-215.

[508] 周波, 王晓红, 郭连营. 玉米紫色植株花色苷色素延缓衰老的功能. 中国临床康复, 2006, 10(19): 138-140.

[509] Han Y, Guo Y, Cui SW, Li H, Shan Y, Wang H. Purple sweet potato extract extends lifespan by activating autophagy pathway in male *Drosophila melanogaster*. Exp Gerontol, 2021, 144: 111190.

[510] 毕凯媛, 李娜, 崔珊珊, Chimbangu CT, 尚宏丽. 红树莓花色苷对 D-半乳糖衰老模型小鼠的保护作用. 食品工业科技, 2019, 40(6): 279-284.

[511] 杜灵敏, 付鸿博, 杜俊杰, 王鹏飞, 穆霄鹏, 张建成. '农大 4 号'欧李果实花色苷对 D-半乳糖致衰老小鼠保护作用研究. 食品工业科技, 2020, 41(17): 292-296, 307.

彩　　图

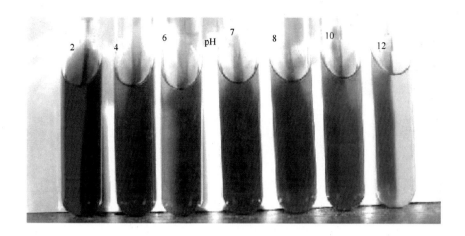

图 1-16　不同 pH 条件下花色苷的色泽

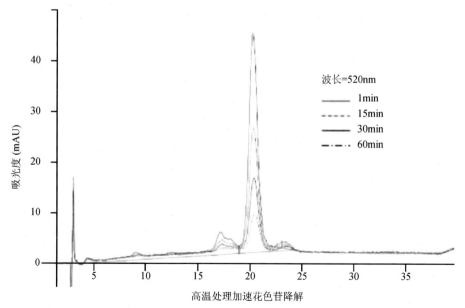

高温处理加速花色苷降解

图 2-8　100℃条件下，随着加温时间的延长，花色苷降解增加[28]

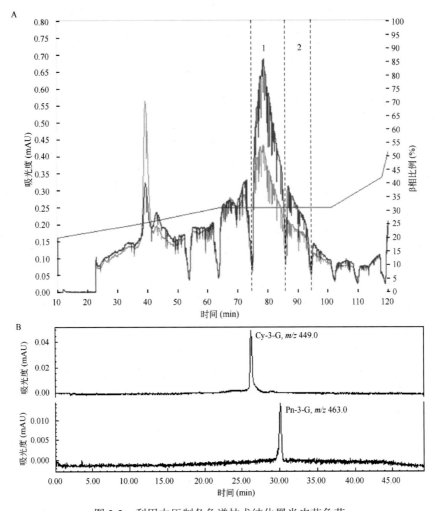

图 3-2　利用中压制备色谱技术纯化黑米皮花色苷

黑米皮花色苷提取物纯化的中压制备液相色谱图（A），检测波长 260nm（绿色），收集波长 280nm（紫色），经
HPLC-MS 联用技术分析（B），峰 1 为 Cy-3-G，峰 2 为 Pn-3-G

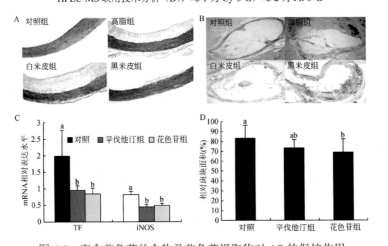

图 6-9　富含花色苷的食物及花色苷提取物对 AS 的保护作用

黑米（A）、黑米皮（B）和黑米皮花色苷提取物（C、D）均可以有效抑制 ApoE 基因敲除小鼠体内的炎症反应，
减小动脉粥样硬化斑块面积。TF，斑块内组织因子；iNOS，诱导型一氧化氮合酶

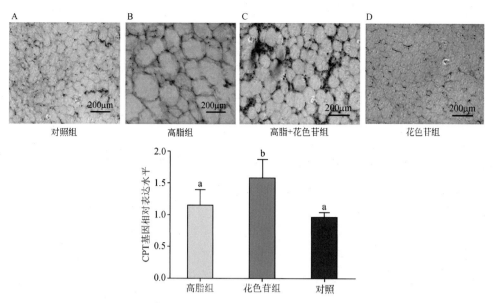

图 6-16　黑米花色苷通过促进 CPT-1 表达减少甘油三酯在高脂喂养大鼠脂肪组织的堆积[253]

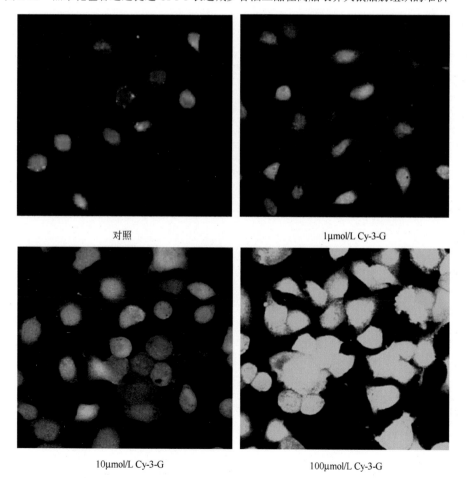

图 6-18　花色苷 Cy-3-G 增加巨噬泡沫细胞表面 ABCA1 蛋白的表达，进而促进胆固醇外流

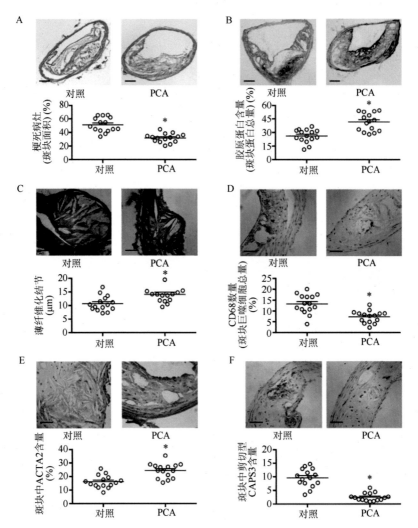

图 6-19　花色苷（Cy-3-G）的肠道细菌代谢物原儿茶酸（PCA）提高晚期动脉粥样硬化斑块的
稳定性

ACTA2，肌动蛋白 2；CAPS3，半胱氨酸蛋白酶 3